W. Neuwirth · Wiener Werkstätte, Avantgarde, Art Déco, Industrial Design

Waltraud Neuwirth

WIENER WERKSTÄTTE

AVANTGARDE, ART DECO, INDUSTRIAL DESIGN

Selbstverlag Dr. Waltraud Neuwirth · Wien
1984

Schutzumschlag: Stehlampe von Kolo Moser (Kat. Nr. 4) und Glasvase von Josef Hoffmann (Kat. Nr. 154)
Dust jacket: table lamp by Kolo Moser (cat. no. 4) and glass vase by Josef Hoffmann (cat. no. 154)

Katalog zur Ausstellung
„Wiener Werkstätte - Avantgarde, Art Déco, Industrial Design" im Österreichischen Museum für angewandte Kunst, Wien (9. 11. 1984 - 27. 1. 1985)
Exhibition Catalogue to
"Wiener Werkstätte - Avantgarde, Art Déco, Industrial Design" in the Austrian Museum of Applied Art, Vienna (9th November 1984 - 27th January 1985)

Dieser Katalog wurde vom Bundesministerium für Wissenschaft und Forschung mit einem Druckkostenzuschuß gefördert
This catalogue has been printed with a grant from the Austrian Ministry of Sciences and Research

Fotonachweis/Photographic acknowledgements: Dr. Waltraud Neuwirth
(S 28-31, 37, 41, 45, 51, 61, 64, 65, 67, 73, 75, 79, 89, 91, 93, 95-97, 101, 108-111, 114, 115, 117, 121, 123, 125, 127-129, 131, 133-143, 147-149, 152-155, 157, 160, 161, 163-165, 167, 169, 189-191, 197, 199-203, 205-208, 211, 224-239); Akad. Restaurator Mag. Oberrat Ludwig Neustifter (S 80, 81, 87); alle anderen Fotos: Archiv WW, Österreichisches Museum für angewandte Kunst/all remaining photographs from the Wiener Werkstätte archives, Austrian Museum of Applied Art
Die Reproduktion der Abbildungen auf S. 87 und 185 erfolgt mit freundlicher Genehmigung der Galerie Welz, Salzburg/The illustrations on pp. 87 and 185 are reproduced by kind permission of Galerie Welz, Salzburg

ISBN 3-900282-22-6 Selbstverlag Dr. Waltraud Neuwirth, Wien

Übersetzung ins Englische/English translation: Andrew Smith, Wien/Vienna
Entwurf von Schutzumschlag und Einband/Dust jacket and cover designed by: Akad. Restaurator Mag. Oberrat Ludwig Neustifter, Wien
Gesamtherstellung/produced by: GISTELDRUCK, Wien/Vienna

INHALT

CONTENTS

PREFACE

Researchers have shown increased interest in the Wiener Werkstätte since the exhibition on the subject organised by the Austrian Museum of Applied Art in1967. For years the systematic classification of the Wiener Werkstätte articles in the possession of the museum and the analysis of the Wiener Werkstätte archives have been one of the most important tasks of the museum's staff.

Although I was able to include a number of jewellery designs by Josef Hoffmann and Kolo Moser in my "Lexikon Wiener Gold- und Silberschmiede und ihre Punzen 1867-1922" (Vienna 1976-77), the publications "Originalkeramiken der Wiener Werkstätte 1920-1931" (Vienna 1981) and "Josef Hoffmann - Bestecke für die Wiener Werkstätte" (Vienna 1982) were devoted entirely to the Wiener Werkstätte. In 1982 this was also the subject of an exhibition. Clocks and lamps made by the Wiener Werkstätte are contained in my brochure "Wiener Jugendstilsilber - Original,Fälschung oder Pasticcio" (Vienna 1980), as forgers had already "discovered" this very profitable area some time before. "Die Postkarten der Wiener Werkstätte" was the title of an exhibition held in the museum in 1982, and was also the name of the catalogue published by Dr. Traude Hansen in the same year. In 1984 Dr. Angela Völker organised an exhibition of Wiener Werkstätte fabrics, and wrote two essays (in "Waffen- und Kostümkunde" 1983, pp. 121-140 and 1984, pp.37-52) dealing exhaustively with the fashion of the Wiener Werkstätte. A forthcoming exhibition in the Austrian Museum and an extensive publication of Dr. Völker will be devoted to this specialised field.

In the winter of 1984/85 the Austrian Museum of Applied Art is putting on an exhibition on the subject of "Wiener Werkstätte - Avantgarde, Art Déco, Industrial Design": the present publication is designed to serve as a catalogue for this exhibition. Many of the exhibits belong to the museum, while others come from private collections (Frau Ingrid Hofstätter and Herr Mag. Conny Nechansky kindly made several interesting articles available) and from the art trade (in this respect I am particularly indebted to the Galerie am Graben, Vienna, the Galerie bei der Albertina, Christa Zetter, Vienna, J. Lintner, Vienna, and Kurt Erben, Vienna, for their support). Much of the documentation comprises contemporary photographs from the archives of the Wiener Werkstätte that have never been published before.

The aim of this publication is to give an overview of the wide range of activities of the Wiener Werkstätte in the form of a catalogue which, by and large, is chronologically arranged. It also sets out to illustrate developments, explain the simultaneous occurrence of various artistic trends and point out the contradictions and similarities in the work of the artists of the Wiener Werkstätte.

My on-going research into the Wiener Werkstätte will find an outlet in a series of publications under the title "Marks and Monograms of the Wiener Werkstätte": the title gives an indication of where the main emphasis of the series will lie. One volume in this series will deal with the history of the marks of the Wiener Werkstätte, while further volumes will appear on ceramics, glass, metal, etc. all from the point of view of the marks they bear. I am indebted to Dr. Ernst Ploil, Vienna, for the valuable ideas which he contributed to these publications.

At this point I should particularly like to express my thanks to Akad. Rest. Oberrat Prof. Ludwig Neustifter, Vienna, for his valuable assistance, without which it would not have been possible to complete the above-mentioned projects.

Vienna, August 1984 — Waltraud Neuwirth

VORWORT

Im Anschluß an die vom Österreichischen Museum für angewandte Kunst 1967 veranstaltete Ausstellung über die Wiener Werkstätte hat sich die Forschung verstärkt dieser Thematik angenommen. Die wissenschaftliche Bearbeitung der WW-Objekte im Museumsbesitz und die Auswertung des WW-Archives zählen seit Jahren zu den vordringlichsten Anliegen der wissenschaftlichen Mitarbeiter des Museums.
Konnte ich bereits in mein „Lexikon Wiener Gold- und Silberschmiede und ihre Punzen 1867-1922“ (Wien 1976-77) eine Reihe von Schmuckentwürfen Josef Hoffmanns und Kolo Mosers aufnehmen, so waren die Publikationen „Originalkeramiken der Wiener Werkstätte 1920-1931“ (Wien 1981) und „Josef Hoffmann - Bestecke für die Wiener Werkstätte“ (Wien 1982) ausschließlich der WW gewidmet. Das letztgenannte Thema wurde 1982 in einer Ausstellung auch dem Publikum präsentiert. Uhren und Lampen der WW finden sich in meiner Broschüre „Wiener Jugendstilsilber - Original, Fälschung oder Pasticcio“ (Wien 1980), da die Fälscher sich dieses gewinnbringenden Gebietes bereits vor längerem „angenommen“ hatten.
„Die Postkarten der Wiener Werkstätte“ war der Titel einer Ausstellung, die 1982 im Museum stattfand, sowie des im selben Jahr erschienenen Kataloges von Dr. Traude Hansen. Dr. Angela Völker gestaltete 1984 eine Ausstellung über die Stoffe der WW und befaßte sich in zwei Aufsätzen (in: Waffen- und Kostümkunde 1983, S. 121-140 sowie 1984, S. 37-52) eingehend mit der Mode der WW, einem Spezialgebiet, dem sowohl eine Ausstellung im Österreichischen Museum als auch eine umfassende Publikation gewidmet werden soll.
Im Winter 1984/85 zeigt das Österreichische Museum für angewandte Kunst eine Ausstellung über das Thema „Wiener Werkstätte - Avantgarde, Art Déco, Industrial Design“, zu der die vorliegende Publikation als Katalog dient. Die Objekte stammen sowohl aus dem Besitz des Museums als auch aus Privatbesitz (Frau Ingrid Hofstätter und Herr Mag. Conny Nechansky stellten dankenswerterweise einige interessante Objekte zur Verfügung) und aus dem Kunsthandel (hier danke ich vor allem der Galerie am Graben, Wien, der Galerie bei der Albertina, Christa Zetter, Wien, J. Lintner, Wien und Kurt Erben, Wien für ihre Unterstützung). Beim dokumentarischen Material handelt es sich hauptsächlich um teilweise noch nie veröffentlichte zeitgenössische Fotos aus dem Archiv der WW.
Ziel der Publikation ist es, anhand eines im großen und ganzen chronologisch geordneten Kataloges einen Überblick über die Vielfalt des Schaffens der WW zu geben, Entwicklungen darzustellen, die Gleichzeitigkeit verschiedener stilistischer Strömungen zu verdeutlichen, Gegensätze und Affinitäten im Werk der WW-Künstler aufzuzeigen.
Meine weiteren Forschungen über die WW werden in einer Publikationsserie ihren Niederschlag finden, deren Reihentitel „Marken und Monogramme der Wiener Werkstätte“ den Schwerpunkt fixiert. Ein Band dieser Reihe wird sich mit der Markengeschichte der WW befassen, weitere Bände werden zu den Bereichen Keramik, Glas, Metall etc. - gesehen unter dem Aspekt der Markengebung - erscheinen. Wesentliche Anregungen für diese Publikationen verdanke ich Herrn Dr. Ernst Ploil, Wien.
Es ist mir ein besonderes Anliegen, an dieser Stelle vor allem Herrn Akad. Rest. Oberrat Mag. Ludwig Neustifter, Wien, für seine wertvolle Mitarbeit zu danken, ohne die die vorgenannten Projekte nicht realisierbar wären.

Wien, im August 1984 — Waltraud Neuwirth

EINFÜHRUNG

Als die Wiener Werkstätte im Jahre 1903 gegründet wurde, geschah dies nicht am Beginn, sondern eher am Höhepunkt einer Entwicklung, die vermutlich einsetzte, als Hoffmann und Moser an die Wiener Kunstgewerbeschule kamen. Leider sind die Jahre 1899 bis 1903 zu wenig dokumentiert, um die Leistungen dieser Zeit gebührend würdigen zu können.

Für die WW hingegen sind glücklicherweise zahlreiche Primärquellen erhalten, die im vorliegenden Katalog verarbeitet wurden: die Entwürfe bzw. Werkzeichnungen in der Bibliothek des Österreichischen Museums für angewandte Kunst sowie das ebenfalls im Museum befindliche Archiv der WW (Kalkulations- und Photobände, Originalphotos etc.). Eine Deutung dieser Quellen wird dadurch sehr erschwert, daß das Archiv keineswegs vollständig ist, wertvolle Korrespondenzen (vor allem der Frühzeit) gänzlich fehlen und viele Angaben einander häufig widersprechen. Dadurch wird eine Wertung der Archivalien notwendig, die nur bei größter Gewissenhaftigkeit einwandfreie Schlußfolgerungen zuläßt. Zuschreibungen an bestimmte Künstler und Datierungsprobleme gehören zu den wichtigsten Fragenkomplexen, dazu kommt häufig noch das Problem der Ausführung außerhalb der WW und der angefertigten Stückzahl. Modellnummern wurden manchmal verändert, und die Systematik der Kalkulationsunterlagen ist keineswegs einheitlich: bis etwa 1919 wurden Kalkulationsbücher (von denen etliche fehlen) geführt, vermutlich ab 1922 Karteikarten, die entweder nur teilweise oder überhaupt nicht mehr vorhanden sind. Die Lücke zu Beginn der zwanziger Jahre ist ein empfindliches Manko in der Dokumentation. Angegebene Stückzahlen dürfen immer nur als Mindeststückzahlen gewertet werden, da die Unterlagen nicht vollständig sein müssen bzw. spätere Wiederaufnahmen desselben Modells unter einer anderen Werknummer vorkommen können. Zuschreibungen an bestimmte Künstler sind auch deshalb sorgfältig zu prüfen, da der Formentwerfer mit dem Entwerfer des Dekors nicht unbedingt identisch sein muß. Manche Service wurden im Laufe der Zeit formal geringfügig variiert und bilden - unter abweichenden Werknummern - eine Entwicklungskette, deren einzelne Glieder manchmal nur sehr schwer voneinander zu unterscheiden sind. Dies kann die Identifizierung eines bestimmten Objekts wesentlich erschweren.

FABRIKSMÄSSIGES GEWERBE - INDUSTRIAL DESIGN

Gebunden an die Vorschriften der damals gültigen Gewerbeordnung, waren die einzelnen Werkstätten der WW als handwerksmäßige Gewerbe eingestuft, wie es wohl den Intentionen der WW entsprach. Die gewerberechtlichen Auflagen waren für das Unternehmen auf die Dauer aber offenbar zu belastend, sodaß um 1914 die WW ihre handwerksmäßigen in fabriksmäßige Gewerbe umwandeln ließ. De facto übte die WW - mit bestimmten Schwerpunktsverlagerungen - zeit ihres Bestehens immer beide Gewerbeformen (neben den freien Gewerben) aus, wobei die fabriksmäßige Erzeugung neben der handwerksmäßigen bereits sehr früh nachweisbar ist. Um diesen großen Bereich der Produktion abzudecken, bediente sich die WW aller Möglichkeiten, die die handwerklichen und industriellen Strukturen damals boten: neben der eigenen Erzeugung übernahm die WW häufig die Funktion des Verlegers, der eigene Entwürfe in anderen Betrieben ausführen ließ. Oft gab sie Entwürfe an andere Verleger weiter, die ihrerseits für Realisierung sorgten. Auf Heimarbeit griff die WW vor allem im textilen Bereich zurück; weiters fungierte die WW auch als Kommissionär, der fertige Produkte an- und verkaufte (z.B. Keramiken der Wiener Kunstgewerbeschule, der Wiener Keramik, von Eduard Klablena usw., Kaulitz-Puppen etc.).

Für einen beträchtlichen Teil der in eigenen Werkstätten erzeugten Objekte verwendete die WW immer wieder Halbfabrikate (z.B. vorgefertigte Metallbleche), das Finish vieler Objekte wurde ebenfalls oft außer Haus durchgeführt (z.B. Galvanisieren von Metallgegenständen).
Versteht man Industrial Design als künstlerischen Entwurf für Gegenstände des täglichen Gebrauchs, so können sowohl Bestecke der WW als auch manche weißlackierten Gitterobjekte hier angeführt werden. Für beide gilt, daß sie sowohl in- als auch außerhalb der WW erzeugt wurden: bereits ab 1907 übernahm die Wiener Firma Bachmann die Produktion des Bestecks „rundes Modell", und die inzwischen berühmt gewordenen, quadratisch perforierten Gitterobjekte erzeugte die Wiener Firma Cloeter nachweisbar ab 1910.
Die Zahl der von der WW in der einen oder anderen Weise beschäftigten Firmen war umfangreich. Entsprechend wichtig war die WW für große Bereiche der gesamten Kunstindustrie jener Zeit. Kaum ein Industriezweig, der nicht von der WW mit bestimmten Produktionen betraut wurde und damit zumindest teilweise von ihr abhängig war. Als Glasverleger fungierte vor allem Lobmeyr für die WW, ausführende Glasfabriken waren: Meyr's Neffe/Adolf, Moser/Karlsbad, Oertel/Haida, Schappel/Haida, Loetz Witwe/Klostermühle, später auch die Tiroler Glashütte u.a.
Porzellanservice (z.B. Form Merkur und Form Calais von Hoffmann) wurden zumeist von Pfeiffer & Löwenstein in Schlackenwerth produziert, teilweise aber in Wien durch Böck dekoriert, wobei man sich in der Regel mechanischer Vervielfältigungsmethoden (Abziehbilder bzw. Stempel für Kanten und Einzelmotive) bediente. Bachmann und Cloeter für Metall wurden bereits genannt, die Wiener Firmen J. Gasterstaedt, Franz Kaiser und J.G. Petzold & Sohn wurden in den späten zwanziger Jahren für Metallarbeiten herangezogen. Email dürfte teilweise in der Kunstgewerbeschule (Kat. Nr. 37), teilweise unter Heranziehung der Kunstindustrie (Souval, Kat. Nr. 73) entstanden sein. Kaum dokumentiert sind die Möbel der WW und einer ausführenden Firma daher schwer zuzuordnen. Die Möbelherstellung in der WW selbst war offensichtlich auf die Jahre vor 1910 beschränkt, jene Arbeiten ausgenommen, die in der Kunstgewerbeabteilung der WW entstanden.
Daß die Wiener Drucker Berger, Rosenbaum, Siegert, Brüder Kohn, die Gesellschaft für Graphische Industrie u.a. für die WW Postkarten druckten, ist archivalisch belegt.
Zahlreiche Stoffdruckereien vervielfältigten die von der WW entworfenen Muster, Tapeten der WW hatten die Firmen Max Schmidt sowie Tekko & Salubra in ihrem Programm.
Verbindungen zu ausländischen Fabriken können ebenfalls nachgewiesen werden: die Vereinigten Smyrna=Teppich=Fabriken AG in Cottbus erzeugten Läufer im Auftrag der WW, Spitzenarbeiten entstanden in der Schweiz über Vermittlung der Züricher Niederlassung (Kat. Nr. 130). Daß die angeführten, für die WW arbeitenden Firmen nur eine Auswahl darstellen, versteht sich von selbst.

STILFRAGEN

Das Gesamtschaffen der WW von 1903-1932 kann den herkömmlichen Ordnungsprinzipen stilistischer Zeitabläufe nicht unterworfen werden: vom Jugendstil nur peripher berührt, schon früh dem Kubismus, der Sachlichkeit, dem Expressionismus verpflichtet, in vielen Bereichen avantgardistisch, schon vor dem 1. Weltkrieg das Art déco vorwegnehmend, bietet die WW dem Forschenden weder das Bild einer stilistischen Einheit noch den Eindruck unzusammenhängender eklektizistischer Einzelleistungen. Das Gemeinsame ist schwer definierbar, durch viele Verflechtungen, identische Aufgabenstellungen für verschiedene Künstler, gegenseitige Beeinflussungen und andere Bezüge aber zweifellos gegeben und wird erst dann darstellbar sein, wenn das Gesamtschaffen der WW ausreichend dokumentiert ist.

Avantgardistisches ist in vielen Bereichen der WW nachweisbar, vor allem im Kubismus von 1903 und der Flächenkunst um 1903 und ab 1911/12.Die kubistische Avantgarde der ersten Jahre, am eindrucksvollsten durch die Eisformen Hoffmanns (Kat. Nr. 1, 2) repräsentiert, war offensichtlich zu kompromißlos, kam zu früh und wurde daher nicht angenommen: die erzeugten Stückzahlen waren gering, Retouren von Ausstellungen waren eher die Regel als die Ausnahme. Funktion und Form, zu einer künstlerischen Einheit verschmolzen, nahmen bereits damals den Begriff der „Form ohne Ornament", der viel später zum Schlagwort wurde, vorweg. Diese Reduktion auf das Notwendigste, der völlige Verzicht auf Ornamentales, läßt die Ansprüche von Adolf Loos bei Josef Hoffmanns frühen WW-Entwürfen realisiert erscheinen. Ähnliche Strukturprinzipien, wenn auch reliefartig aufgelöst, sind in Hoffmanns Sezession-Mörtelschnitt 1902 spürbar: die Eisform setzt sie ins Dreidimensionale um.
Die Gleichzeitigkeit mancher stilistischer Richtungen ist augenfällig und soll in charakteristischen Beispielen angeführt werden: der Jugendstil war darunter höchstens eine Randerscheinung innerhalb der WW, durch Keramiken wie der Diana von Luksch (Kat. Nr. 48) vertreten oder in manchen Schmuckstücken von Moser spürbar (Kat. Nr. 33, 37). Größere Kontraste zur Strenge und Kompromißlosigkeit der Hoffmannschen Eisformen lassen sich kaum finden. Mit seinen Lampenentwürfen tendiert auch Moser in die Kategorie des Kubismus (Kat. Nr. 3-4), während uns andersartige, gleichzeitig entstandene Formen Hoffmanns erstaunen: anscheinend dem englischen Geschmack nahestehend und vielleicht auch für diesen Markt bestimmt, mit bunte Halbedelsteinen geschmückt, die die Oberfläche aufbrechen (Kat. Nr. 5) oder den Glanzpunkt ausgeschnittener Einzelmotive bilden (Kat. Nr. 6). In diese frühe Periode, in der kubische und stereometrische Formen dominieren, sind sowohl Metallobjekte mit der flirrenden Unruhe gehämmerter Oberflächen einzuordnen als auch glatte, spiegelnde Wandungen, deren blanke Kühle ein farbiger Halbedelstein, Griffe aus Holz oder mit Lederummantelung unterbrechen kann (Kat. Nr. 9, 11, 14), bis zu jenen tempelartigen Uhren, deren helle Alabastersäulen und Halbedelsteine das Metall nahezu überstrahlen (Kat. Nr. 17). Weniger äußeren Zwängen unterworfen als die Architektur, hatte das Kunsthandwerk jener Zeit in seinen besten Leistungen die Funktion des Protagonisten. Als Beispiel dafür seien die kannelierten Wandungen von Metallgegenständen (Kat. Nr. 16), die dem Klassizismus der Hoffmannschen Pfeiler am Pavillon in Rom 1911 entsprechen, genannt. Bei gleicher Aufgabenstellung an verschiedene Künstler war der formale Variationsreichtum (Kat. Nr. 23, 24) im kunsthandwerklichen Bereich zweifellos leichter realisierbar als im architektonischen.
Dazu kommt noch, daß die Vielfalt der zu gestaltenden Gegenstände beachtlich war. Neben üblichen Aufgabenstellungen wie dem Entwurf von Servicen wurden von der WW auch Gegenstände künstlerisch gestaltet, die uns heute nicht mehr so geläufig sind: Eisformen, Schaukel-Ostereier, Lorgnons, Diademe aus Elfenbein, Exgläser, Stofftiere, Kakteenträger in Tierform, Dosen aus Papiermaché, Zünderhüllen aus Email, Lautenbänder, Perlbeutel und -ketten, Hut-Kleiderständer u.v.a. Exemplarisch läßt sich an trivial scheinenden Objekten wie Hutnadeln nach Entwürfen von Hoffmann und Moser eine Einheit von Form, Funktion und dekorativem Gehalt dokumentieren, die sie als autonome Kunstwerke erkennen lassen. Aus chronologischer Sicht gehört die vollständige Auflösung der Wandungen in regelmäßig durchbrochenes Gitterwerk nicht zu den ältesten WW-Gestaltungen, sondern ist erst ab etwa 1905/06 einzuordnen. Um 1910 scheint sich ein gewisser Dualismus herauszubilden: einerseits eine überwältigende Ornamentfreude in leuchtenden Farben, andererseits die Reduktion auf Geradlinigkeit und wenige Farben bis zur Monochromie.
Eine Entwicklungslinie, der bestimmte Arbeiten der WW um 1905/06 zuzurechnen sind (Kat. Nr. 58, 59), dürfte von Gustav Klimts Ornamentik und Farbgebung (Kat. Nr. 56) nicht unbeeinflußt sein. Einer anderen Richtung gehört die expressive Farbigkeit Oskar Ko-

koschkas in den Fledermaus-Programmheft-Illustrationen und Postkarten (Kat. Nr. 62, 63) an; sie ist auch für Postkarten anderer Künstler charakteristisch und geht zumindest teilweise im Gegeneinandersetzen der leuchtenden Farben auf technische Faktoren zurück. Klar voneinander abgesetzt sind auch die leuchtenden Halbedelsteine der farbig stark strukturierten Schmuckstücke Hoffmanns (Kat. Nr. 72, 78). Den quadratisch perforierten Gitter folgen florale Durchbrüche: Efeu- und Kleeblattmuster werden zahllosen Formvarianten von Serviceteilen angepaßt (Kat. Nr. 64, 65), und manche Durchbruchsarbeiten zeigen ein Weinrankenmotiv mit Trauben und Vögeln, eine Art Leitmotiv C.O. Czeschkas (Kat. Nr. 66). Zurückhaltend vornehm wirken dagegen die perlstab-ornamentierten Silbergegenstände. Die Gegenüberstellung gleichzeitig entstandener Broschen, die einerseits durch die leuchtende Buntfarbigkeit von Halbedelsteinen (Kat. Nr. 72), andererseits durch blau-weiß-goldene Streifen (Kat. Nr. 73) charakterisiert sind, läßt die beiden Richtungen gut erkennen, die Reduktion noch ausgeprägter im Schwarzweiß eines Glasentwurfs (Kat. Nr. 74), im Schwarzgold einer Brieftasche (Kat. Nr. 75) oder der vertikalen Gliederung einer Garnitur mit Teegläsern (Kat. Nr. 76). Demgegenüber wirkt der die Fauteuils und den Boden überwuchernde Blüten- und Ornamentreichtum eines Interieurs (Kat. Nr. 77) wie ein biedermeierlicher Embarras de richesse.

Die Auseinandersetzung mit Stilprinzipien des Art déco beginnt in der WW bereits vor dem ersten Weltkrieg. Einer der wesentlichsten Faktoren für das in Österreich wesentlich früher als in anderen Ländern einsetzende Art déco liegt zweifellos im Faktum der durch den ersten Weltkrieg kaum beeinträchtigten Kontinuität.

Der Begriff Art déco ist wie jeder andere Stilbegriff schwer zu definieren. Anläßlich der Pariser Kunstgewerbeausstellung von 1925 entstanden, wird der Begriff üblicherweise und etwas zu sehr vereinfachend in zwei einander diametral entgegengesetzte Hauptströmungen, der eher in Deutschland beheimateten Sachlichkeit (Bauhaus) und der französischen Luxuskunst, gegliedert. Vor allem im englischen Sprachgebrauch wird zwischen dem Art déco der Zwanziger Jahre und der Streamline-Moderne der Dreißiger-Jahre unterschieden.

Die „Form ohne Ornament", die „Neue Sachlichkeit", ist in WW-Objekten vor dem ersten Weltkrieg ebenso vertreten (Kat. Nr. 1, 2, 7, 80 etc.) wie der Horror vacui luxuriöser Flächenkunst: orientalisch wirkende Märchenhaftigkeit und phantastische Ornamentik (z. B. die schwarzweißen Flächenornamente Peches um 1912, aber auch außerhalb der WW die „Serapis-Fayencen" von Wahliss, die schwarzen Federzeichnungen der Massanetz-Gläser).

Anders geartet als der florale Jugendstil, stellen zahlreiche dekorative Muster jener Zeit eine Verbindung zur Ornamentik der Zwanziger Jahre dar, teilweise fast biedermeierlich im Rapport der Flächenmuster (Kat. Nr. 90, 99).

Die Streamline-Moderne der Dreißiger Jahre scheint dem Linienschwung Lendeckescher Damen (Kat. Nr. 95) immanent.

Entwürfe Carl Kreneks, bereits 1912 datiert, weisen auf den Peche'schen Zackenstil voraus. Nomen est omen: der „style zigzag" (in Kreneks Stoffmustern „Granate" und „Blitz" früh verarbeitet) wurde ebenfalls als Synonym für Art déco verwendet. Die Zackenornamentik eines Kriegsglases zählt zur selben Gruppe (Kat. Nr. 103). Diese Tendenz scheint eine Fortsetzung bei Leo Blonder (Kat. Nr. 109) sowie in den frühen Arbeiten Dagobert Peches zu finden (Kat. Nr. 110, 114-116), während wenig später eine barock wirkende Richtung sowohl in der Flächenkunst (Kat. Nr. 120-122) als auch im Metallbereich (vor allem Kat. Nr. 150 ff.) zur Wirkung kommt. Die Flächenkunst der Spätzeit, von Mathilde Flögl in zwei Plakatentwürfen exemplarisch vorgeführt, entspricht in ihrer Farbwirkung auch dem Schwarz-Rot des Jubiläumsbandes und der späten Keramik.

Eine Hinwendung Hoffmanns zur glatten Metalloberfläche (Kat. Nr. 169), jener des undekorierten Glases (Kat. Nr. 168) entsprechend, betrifft in einem Besteck wieder das Indu-

strial Design. Das Besteck Werknummer S be 5 (Kat. Nr. 170) ist ein später Nachfahre des Bestecks „rundes Modell " (Kat. Nr. 47). Andere Entwürfe Hoffmanns für Glasservice bieten darüber hinaus eine breite Palette von Gestaltungsmöglichkeiten: Schliff und Schnitt ebenso wie die Verwendung von farbigem Glas für aufgesetzte Punkte, farbige Henkel, Stiele und Fußplatten. Avantgardistisch wirkend schließlich die Metallservice Hoffmanns um 1930: jene gerillten (Kat. Nr. 175) Formen ebenso wie die auf glatte Oberflächen applizierten Einzelmotive, die wuchtigen oder elegant zugespitzten Henkel (Kat. Nr. 174). Von großer farbiger Delikatesse schließlich sind die Entwürfe von Snischek und Rix für Emailarbeiten und die Perlbeutel-Entwürfe von Wieselthier und Snischek, dessen schlank proportionierte, langgliedrige Figuren in elegante Bewegungsabläufe eingebunden sind.
Das Phänomen Wiener Werkstätte läßt uns beispielhaft erkennen, daß wir das Nebeneinander verschiedener Tendenzen ebenso zu beachten haben wie das Nacheinander von Stilabläufen. Jahreszahlen als Stilbegrenzungen sind meist künstlich aufgepfropft.
Viele Perioden werden von mehreren Grundströmungen durchzogen, die bei der WW schlagwortartig durch Gegensatzpaare angedeutet werden können: Tektonik und Bewegung, Klassik und Barock/Rokoko, Ornamentlosigkeit und dekorativer Überreichtum, Nüchternheit und Ekstatisches, Monochromie und Farbenrausch - und, wenn man den klassischen Gegensatz heranziehen will: Apollinisches und Dionysisches.

INTRODUCTION

When the Wiener Werkstätte was founded in 1903, this marked not the beginning, but the culmination of a development which probably started when Hoffmann and Moser joined the Kunstgewerbeschule in Vienna. Unfortunately there is too little documentation of the years 1899 to 1903 to do credit to the achievements of this period.
Luckily numerous primary sources relating to the Wiener Werkstätte have been preserved, and have been incorporated in the present catalogue. These include sketches and studio drawings in the library of the Austrian Museum of Applied Art and the records of the Wiener Werkstätte (calculation books and photograph albums, original photographs, etc.) also in the possession of the museum. An interpretation of these sources is made very difficult by the fact that the records are by no means complete. Valuable correspondence (particularly from the early days) is missing entirely and much of the information the records contain is contradictory. As a result, it is necessary to evaluate these records, and sound conclusions can only be drawn extremely conscientiously. The most important questions that arise are the attribution of works to certain artists and dating problems. To these must be added the problem of articles produced outside the Wiener Werkstätte and the number of copies produced. Serial numbers were sometimes changed, and the system used for calculation is by no means uniform: calculation books were kept until about 1919 (though many are missing), and from 1922 onwards filing cards were used, many of which have been lost. The gap at the beginning of the twenties represents a critical deficiency in the documentation. The number of copies specified must always be regarded as minimum a quantity only, as the records are not necessarily complete, and because the same model can subsequently be recontinued under another serial number. Great care must be exercised in attributing works to specific artists, as the designer of the form is not necessarily identical with the originator of the ornamentation.
Over the course of time, slight formal variations were made to some table services, which - with different serial numbers - then form a chain of development, the individual links of which are sometimes very difficult to distinguish from one another. This can considerably complicate the identification of some articles.

FACTORY PRODUCTION - INDUSTRIAL DESIGN

Under the conditions of the trade law in force at the time, articles produced by the individual workshops of the Wiener Werkstätte were classified as handicrafts, which corresponded with the intentions of the Wiener Werkstätte. The trade regulations were apparently too cumbersome for the Wiener Werkstätte, with the result that in 1914 the handicrafts trades were reclassified as factories. In point of fact, as long as it existed the Wiener Werkstätte - albeit with certain changes of emphasis - always practised both forms of trade (apart from the free-lance trades), and from a very early date there is evidence of industrial production alongside handcrafting. In order to cover this wide range of production, the Wiener Werkstätte made use of all the opportunities offered by the handicrafts and industrial structures of the time. Apart from its own production, the Wiener Werkstätte frequently assumed the role of a licenser, commissioning its own designs to be executed in other workshops. Often it passed its designs on to other licensers who then saw to their realisation. The Wiener Werkstätte resorted to homework particularly in the field of textiles. It also acted as a dealer, buying and selling the finished products (e.g., ceramics from Vienna's Kunstgewerbeschule, the "Wiener Keramik", Eduard Klablena, etc., Kaulitz dolls, etc.).
The Wiener Werkstätte frequently used semi-finished products (e.g., prefabricated metal

sheets) for a considerable number of the articles produced in its own ateliers, and many items were also finished by subcontractors (e.g., galvanising of metal objects).
If industrial design is defined as the artistic design of articles for daily use, the cutlery of the Wiener Werkstätte and several painted white latticework articles fall into this category. Both were produced in the Wiener Werkstätte and by subcontractors. As early as 1907 the Viennese Bachmann company took over production of the "round model" cutlery and records show that from 1910 onwards the square perforated latticework articles that are now so familiar were manufactured by the Viennese firm of Cloeter.
The number of firms employed by the Wiener Werkstätte in one way or another was large. The Wiener Werkstätte therefore had a significant influence on large sectors of the entire art industry of the time. There was scarcely a branch of the industry that was not commissioned by the Wiener Werkstätte to carry out certain manufacturing processes, and which was thus at least partly dependent on it. The Wiener Werkstätte's chief glass agent was Lobmeyr, and the glass factories which worked for them included Meyr's Neffe/Adolf, Moser/Karlsbad, Oertel/Haida, Schappel/Haida, Loetz' Witwe/Klostermühle, and subsequently also Tiroler Glashütte.
Porcelain services, for example the "Merkur" and "Calais" models by Hoffmann, were generally produced by Pfeiffer & Löwenstein in Schlackenwerth, but sometimes decorated in Vienna by Böck. Mechanical methods of reproduction were normally used (transfers and stamps for edges and individual motifs). Bachmann and Cloeter have already been mentioned as metal workers, and the Viennese firms of J. Gasterstaedt, Franz Kaiser and J. G. Petzold & Sohn were also employed for metal work in the late twenties. Enamelling may often have been carried out by the Kunstgewerbeschule (cat. no. 37), and in some cases by the art industry (Souval, cat. no. 73). There is scarcely any documentation on the furniture of the Wiener Werkstätte, and it is therefore difficult to attribute its production to any specific company. The furniture production of the Wiener Werkstätte itself was apparently limited to the years prior to 1910, with the exception of the works produced by the "Künstlerwerkstätte" (artists' atelier) of the Wiener Werkstätte.
Records show that the Viennese printers of Berger, Rosenbaum, Siegert, Brüder Kohn, the Gesellschaft für Graphische Industrie and others printed postcards for the Wiener Werkstätte.
Numerous textile printing works reproduced the designs created by the Wiener Werkstätte, and the firms of Max Schmidt and Tekko & Salubra had wallpapers by the Wiener Werkstätte in their range.
There is also evidence of links with factories outside Austria: Vereinigte Smyrna = Teppich = Fabriken AG of Cottbus produced runners for the Wiener Werkstätte, and lacework was executed in Switzerland through the mediation of the Zurich branch (cat. no. 130).
The companies mentioned here as working for the Wiener Werkstätte naturally only represent a selection.

THE QUESTION OF STYLE

The entire production of the Wiener Werkstätte from 1903 till 1932 cannot be classified using the conventional principles of stylistic periods. Only slightly affected by art nouveau, committed to cubism, functionality and expressionism from an early stage, avant-garde in many respects, anticipating art deco even before the First World War, the Wiener Werkstätte does not present the research worker with a picture of stylistic unity or with an impression of unrelated eclectic individual achievements. It is hard to define the common factor, but there definitely is one in view of the many interconnections, the identical tasks tackled by various artists, mutual influences and other references. One can only put one's finger on it once there is sufficient documentation of the entire production of the Wiener Werkstätte.

There is evidence of avant-gardism in many areas of the Wiener Werkstätte, particularly in its cubism of 1903 and its "Flächenkunst" (graphic art) of 1903 and from 1911/12 onwards. The cubistic avant-gardism of the early years, the most impressive examples of which are Hoffmann's ice cream moulds (cat. nos. 1,2) was apparently too uncompromising, was premature, and therefore not accepted. The number of copies produced was small, and it was the rule rather than the exception that articles were returned from exhibitions. Even then, function and form, blended together in an artistic unity, anticipated the concept of "form without ornament" which was to become a catch-phrase only much later. This reduction to the bare essentials, completely dispensing with ornamentation, shows that the stipulations of Adolf Loos were met in Josef Hoffmann's early designs for the Wiener Werkstätte. Similar structural principles, though executed only in relief, can be detected in Hoffmann's decorative stucco for the Secession in 1902. The ice cream mould transforms them into three dimensions.

The simultaneous occurrence of several stylistic tendencies is striking, and can be illustrated in the light of typical examples. Art nouveau was at most a side issue within the Wiener Werkstätte, being represented by ceramics such as Luksch's Diana (cat. no. 48) and also detectable in some of Moser's pieces of jewellery (cat. nos. 33, 37). It is scarcely possible to find greater contrasts with the austerity and uncompromisingness of Hoffmann's ice cream moulds. With his designs for lighting, even Moser tended towards cubism (cat. nos. 3, 4), whilst we are astonished by the different forms which Hoffmann produced at the same time. These seem to be in English taste and were perhaps destined for this market. They are decorated wih colourful semi-precious stones that relieve the surface (cat. no. 5), or form the focal points of individual cut-out motifs (cat. no. 6). This early period was dominated by cubic and stereometric shapes. Works produced during this period include both metal articles with the flickering restlessness of hammered surfaces and smooth, reflecting sides, the blank coolness of which may be relieved by a colourful semi-precious stone, a wooden handle or a leather cover (cat. nos. 9, 11, 14), and temple-like clocks whose bright alabaster columns and semi-precious stones almost outshine the metal (cat. no. 17). Subject to fewer external restraints than architecture, at their height the handicrafts of this period assumed the role of a protagonist. An example of this can be found in the fluted sides of metal articles (cat. no. 16), which correspond to the classicism of Hoffmann's pillars for the pavilion in Rome in 1911. Faced with the same problem, different artists doubtless found it easier to achieve a wealth of variation with a handicraft (cat. nos. 23, 24) than with architecture.

To this must be added the fact that the range of articles that needed designing was considerable. Apart from the usual problems such as the designing of tableware, the Wiener Werkstätte also provided artistic shapes for objects which are no longer so familiar to us today: ice cream moulds, rocking Easter eggs, lorgnettes, ivory diadems, "single-draught" glasses, stuffed toy animals, cactus pots in the shape of animals, papier mâché containers, enamel matchboxes, decorative lute straps, pearl bags and chains, hat and coat racks, etc. Apparently trivial objects such as hat-pins made to designs by Hoffmann and Moser display a unity of form, function and decoration which makes them works of art in their own right.

From a chronological point of view, a regular latticework was first used for the surfaces of objects only from about 1905/1906 onwards. A certain degree of dualism appears to have developed around 1910: on the one hand an overwhelming use of ornamentation in bright colours, and on the other a reduction to rectilinearity and few colours, and even monochrome colour schemes.

One line of development which certain items produced by the Wiener Werkstätte around 1905/1906 followed (cat. nos. 58, 59) was probably influenced by Gustav Klimt's ornamentation and colouring (cat. no. 56). The expressive colourfulness of Oskar Kokoschka's postcards and illustrations for the "Fledermaus" programmes pursued yet another tendency. This is also typical of the postcards by other artists, and the contrasting of the bright colours is at least due in part to technical reasons. The bright semi-precious stones of Hoffmann's colourfully designed jewellery are also set distinctly apart from one another (cat. nos. 72, 78). The latticework with square perforations is followed by floral cut-outs. Ivy and clover patterns are adapted to suit an endless range of shapes (cat. nos. 64, 65), and some of the openwork bears a vine tendril motif with grapes and birds, a sort of leitmotif of C. O. Czeschka's (cat. no. 66). The silver objects ornamented with pearl bars appear subdued and elegant by comparison. Both these tendencies are evident when one compares brooches produced at the same time. They are characterised on the one hand by the bright colourfulness of the semi-precious stones used (cat. no. 72) and on the other by stripes of blue, white and gold (cat. no. 73). The reduction is even more marked in the black and white of a design for a glass (cat. no. 74), in the black and gold of a wallet (cat. no. 75) and the vertical lines of a set of tea glasses (cat. no. 76). Compared to these, the mass of blossoms and ornamentation covering the armchairs and the floor of an interior (cat. no. 79) seem like a Biedermeier "embarras de richesse".
The Wiener Werkstätte first started working on the stylistic principles of art deco before the First World War. There can be no doubt that one of the most significant aspects of art deco, which was developed in Austria much earlier than in other countries, lies in the fact that it was scarcely affected in its continuity by the First World War.
Like any other stylistic concept, art deco is difficult to define. The term came into being on the occasion of the 1925 Paris exhibition of decorative arts and is generally - and somewhat too simplistically - divided into two diametrically opposed main tendencies: functionality, which tended to be found in Germany (Bauhaus), and the French luxury art. Particularly in English, a difference is made between the art deco of the twenties and the streamlined modern style of the thirties.
"Form without ornament" and "new functionality" are represented in the products of the Wiener Werkstätte before the First World War (cat. nos. 1, 2, 7, 80, etc.), as is the "horror vacui" of luxurious graphic art: oriental fabulousness and fantastic ornamentation (e.g. Peche's black and white surface ornamentation around 1912, and outside the Wiener Werkstätte the "Serapis Fayence" of Wahliss and the black line drawings of Massanetz glasses).
The numerous decorative patterns of this period are of a different nature from the floral art nouveau, and form a link with the ornamentation of the twenties, in some instances almost Biedermeier in the repetition of patterns (cat. nos. 90, 99).
The streamlined modern design of the thirties seems to be immanent in the sweeping lines of Lendecke's ladies (cat. no. 95).
Designs by Carl Krenek dated 1912 anticipate Peche's zigzag style. Nomen est omen: the "style zigzag", used at an early date in Krenek's "Granate" (grenade) and "Blitz" (lightning) fabric patterns, also came to be used as a synonym for art deco. The zigzag ornamentation of a war glass belongs to the same group (cat. no. 103). This tendency seems to be continued in the work of Leo Blonder (cat. no. 109) and in Dagobert Peche's early creations (cat. nos. 110, 114-116), whilst a short time later a neo-baroque tendency can be found both in graphic arts (cat. nos. 120-122) and metalwork (in particular cat. nos. 150 et seq.). Two poster designs by Mathilde Flögl exemplify the graphic arts of the later period. The colour schemes used to correspond to the black and red of the jubilee volume of 1929 and late ceramics.
Hoffmann's interest in the smooth metal surface, corresponding to his treatment of unde-

corated glass, again relates to industrial design in a set of cutlery. The cutlery with the serial number S be 5 (cat. no. 170) is a subsequent development from the "round model" cutlery (cat. no. 47). Other designs by Hoffmann for a glass service also offer a wide range of possibilities for the craftsman: cutting and engraving, and the use of coloured glass for nodi, coloured handles, stems and bases. Hoffmann's metal service of around 1930 seems quite avant-garde: the fluted shapes (cat. no. 175) and the individual motifs applied to smooth surfaces, and the massive or elegantly pointed handles (cat. no. 174). Finally, great delicacy of colours is exhibited in the enamelwork designs of Snischek and Rix and the pearl bag designs by Wieselthier and Snischek, whose slenderly proportioned, long-limbed figures are imbued with elegant movement.

The phenomenon of the Wiener Werkstätte makes us realise that we must consider both a simultaneous occurrence of different tendencies and a succession of styles. It is usually an artificial contrivance to define styles by means of dates. Many periods are characterised by several basic tendencies which, as far as the Wiener Werkstätte is concerned, can be interpreted as pairs of opposites: tectonics and movement, classicism and baroque/rococo, absence of ornamentation and decorative excess, austerity and ecstasy, monochrome and excessive colour, and, if we wish to use the classical antithesis, Apollonian and Dionysian.

KURZCHRONIK DER WIENER WERKSTÄTTE 1903-1932

Die nachfolgenden Daten beruhen vor allem auf den jeweiligen Eintragungen im Handels-, Marken- und Gewerberegister sowie den von der WW selbst zusammengestellten Zeitungsausschnitten im Archiv der WW (WWAN)

1903 Gründung der „Wiener Werkstätte Produktivgenossenschaft für Gegenstände des Kunstgewerbes registrierte Genossenschaft mit unbeschränkter Haftung" durch Josef Hoffmann, Kolo Moser und Fritz Waerndorfer. - Erster Standort: Wien IV, Heumühlgasse 6, ab Oktober 1903 Wien VII, Neustiftgasse 32-34. - Erstregistrierung der „Rosenmarke". - Gewerbescheinanmeldungen für Gold-, Silber- und Juwelenarbeiter, für Gürtler- und Bronzewaren, für Anstreicher und Lackierer sowie für Tischler.

1903 - 1905 Sanatorium Purkersdorf, Bau und Einrichtung

1904 Gewerbescheinanmeldung für Buchbinderei. - Ausstellung im Hohenzollern-Kunstgewerbehaus, Berlin

1905 „Arbeitsprogramm" der Wiener Werkstätte. - Ausstellung Galerie Miethke, Wien (Bucheinbände und Vorsatzpapiere, Modell Stoclet)

1905-1911 Palais Stoclet, Brüssel, Bau und Einrichtung (Hoffmann, Klimt, Powolny, Löffler, Czeschka, Jungnickel u.a.)

1906 Gründung der „Wiener Keramik" durch Michael Powolny und Berthold Löffler (Verkaufsgemeinschaft mit der WW). - Internationale Buchkunst-Ausstellung, Frankfurt am Main. - Österreich-Ausstellung in London. - Jagdhaus Hochreith, Umbau und Einrichtung (Hoffmann, Czeschka, Luksch)

1907 Verkaufslokal der WW Wien I, Graben 15. - Cabaret Fledermaus, Adaptierung und Einrichtung (Barraum: Fliesen durch „Wiener Keramik"). - Geschäftslokal K.K. Hof- und Staatsdruckerei. - Ausstellung „Die Gartenkunst", Wien. - Beginn der numerierten WW-Postkarten und Bilderbögen. - Moser und Czeschka verlassen die WW. - Wimmer arbeitet für die WW

1908 Kunstschau, Wien. - Kokoschka, Die träumenden Knaben (Verlag WW)

1909 Internationale Kunstschau, Wien. - Almanach der WW (Brüder Rosenbaum). - Verkaufsstelle in Karlsbad vermutlich 1909. - Verkauf der Puppen von Marion Kaulitz

1910 Anmeldung des Damenkleidermacher- und des Modistengewerbes sowie der Elektrotechnik (konzessioniertes Gewerbe)

1911 Gewerbeschein für Mode und Kleidermachergewerbe. - Leiter der Modeabteilung: Eduard Josef Wimmer

1913 Erstregistrierung der Wortmarke WIENER WERKSTÄTTE. - Modeschau der WW im Hohenzollern-Kunstgewerbehaus Berlin, ab diesem Zeitpunkt ständige Mode- bzw. Modellschauen in vielen Städten. - Tapetenausstellung. - Vermutlich ab 1913 Künstlerwerkstätten.

1914 Nach Liquidation Gründung der „Betriebsgesellschaft m.b.H. der Wiener Werktätte, Produktivgenossenschaft für Gegenstände des Kunstgewerbes". - Fabriksmäßige statt handwerksmäßige Gewerbe. - Erstregistrierung des WW-Monogramms. - Buch- und Graphikausstellung Leipzig. - Kunstgewerbeausstellung Köln. - Errichtung einer Verkaufsstelle in Köln.

1915 Otto Primavesi, Olmütz, Geschäftsführer. - Dagobert Peche bis 1923 in der WW. - Erstmals Bühnenkostüme und Ausstattung durch WW

1916 Zweigniederlassung in Berlin. - Modehaus der WW Wien I, Kärntnerstr. 41 (Palais Esterhazy)

1917 Zweigniederlassung in Marienbad/Eger. - Filiale WW Zürich, Leitung Dagobert Peche (bis 1919). - Ausstellung österreichischer Kunst in Stockholm. - Ab 1917 eigene Keramikerzeugung. - Verkaufslokal Wien I, Kärntnerstr. 32 (Abt. für Stoffe, Spitzen, Beleuchtungskörper)

1919 Teilnahme an der Leipziger Messe - Sonderausstellung im Österreichischen Museum für Kunst und Industrie. - Ausstellung Bremen (Scherenschnitte als Fensterbilder zwischen Glas). - Leipziger Messe (Holzintarsien, Emailbilder, Lederpreß- und Treibarbeiten, Glasradierung, Elfenbeinschnitzerei, Tapetenschablonen, Terrakotten mit schwarzer Glasur).

1920 erstmals Teilnahme an Frankfurter Messe (Mode und Stoffe). - Wiedereröffnung der Marienbader Filiale. - Wiener Kunstschau.

1921 Umwandlung in „Wiener Werkstätte Gesellschaft m.b.H."

1922 Ausstellung Landesgewerbemuseum Stuttgart. - Filiale in New York (Leiter: Architekt Josef Urban). - Max Snischek vermutlich Nachfolger Wimmers als Leiter der Modeabteilung

1923 Zweigniederlassung in Velden am Wörthersee.

1924 Modehaus der Wiener Werkstätte Primavesi & Co. (bis 1926)

1925 Kunstgewerbeausstellung Paris

1926 Ausgleich (35%). - Modehaus umgewandelt in: Modehaus der Wiener Werkstätte L. Stiassny & Co.

1927 Europäisches Kunstgewerbe, Leipzig (Grassi-Museum)

1928 Feier des 25jährigen Bestandes

1929 Verkaufsstelle in Berlin

1930 Österreichische Werkbundausstellung, Wien

1932 Einleitung der Liquidation. - Versteigerung der Warenbestände im Auktionshaus Glückselig, Wien

1939 Löschung im Handelsregister

A BRIEF HISTORY OF THE WIENER WERKSTÄTTE 1903-1932

The following dates are taken mainly from the relevant entries in the commercial, mark and trade registers, and from the newspaper cuttings compiled by the Wiener Werkstätte itself in its archives (WWAN)

1903 Founding of the "Wiener Werkstätte Produktivgenossenschaft für Gegenstände des Kunstgewerbes registrierte Genossenschaft mit unbeschränkter Haftung" by Josef Hoffmann, Kolo Moser and Fritz Waerndorfer. - First premises: Heumühlgasse 6, Vienna IV. From October 1903 on: Neustiftgasse 32-34, Vienna VII. - "Rose" mark first registered. - Trade licence applications for goldsmiths, silversmiths and jewellers, for girdlers and bronze workers, for painters and varnishers, and for joiners

1903-1905 Construction and furnishing of Purkersdorf sanatorium

1904 Trade licence application for bookbinding. - Exhibition in the Hohenzollern-Kunstgewerbehaus in Berlin

1905 "Programme" of the Wiener Werkstätte. - Exhibition in the Miethke gallery, Vienna (bookbindings and end-papers, Stoclet model)

1905-1911 Construction and furnishing of Palais Stoclet, Brussels (Hoffmann, Klimt, Powolny, Löffler, Czeschka, Jungnickel and others)

1906 Founding of the "Wiener Keramik" by Michael Powolny and Berthold Löffler (sales co-operative with the Wiener Werkstätte). - International exhibition of book art in Frankfurt am Main. - Austrian exhibition in London. - Conversion and furnishing of Hochreith hunting lodge (Hoffmann, Czeschka, Luksch)

1907 Sales outlet of the Wiener Werkstätte at Graben 15, Vienna I. - Adaptation and furnishing of "Fledermaus" cabaret (tiles in bar by "Wiener Keramik"). - Business premises for K.K. Hof- und Staatsdruckerei. - "Die Gartenkunst" horticultural exhibition in Vienna. - Beginning of the numbered Wiener Werkstätte postcards and posters. - Moser and Czeschka leave the Wiener Werkstätte. - Wimmer begins to work for the Wiener Werkstätte.

1908 "Kunstschau" (art exhibition) in Vienna. - Kokoschka "Die träumenden Knaben" (published by the Wiener Werkstätte)

1909 Almanac of the Wiener Werkstätte (Brüder Rosenbaum). - Sales outlet in Karlsbad probably in 1909. - Sale of dolls by Marion Kaulitz

1910 Application for licences for dressmaking, fashion design and electrical engineering

1911 Trade licence for fashion design and dressmaking. - Head of the fashion department: Eduard Josef Wimmer

1913 WIENER WERKSTÄTTE registered as trade mark for the first time. - Fashion show by the Wiener Werkstätte in the Hohenzollern-Kunstgewerbehaus in Berlin. From this time on there were regular fashion shows in many cities. - Exhibition of wallpapers. - "Künstlerwerkstätten" (artists' ateliers) probably from 1913 onwards.

1914 Following liquidation, founding of the "Betriebsgesellschaft m.b.H. der Wiener Werkstätte, Produktivgenossenschaft für Gegenstände des Kunstgewerbes". - Handicrafts trades reclassified as factories. - Wiener Werkstätte monogram (WW) registered for the first time. Exhibition of books and graphic arts in Leipzig.- Exhibition of arts and crafts ("Werkbundausstellung") in Cologne. - Establishment of a sales outlet in Cologne

1915 Otto Primavesi, Olmütz, managing director. - Dagobert Peche with the Wiener Werkstätte until 1923. - First stage costumes and sets by the Wiener Werkstätte

1916 Branch opened in Berlin. - Wiener Werkstätte house of fashion, Kärntner Straße 41 (Palais Esterhazy), Vienna I

1917 Branch in Marienbad/Eger. - Wiener Werkstätte branch in Zurich, manager Dagobert Peche (until 1919). - Exhibition of Austrian art in Stockholm. - Production of ceramics from 1917 onwards. - Sales outlet at Kärntner Straße 32 (department for textiles, lace and lamps)
1919 Participation in the Leipzig fair. - Special exhibition in the Austrian Museum of Art and Industry. - Bremen exhibition (scissor cuttings as window decorations under glass). - Leipzig fair (intarsia, enamel pictures, leather embossing and crimping, glass etching, ivory carving, wallpaper templats, black glazed terracotta)
1920 First participation in Frankfurt fair (fashion and textiles). - Reopening of Marienbad branch. - Vienna "Kunstschau" (art show)
1922 Exhibition at the Landesgewerbemuseum in Stuttgart. - Branch in New York (managed by the architect Josef Urban). - Max Snischek probably succeeds Wimmer as head of the fashion department
1923 Branch in Velden on the Wörthersee (Austria)
1924 Primavesi & Co. fashion house of the Wiener Werkstätte (until 1926)
1925 Exhibition of decorative arts in Paris
1926 Financial difficulties; composition (35 %) of the Wiener Werkstätte. - Name of fashion house changed to L. Stiassny & Co.
1927 Europan arts and crafts in Leipzig (Grassi Museum)
1928 Celebration of 25th anniversary
1929 Sales outlet in Berlin
1930 Austrian handicrafts exhibition in Vienna
1932 Liquidation. - Auctioning of stocks by the auction house of Glückselig, Vienna
1939 Deleted from the commercial register

MARKEN UND MONOGRAMME DER WIENER WERKSTÄTTE (STEMPEL)

Die Wiener Werkstätte verwendete verschiedene Kennzeichen:

1. Firmenmarken und -signets (drei davon - die Rosenmarke, die Wortmarke WIENER WERKSTÄTTE und das WW-Monogramm - wurden markenrechtlich registriert)
2. Künstlermonogramme (die abgebildeten sind dem „Arbeitsprogramm" von 1905 sowie dem Jubiläumsband von 1929 entnommen; die hier erstmals publizierten Monogramme von Carl Witzmann und Karl Breuer sowie das noch nicht aufgelöste Monogramm FB stammen aus Kalkulationsbüchern der WW)
3. Monogramme der ausführenden Handwerker (alle aus dem „Arbeitsprogramm" von 1905

FIRMENMARKEN DER WW

1903 Erstregistrierung der Rosenmarke. - Vermutlich in diesem Jahr Anmeldung des WW-Monogramms im Oval als Punze
1913 Erstregistrierung Wortmarke WIENER WERKSTÄTTE
1914 Erstregistrierung WW-Monogramm

Rosenmarke	Signet	Stempel	Monogramm	Wortmarke
Rosemark	Symbol	Stamp	Monogram	Trade mark

MARKS AND MONOGRAMS OF THE WIENER WERKSTÄTTE (STAMPS)

The Wiener Werkstätte used various marks:

1. Trade marks and symbols. Three were registered: the rose mark, the mark WIENER WERKSTÄTTE and the WW monogram
2. Artist's monograms: The monograms illustrated here were published in the "programme" of the Wiener Werkstätte of 1905 and in the publication of 1929 (cat. no. 165); the monograms of Carl Witzmann and Karl Breuer, and the unidentified monogram FB are taken from the calculation books of the Wiener Werkstätte
3. Craftsmen's monograms: first published in the "programme" of the Wiener Werkstätte of 1905

TRADE MARKS OF THE WIENER WERKSTÄTTE

1903 The "rose mark" was registered for the first time. This was probably the year in which the Wiener Werkstätte monogram in an oval was registered as a hall-mark
1913 "WIENER WERKSTÄTTE" first registered as a trade mark
1914 Wiener Werkstätte monogram (WW) first registered

KÜNSTLERMONOGRAMME (STEMPEL) - ARTISTS' MONOGRAMS (STAMPS)

Josef Hoffmann

Kolo Moser

Carl Otto Czeschka

Otto Prutscher

Carl Witzmann

Karl Breuer

unbekannt/unknown

Eduard Josef Wimmer

Dagobert Peche

Julius Zimpel

Max Snischek

Mathilde Flögl

Maria Likarz

Susi Singer

Felice Rix

Gudrun Baudisch

Kitty Rix

Ena Kopriva

Vally Wieselthier

MONOGRAMME DER HANDWERKER (STEMPEL)
CRAFTSMEN'S MONOGRAMS (STAMPS)

GOLDSCHMIEDE (GOLDSMITHS)

Eugen Pflaumer (Meister/master)

Josef Berger

Karl Ponocny

Anton Pribil

J. Sedlicky

SILBERSCHMIEDE (SILVERSMITHS)

Josef Hossfeld (Meister/master)

Karl Kallert (Meister/master)

Josef Czech

Adolf Erbrich

Augustin Grötzbach

Josef Husnik

Alfred Mayer

Josef Wagner

TISCHLER (JOINERS)

Franz Bonek

Alois Hoppe

Vinzenz Soukup

Wenzel Urban

Josef Weber

LACKIERER (VARNISHER)

Adolf Roder (Meister/master)

MALERIN (PAINTER)

Therese Trethan

METALLARBEITER (METALWORKERS)

Konrad Koch (Meister/master)

Johann Blaschek

Franz Guggenbichler

Josef Holi

Karl Medl

Theodor Quereser

Konrad Schindel

Stanislaus Teyc

Adolf Wertnik

Valentin Zeileis

BUCHBINDER (BOOKBINDERS)

Karl Beitel (Meister/master)

Ludwig Willner

LEDERARBEITER (LEATHER WORKERS)

Ferdinand Heider (Meister/master)

Anton Ders

Franz Fischer

Paul Ruckendorfer

KATALOG

Abkürzungen:

ÖMAK	=	Österreichisches Museum für angewandte Kunst, Wien
WW	=	Wiener Werkstätte
Archiv WW	=	Archiv der Wiener Werkstätte im ÖMAK
WWMB	=	Kalkulationsband der WW im ÖMAK
WWE	=	Entwürfe, Archiv WW im ÖMAK
WWPK	=	Postkarten, Archiv WW im ÖMAK
WWF	=	Photoband der WW im ÖMAK
Inv. K.I.	=	Kunstblätterinventar der Bibliothek des ÖMAK
Inv. B.I.	=	Bücherinventar der Bibliothek des ÖMAK
Inv. Gl	=	Glasinventar des ÖMAK
Inv. Ke	=	Keramikinventar des ÖMAK
Inv. L	=	Lederinventar des ÖMAK
Inv. Go	=	Goldinventar des ÖMAK
Inv. Me	=	Messinginventar des ÖMAK
Inv. Em	=	Emailinventar des ÖMAK
Inv. W.I.	=	Wanderausstellungsinventar des ÖMAK

Benutzerhinweise für den Katalog:

Wenn kein Besitzernachweis gegeben ist, handelt es sich ausnahmslos um Fotos aus dem Archiv der WW im ÖMAK
Kaufkraft = Umrechnung der Kaufkraft des von der WW kalkulierten Detailverkaufspreises auf die Kaufkraft desselben Betrages im Jahre 1983 oder 1984 (nicht identisch mit dem aktuellen Wert des Kunstwerks. Dabei ist zu berücksichtigen, daß es von 1903-1914 nur jährliche, von 1915-1919 nur vierteljährliche Indexzahlen und erst ab 1920 monatliche Indexzahlen gibt). Diese Umrechnung erfolgte aufgrund der vom Österreichischen Statistischen Zentralamt, Wien, freundlicherweise zur Verfügung gestellten Unterlagen.

CATALOGUE

Abbreviations:

AMAA	=	Austrian Museum of Applied Art, Vienna
WW	=	Wiener Werkstätte
Archiv WW	=	WW archives in the AMAA
WWMB	=	WW calculation book, WW archives
WWE	=	Designs, WW archives
WWPK	=	Postcards, WW archives
WWF	=	WW photograph album, WW archives
Inv. K.I.	=	Print inventory (AMAA)
Inv. B.I.	=	Book inventory (AMAA)
Inv. Go	=	Gold inventory (AMAA)
Inv. Me	=	Brass inventory (AMAA)
Inv. L	=	Leather inventory (AMAA)
Inv. Ke	=	Ceramics inventory (AMAA)
Inv. Gl	=	Glass inventory (AMAA)
Inv. Em	=	Enamel inventory (AMAA)
Inv. W.I.	=	Inventory of Travel Exhibitions (AMAA)

Notes for catalogue users:

All photographs come from the archives of the Wiener Werkstätte in the Austrian Museum of Applied Art in Vienna unless an acknowledgement is given.
The present equivalent is the retail sales price in crowns (K) calculated by the Wiener Werkstätte converted to the amount in Austrian schillings (S) with an equivalent purchasing power in 1983 or 1984. It is not to be confused with the current value of the work of art. If should be remembered that from 1903-1914 only annual index values were published, from 1915-1919 quarterly figures, and a monthly index was only published from 1920 onwards. This conversion has been carried out using data kindly made available by the Österreichisches Statistisches Zentralamt, Vienna.

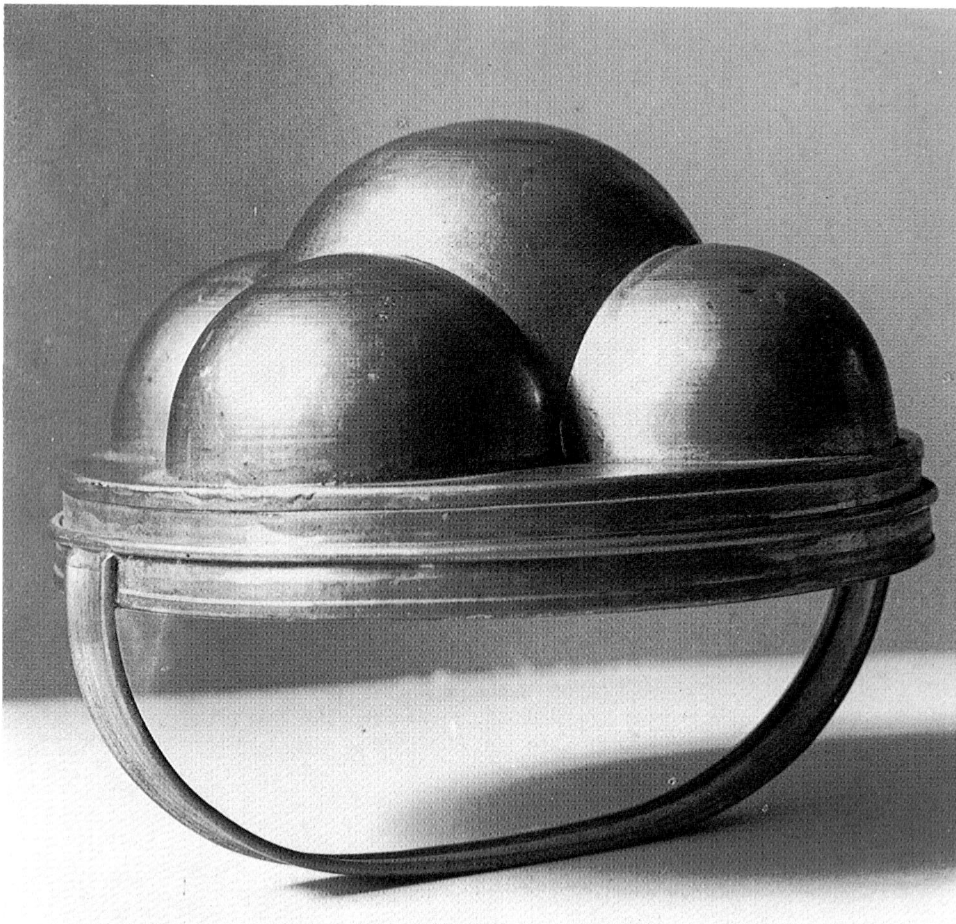

1

1
EISFORM
Entwurf: Josef Hoffmann, 1903
Werknummer: M 54
Material: Weißblech
Ausführung: WW 1903 (2 St.)
Verkaufspreis: K 30,- (Dez. 1903)
Kaufkraft von K 30,- (12/1903)
= S 1.361,54 (12/1983)
Archivalien: WWMB 4, S.105;
K.I. 12082/15

Im Jahre 1903 entwarfen sowohl Hoffmann als auch Moser je vier Eisformen, von denen offenbar nur jene Hoffmanns (Werknr. M 54-57, WWMB 4, S. 105-108; K.I. 12082/12-15) ausgeführt wurden. Die Zeichnungen Kolo Mosers (WWMB 4, S. 109-112) sind durchgestrichen.

1
ICE CREAM MOULD
Design: Josef Hoffmann, 1903
Serial number: M 54
Material(s): tinplate
Production: WW 1903 (2 copies)
Retail price: K 30 (12/03)
Present equivalent: S 1,361.54 (12/83)
Records: WWMB 4, p. 105; K.I.12082/15

Hoffmann and Moser each designed four ice cream moulds in 1903. Apparently only Hoffmann's were ever executed (serial numbers M 54-57, WWMB 4, pp. 105-108; K.I. 12082/12-15). Moser's drawings have been crossed out (WWMB 4, pp. 109-112).

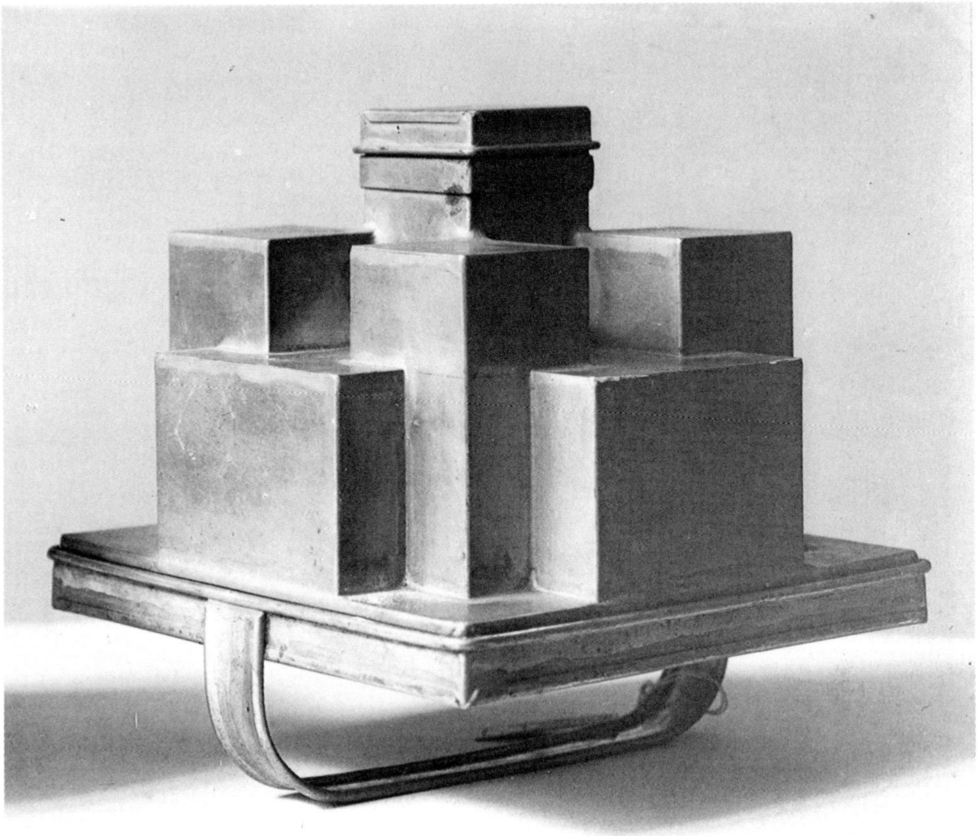

2

2
EISFORM
Entwurf: Josef Hoffmann, 1903
Werknummer: M 57
Material: Weißblech
Ausführung: WW 1903 (2 St.)
Verkaufspreis: K 20,- (Dez. 1903)
Kaufkraft von K 20,- (12/1903)
= S 907,70 (12/1983)
Archivalien: WWMB 4, S. 108;
K.I. 12082/13

2
MOULD FOR ICE CREAM
Design: Josef Hoffmann, 1903
Serial number: M 57
Material(s): tin-plate
Production: WW 1903 (2 copies)
Retail price: K 20 (12/03)
Present equivalent: S 907.70 (12/83)
Records: WWMB 4, p. 108; K.I. 12082/13

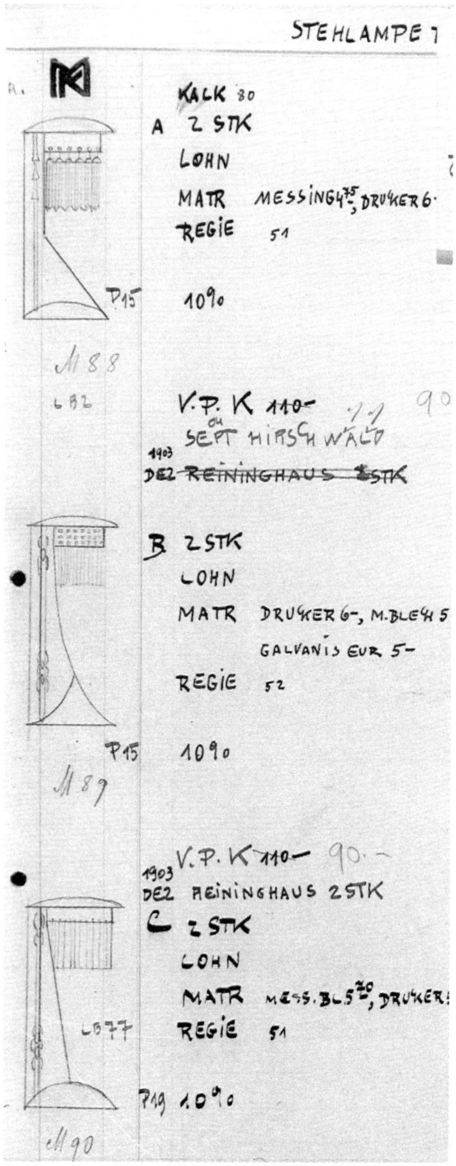

3

3
SKIZZEN ZU TISCHLAMPEN
In einem Kalkulationsband der Wiener Werkstätte (WWMB 3, S. 193) werden unter den Buchstaben A-D Tischlampen nach Entwurf Kolo Mosers angeführt, drei davon auch mit Werknummern bezeichnet (M 88-90). Eine weitere, formal verwandte Tischlampe stellt die Werknummer M 105 dar (WWMB 3, S. 200; K.I. 12566/23).

3
SKETCHES FOR TABLE LAMPS
One of the calculation books of the Wiener Werkstätte (WWMB 3, p. 193) contains table lamps designed by Kolo Moser under the letters A-D. Three of them have serial numbers (M 88-90). Another formally similar table lamp bears the serial number M 105 (WWMB 3, p. 200; K.I. 12566/23).

4
TISCHLAMPE
Entwurf: Kolo Moser, 1903
Werknummer: vgl. M 88-90
Material: Messingblech, versilbert
Höhe: 38 cm
Kennzeichnung: WW-Monogramm, Rosenmarke, Monogramm KM (= Kolo Moser)
Ausführung: WW 1903
Verkaufspreis von M 88-90:
häufige Änderungen
zwischen 80 - 110 Kronen
Kaufkraft von K 80,- (12/1903)
= S 3.630,78 (12/1983)
Archivalien: WWMB 3, S. 193
Wiener Privatbesitz

Diese Lampe könnte die im Kalkulationsband nicht skizzierte vierte Version darstellen, obwohl es sich auch um eine später abgeänderte Form der Werknummern M 88-90 handeln könnte. Modifikationen wurden noch in der Wiener Werkstätte selbst häufig durchgeführt. Ob das Glasgehänge der Lampe original ist, läßt sich nicht einwandfrei gelegen; die meisten vergleichbaren Lampen dieser Zeit sind mit „Perlfransen" behängt, doch zeigt die oberste Skizze im Kalkulationsbuch einen Behang aus nach unten spitz zulaufenden Glasstäben, die sich von jenen der erhaltenen Lampe jedoch wiederum unterscheiden.

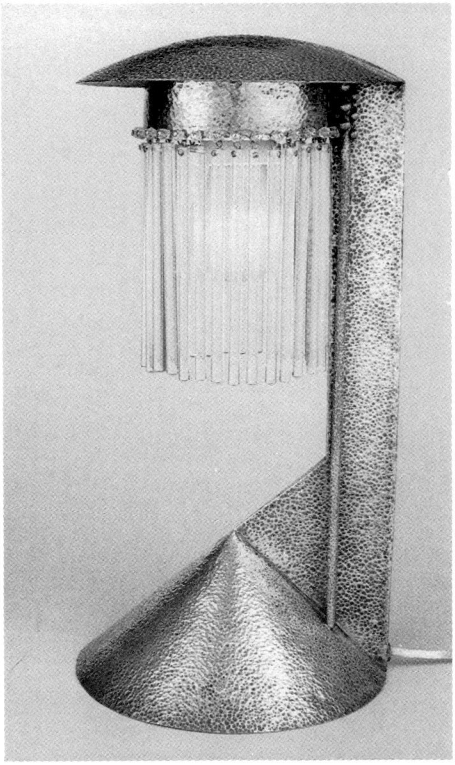

4

4
TABLE LAMP
Design: Kolo Moser, 1903
Serial number: cf. M 88-90
Material(s): silver-plated brass
Height: 38 cm
Marks: WW monogram, rose mark,
KM monogram (= Kolo Moser)
Production: WW 1903
Retail price: The price of M 88-90 frequently fluctuated between 80 - 110 crowns
Present equivalent: S 3,630.78 (K 80, 12/83)
Records: WWMB 3, p. 193
Private collection in Vienna

This table-lamp may be the fourth version which was not sketched in the calculation book, although it might also be a subsequently adapted version of the serial numbers M 88-90. Modifications were frequently carried out by the Wiener Werkstätte. It is not certain whether the glass shade of the lamp is original. Most of the similar lamps of this period were hung with "pearl fringes", though the top sketch in the calculation book shows a shade of glass rods pointed both top and bottom. These are different again from those of the existing lamp.

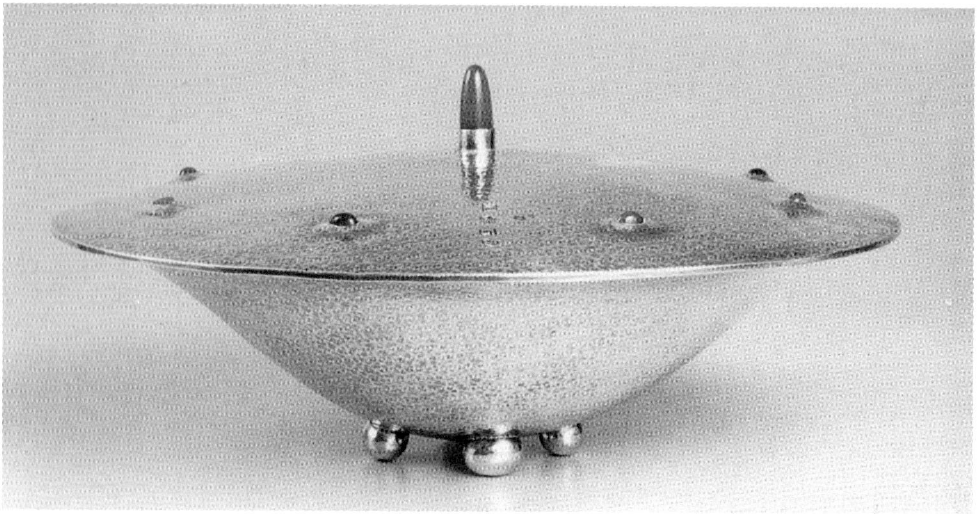

5

5
DECKELSCHALE
Entwurf: Josef Hoffmann, 1903
Werknummer: S 99
Material: Silber, Halbedelsteine
Höhe: 9,7 cm, D 20,2 cm
Kennzeichnung: Rosenmarke, WW-Monogramm, Feingehaltspunzen (Dianakopf im Fünfpaß, Windspielkopf, A), Monogramme JH (= Josef Hoffmann) und JH (undeutlich, vermutlich Josef Husnik)
Ausführung: WW wohl 1903 (3 St.?) und 1905
Verkaufspreis: K 200,- (Jän.1904)
Kaufkraft von K 200,- (1/1904) = S 9.128,51 (1/1984)
Archivalien: WWMB 3, S. 259
Wiener Privatbesitz

Im Kalkulationsbuch (WWMB 3, S. 259) sind die Initialen „J.H., M.K., FW. (England)" notiert. Daß diese nur zufällig mit den Gründern der Wiener Werkstätte (Josef Hoffmann, Kolo Moser und Fritz Waerndorfer) übereinstimmen, ist unwahrscheinlich. Der Zusatz „England" läßt auf eine Verbindung mit diesem Land schließen, die auch stilistisch nicht von der Hand zu weisen ist.
Der Entwurf (K.I. 12043/28) ist von Hoffmann eigenhändig monogrammiert und datiert (JH 1903). Verwandte Formen sind die Werknummern S 330 und S 331 (K.I. 12042/22). Nach einer Notiz war unter den Abnehmern vermutlich auch Eleonore Duse (Jänner 1905).

5
BOWL WITH LID
Design: Josef Hoffmann, 1903
Serial number: S 99
Material(s): Silver, semi-precious stones
Height: 9.7 cm, Diameter: 20.2 cm
Marks: rose mark, WW monogram, hallmarks (Diana's head in cinquefoil, greyhound head, A), monograms JH (= Josef Hoffmann) and JH (unclear, probably Josef Husnik)
Production: WW, about 1903 (3 copies ?) and 1905
Retail price: K 200 (01/04)
Present equivalent: S 9,128.51 (01/84)
Records: WWMB 3, p. 259; K.I. 12043/28
Private collection in Vienna

The initials "J.H., M.K.,-FW.(England)" are noted in the calculation book (WWMB 3, p. 259). It is unlikely to be pure chance that these initials are the same as those of Josef Hoffmann, Kolo Moser and Fritz Waerndorfer, the founders of the Wiener Werkstätte. The note "England" indicates a link with this country which it is impossible to disprove stylistically.
The design (K.I. 12043/28) leaves no doubt about the originator, as it is monogrammed and dated (JH 1903) in Hoffmann's own handwriting. Serial numbers S 330 and S 331 (K.I. 12042/22) are similar in shape. A note suggests that one of the buyers was probably Eleonore Duse (January 1905).

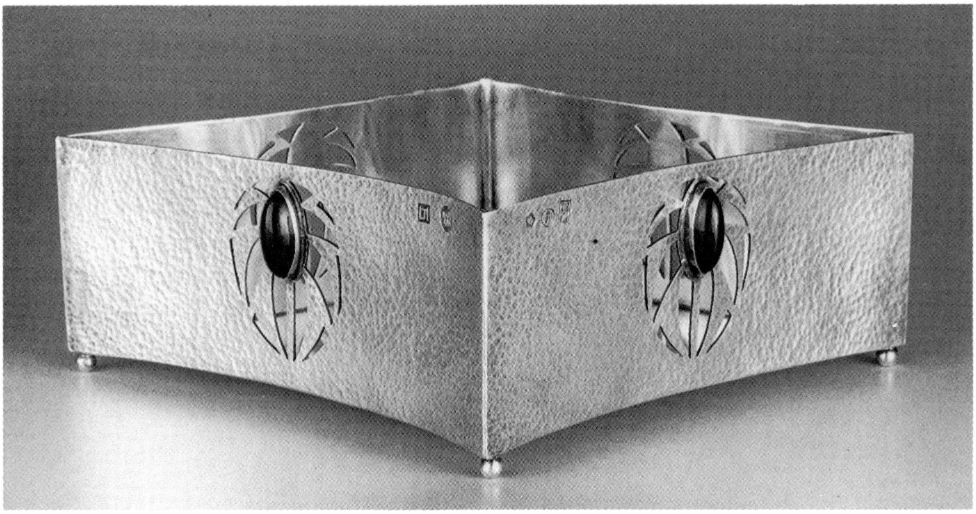

6

6
SCHALE (BONBONKORB)
Entwurf: Josef Hoffmann, 1903
Werknummer: S 17
Material: Silber, Halbedelsteine
Höhe: 5,5 cm, Länge: 18,7 cm
Kennzeichnung: Rosenmarke, WW-Monogramm, Feingehaltspunze (Dianakopf im Fünfpaß), Monogramme JH (= Josef Hoffmann) und JH (= Josef Holi)
Ausführung: drei Varianten
I (1903), II und III (1904)
Archivalien: WWMB 4, S. 45
Wiener Privatbesitz

Unter der Werknummer S 17 sind im Kalkulationsbuch (WWMB 4, S. 45) drei Varianten (I, II, III) angeführt, die wegen undeutlicher (II) oder fehlender (I, III) Zeichnungen leider schwer zu identifizieren sind. Die Variante I war offenbar die älteste (kalkuliert August 1903) und erhielt später die Werknummer S 464 (WWMB 8, S. 464). Dort ist die Objektskizze etwas genauer und zeigt einen hohen, rechtwinkeligen Griff. Diese Variante wurde im Oktober 1905 mit 120 Kronen kalkuliert (später reduziert auf 95 Kronen), als Abnehmer ist im Dezember 1905 Wittgenstein genannt. Um welche der drei Varianten es sich bei unserem Modell handelt, läßt sich leider nicht feststellen. Die vierkantige Grundform mit eingeschwungenen Wandungen kommt in mehr oder weniger veränderter Gestalt mehrmals vor: bei S 49 und bei der Dose S 28 (WWMB 4, S. 115, S. 68).

6
BOWL (SWEET BASKET)
Design: Josef Hoffmann, 1903
Serial number: S 17
Material(s): Silver, semi-precious stones
Height: 5.5 cm, Length: 18.7 cm
Marks: rose mark, WW monogram, hallmark (Diana's head in cinquefoil), monograms JH (=Josef Hoffmann) and JH (= Josef Holi)
Production: three versions:
I (1903), II and III (1904)
Records: WWMB 4, p. 45
Private collection in Vienna

Three versions are listed in the calculation book (WWMB 4, p. 45) under serial number S 17. Unfortunately it is difficult to identify them due to unclear (II) or missing (I,III) drawings. Version I was obviously the earliest (calculated in August 1903) and was later given the serial number S 464 (WWMB 8, p. 464). The article is sketched somewhat more exactly under this number and has a high, square handle. This version was calculated with a retail price of 120 crowns in October 1905 (subsequently reduced to 95 crowns). Wittgenstein is mentioned as a buyer in December 1905. It is unfortunately impossible to tell which of the three versions this model is. The square shape with concave sides is encountered fairly often in more or less the same form: in S 49 (WWMB 4, p. 115) and also in container S 28 (WWMB 4, p. 68).

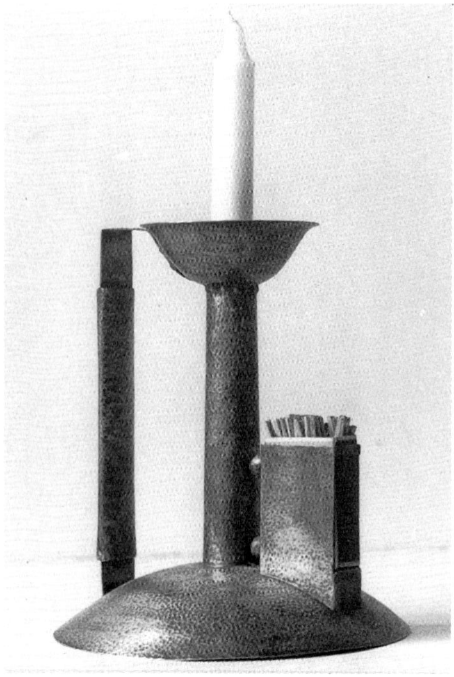

7

7
LEUCHTER MIT ZÜNDHOLZBEHÄLTER
Entwurf: Josef Hoffmann, 1903
Werknummer: M 60
Material: Alpaka, galv.
Ausführung: WW 1903 (2 St.)
1909 (4 St.), 1910 (4 St.)
Verkaufspreis: K 70,- (1903), später reduziert auf K 50,- (Juni 1909 sowie März 1910), dann erhöht auf K 60 (nach März 1910)
Kaufkraft von K 70,- (12/1903)
= S 3.176,94 (12/1983)
Archivalien: WWMB 4, S. 128

7
CANDLESTICK WITH MATCHBOX HOLDER
Design: Josef Hoffmann, 1903
Serial number: M 60
Material(s): Alpaka (nickel-silver alloy)
Production: WW 1903 (2 copies), 1909 (4 copies), 1910 (4 copies)
Retail price: K 70 (1903), subsequently reduced to K 50 (06/09 and 03/10), later raised to K 60 (after 03/10)
Present equivalent: S 3,176.94
(K 70,12/83)
Records: WWMB 4, p. 128

8
SCHREIBZEUGGARNITUR UND LEUCHTER
Entwurf: Kolo Moser, 1903
Werknummern (von links nach rechts):
M 99, M 101, M 102, M 104, M 98, M 100
M 98 = Tintenfaß
M 99 = Leuchter
M 100 = Federwischer
M 101 = Schwammschale
M 102 = Stempel
M 103 = Briefbeschwerer
M 104 = Aschenschale
M 105 = Lampe
Material: Kupferblech
Ausführung: WW 1903
Verkaufspreis:
Variante A (5teilig) = K 200
Variante B (6teilig) = K 300
Variante C (Aschenschale)
Kaufkraft von K 300,- (12/1903)
= S 13.615,44 (12/1983)
Archivalien: WWMB 3, S. 200; K.I.12589/5 (M 98); K.I.12589/3 (M 100); K.I.12589/4 (M 103)

Die Gegenüberstellung je eines Leuchters von Josef Hoffmann und von Kolo Moser aus derselben Zeit (1903) soll die in diesem Fall eklatanten Unterschiede in der Gestaltung eines Gegenstandes mit gleicher Funktion aufzeigen: die Betonung des Geraden bei Josef Hoffmann, des Geschwungenen bei Kolo Moser. Es muß allerdings darauf hingewiesen werden, daß es manchmal, wohl durch gegenseitige Beeinflussung, zu stilistischen Annäherungen im Werk der beiden Künstler kam.

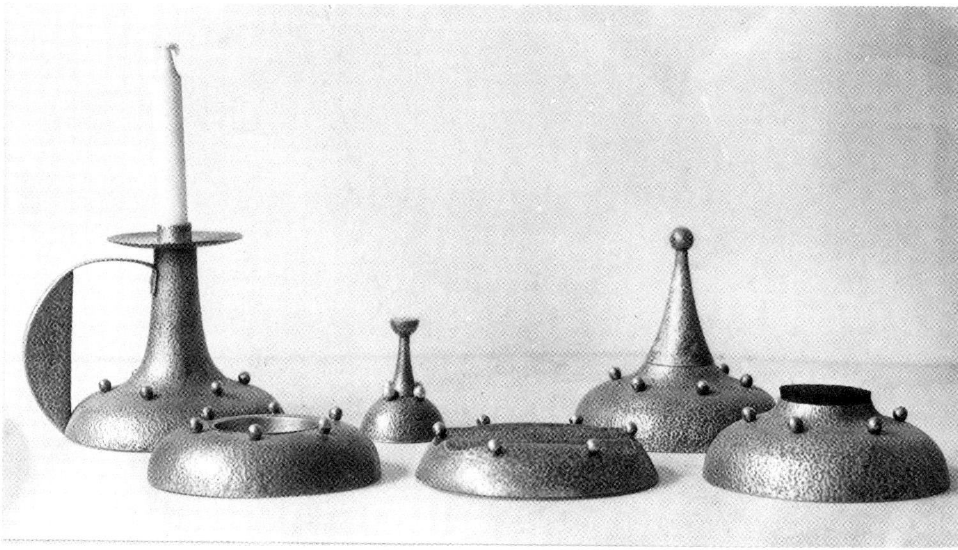

8

8

WRITING SET WITH CANDLESTICK

Design: Kolo Moser, 1903

Serial numbers (from left to right):
M 99, M 101, M 102, M 104, M 98, M 100
M 98 = ink-well
M 99 = candlestick
M 100 = pen wiper
M 101 = sponge bowl
M 102 = stamp
M 103 = paperweight
M 104 = ashtray
M 105 = lamp

Material(s): sheet copper

Ausführung: WW 1903

Retail price:
Version A (5 piece) = K 200
Version B (6 piece) = K 300
Version C (ashtray)

Present equivalent: S 13,615.44 (K 300, 12/83)

Records: WWMB 3, p. 200; K.I.12589/5 (M 98); K.I.12589/3 (M 100); K.I.12589/4 (M 103)

The comparison of these two candlesticks produced by Josef Hoffmann and Kolo Moser respectively in the same period (1903) is intended to illustrate the marked differences in the design of an article with the same function: Hoffmann's emphasis of rectilinearity and Moser's sweeping curves. However, it should be added that the work of the two artists is sometimes stylistically more similar as a result of their mutual influence on one another.

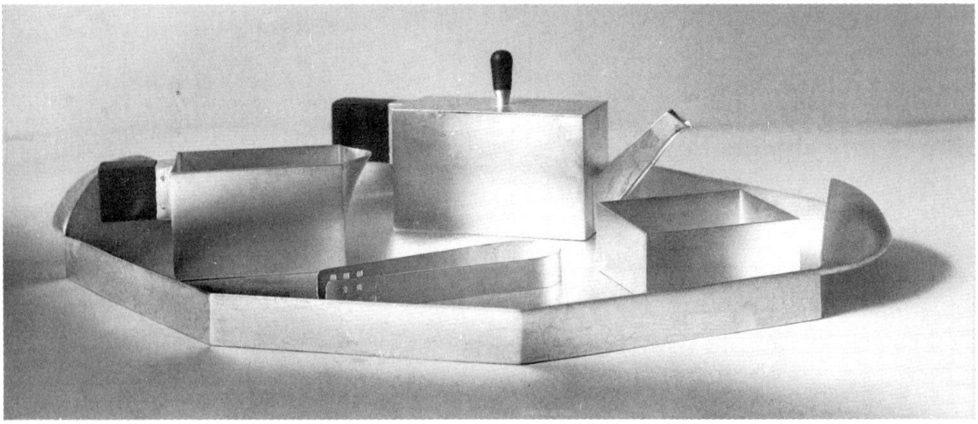

9

9
MOKKASERVICE
Entwurf: Josef Hoffmann, um 1904
Werknummer: M 257
Material: Alpaka
Ausführung: WW 1904 und später
Verkaufspreis: K 120,- (Nov. 1904)
Kaufkraft von K 120,- (11/1904)
= S 5.327,22 (11/1983)
Archivalien: WWMB 7, S. 693; K.I. 12051/13: Moccaservice Alpacca; WWMB 30, S. 735, 736

Das Service dürfte ab 1904 formal mehrfach geändert worden sein; manchmal ist die Eintragung „etwas größer" zu finden. Als Abnehmer der 1904 kalkulierten drei Garnituren werden Artin, Baron Mauthner und Agnes Speyer genannt. 1906 wurden 2 Garnituren („etwas größer") kalkuliert.
Die späteren Modellnummern M 735 (Tasse) und M 736 (Mokkaservice) sind anfangs noch auf derselben Seite wie die Werknummer M 257 zu finden (WWMB 7, S. 693, 1905-1906) und wurden dann in ein anderes Kalkulationsbuch übertragen (WWMB 30, S. 735, 736). Dort sind leider keine Daten notiert worden.
Der von Josef Hoffmann monogrammierte Entwurf (K.I.12051/13) ist undatiert, jedoch in den ersten Jahren der WW anzusetzen.

9
COFFEE SERVICE
Design: Josef Hoffmann, around 1904
Serial number: M 257 Material(s): Alpaka (nickel-silver alloy)
Production: WW 1904-1906 and later
Retail price: K 120 (11/04)
Present equivalent: S 5,327.22 (11/83)
Records: WWMB 7, p. 693; K.I. 12051/13: Moccaservice Alpacca; WWMB 30, pp. 735, 736

Several formal changes appear to have been made to this coffee service from 1904 onwards, as one sometimes comes across the entry "a little bigger". Artin, Baron Mauthner and Agnes Speyer are mentioned as buyers of the three coffee services calculated in 1904. Two further services were calculated in 1906 ("a little bigger").
The subsequent model numbers M 735 (cup) and M 736 (coffee service) are initially found on the same page as serial number M 257 (WWMB 7, p. 693, 1905-1906) and were then transferred to another calculation book (WWMB 30, pp. 735-6). Unfortunately there are no dates beside this entry.
The design monogrammed by Josef Hoffmann is undated (K.I. 12051/13), but can be placed in the early years of the Wiener Werkstätte.

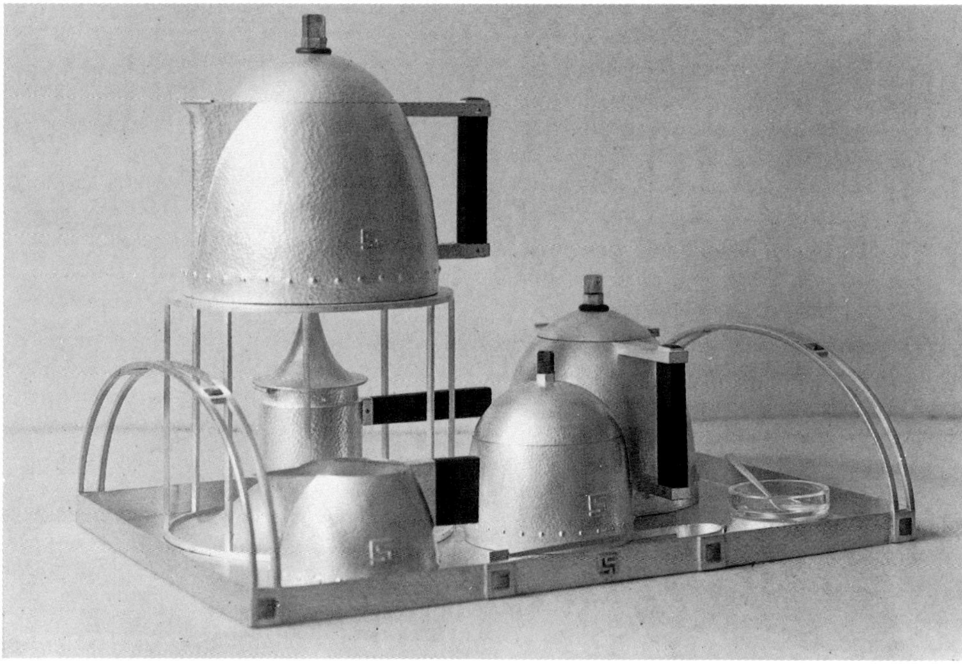

10

10
TEESERVICE
Entwurf: Josef Hoffmann, 1903
Werknummern:
S 64 = Samowar
S 235 = Teekanne
S 236 = Zuckervase
S 237 = Oberskanne
S 238 = Zuckerzange
S 239 = Teekanne (nicht abgeb.)
S 240 = Tasse
S 241 = Salzfaß
S 242 = Löffel
S 243 = Tasse (nicht abgeb.)
Material: Silber, gehämmert, monogrammiert
Ausführung: WW 1904 - 1905
Verkaufspreis: K 150,- (Teekanne, Juni 1904?)
Kaufkraft von K 150,- (6/1904) = S 6.532,55 (6/1983)
Archivalien: WWMB 3, S. 153; WWMB 7, S. 497-499; WWMB 2, S. 1041; K.I. 12052/20 (S 235-238, unbezeichnet)

Bemerkenswert bei diesem Teeservice ist unter anderem die Tatsache, daß es im Jahre 1904 für Stoclet hergestellt wurde. Die ursprüngliche Form der Teekanne, in

10
TEA SERVICE
Design: Josef Hoffmann, 1903
Serial numbers:
S 64 = samovar
S 235 = teapot
S 236 = sugar bowl
S 237 = cream jug
S 238 = sugar tongs
S 239 = tea pot (not illustrated)
S 240 = salver
S 241 = salt-cellar
S 242 = Spoon
S 243 = salver (not illustrated)
Material(s): hammered silver, monogrammed
Production: WW 1904-1905
Retail price: K 150 (teapot, 06/04?)
Present equivalent: S 6,532.5 (06/83)
Records: WWMB 3, p. 153; WWMB 7, pp. 497-499; WWMB 2, p. 1041; K.I. 12052/20 (S 235-238, undesignated)

One of the remarkable things about this tea service is that it was manufactured for Stoclet in the year 1904. The original shape of the teapot was given the serial number S 64 in the records of the WW and has obviously been modified. The

den Unterlagen der WW mit der Werknummer S 64 bezeichnet, wurde offenbar modifiziert. Die unter S 64 (WWMB 3, S. 153) skizzierte Form unterscheidet sich von jener in der Abbildung durch einen anders gestalteten Griff. Dies ist auch im Entwurf (K.I. 12018/20), 1903 datiert und mit dem Monogramm JH signiert, deutlich zu sehen: ursprünglich war wohl ein horizontaler Stiel vorgesehen.
Ähnliche Formen finden sich bei den Werknummern M 120 und 121 (WWMB 3, S. 290-291), wobei ebenfalls die Griffe abweichen. Auch die Form M 431 (K.I. 12052/19, JH-monogrammiert, bez. ALPACCA) scheint verwandt.
Im Kalkulationsband WWMB 7 findet sich ein Hinweis auf Werknummer 1041 (WWMB 2, S. 1041): einzelne Serviceformen wurden auch 1905 erzeugt, wobei die Notiz, daß die „Zuckerdose z. Sparbuechse umgeaendert" wurde, erwähnenswert scheint. Die Tasse S 243, erzeugt im Jahre 1905 für die Brüder Klein, Brünn, war offenbar eine von der Tasse S 240 abweichende Form. Im Kalkulationsbuch (WWMB 7,S. 497) werden einzelne Werknummern zusätzlich noch mit Buchstaben bezeichnet: S 235 = A, S 236 = B, S 237 = C, S 238 = D

shape sketched under S 64 (WWMB 3, p. 153) differs from that illustrated in that it has a differently shaped handle. This can also clearly be seen in the design (K.I. 12018/20) dated 1903 and bearing the monogram JH. The original design had a horizontal handle.
Similar forms are encountered in serial numbers M 120 and 121 (WWMB 3, pp. 290-291), but again the handles are different. The form of M 431 (K.I. 12052/19, monogrammed JH and designated ALPACCA) also seems to be similar. Calculation book (WWMB 7) contains a reference to serial no. 1041 (WWMB 2, p. 1041): individual service forms were also produced in 1905, and the note "sugar bowl changed to moneybox" seems worthy of mention. The salver (S 243) manufactured in the year 1905 for the Klein brothers of Brünn was obviously a different shape from tray S 240. Individual serial numbers in the calculation book (WWMB 7, p. 497) are also given letters: S 235 = A, S 236 = B, S 237 = C, S 238 = D.

11
VASE
Entwurf: Kolo Moser, 1903
Werknummer: M 19
Material: Messing, Halbedelsteine
Ausführung: WW 1903-1905 (4 St.)
Höhe: 31,2 cm
Kennzeichnung: WW-Monogramm, Rosenmarke, Monogramm KM (Kolo Moser), Monogramm CK (= Karl Kallert)
Verkaufspreis: K 110,- (August 1903)
Kaufkraft von K 110,- (8/1903) = S 4.932,99 (8/1983)
Archivalien: WWMB 4, S. 31; K.I. 12591/10,11
ÖMAK, Inv. Me 915

Die Ausformungen von 1903 (Messing, Druck, Schneiden, galv.) und jene von 1904 (Messing, Druck, galv., Steine) waren möglicherweise etwas unterschiedlich. Das Motiv des Fisches hat Kolo Moser häufig verwendet, unter anderem auch bei einer Kette mit Anhänger (WWMB 4, S. 44,

11
VASE
Design: Kolo Moser, 1903
Serial number: M 19
Material(s): brass, semi-precious stones
Production: WW 1903-1905 (4 copies)
Height: 31.2 cm
Marks: WW-monogram, rose mark, monogram KM (= Kolo Moser), monogram CK (= Karl Kallert)
Retail price: K 110 (08/03)
Present equivalent: S 4,932.99 (08/83)
Records: WWMB 4, p. 31; K.I. 12591/10,11
AMAA, Inv. Me 915

The shapes produced in 1903 (brass, chasing, cutting, galvanising) were possibly somewhat different from those of 1904 (brass, chasing, galvanising, stones). Kolo Moser frequently used the fish motiv, amongst other things for a chain and pendant (WWMB 4, p. 44, serial number G 5), which was sold for 150 crowns and according to an entry in September 1903

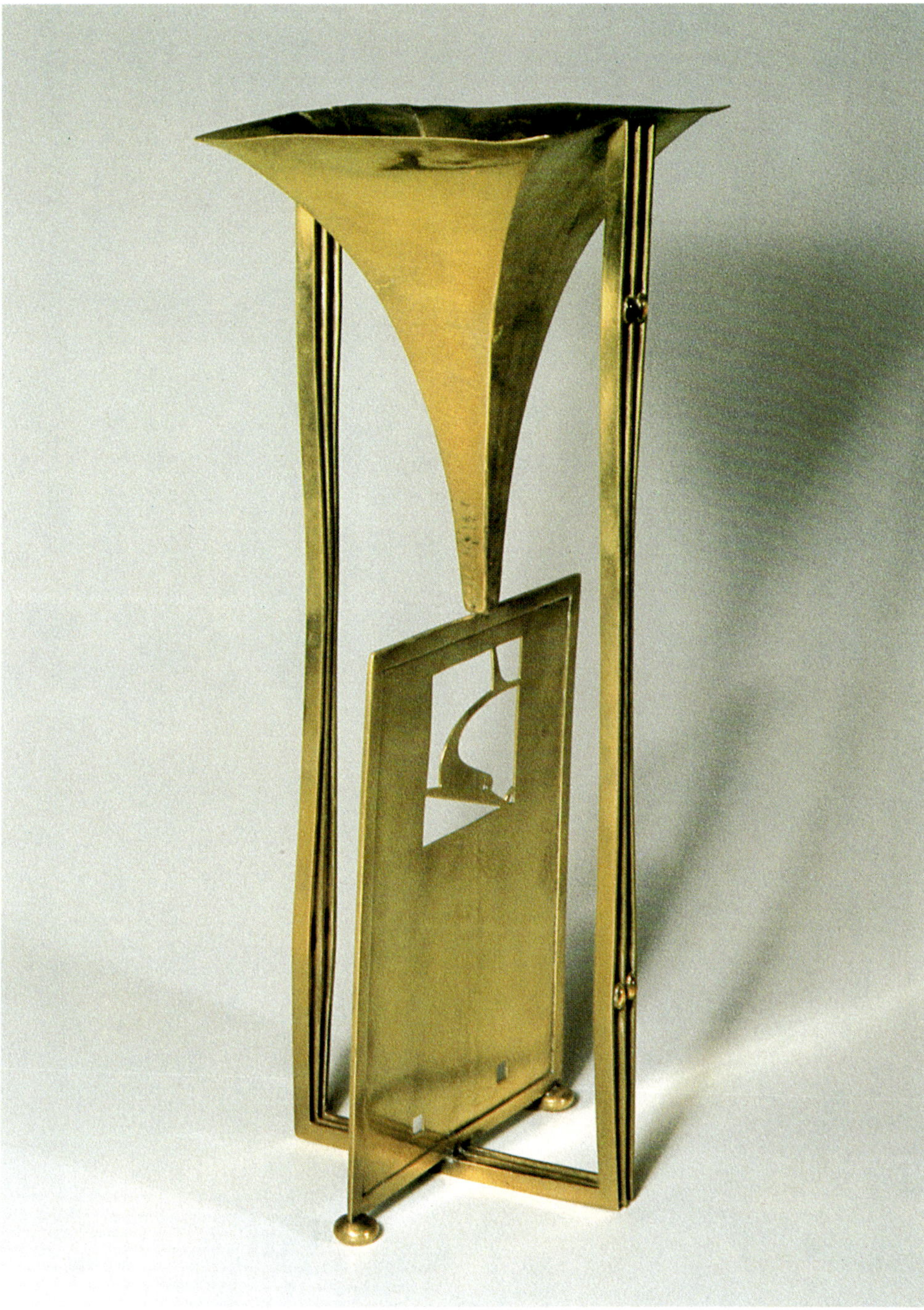

11

Werknummer G 5), die mit 150 Kronen berechnet und laut einer Eintragung im September 1903 „Prof. Moser übergeben" wurde. Ein weiterer Anhänger (G 150, WWMB 7, S. 421) zeigt ebenfalls ein Fischmotiv und dürfte auch für Moser erzeugt worden sein.

was delivered to Professor Moser. Yet another pendant (G 150, WWMB 7, p. 421) also displays a fish motif and may also have been produced for Moser.

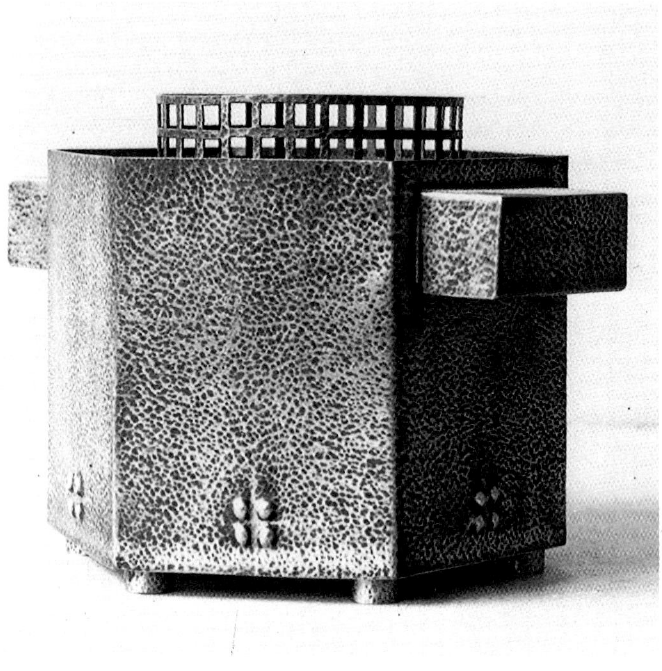

12

12
WEINKÜHLER
Entwurf: Josef Hoffmann, 1903
Werknummer: M 63
Material: Alpaka bzw. Messingblech
Ausführung: WW 1903
Verkaufspreis: 90 K (12/1903)
Kaufkraft von K 90,- (12/1903)
= S 4.084,63 (12/1983)
Archivalien: WWMB 4, S. 133; K.I. 12025/6

Der Entwurf dieses Weinkühlers ist von Hoffmann monogrammiert und 1903 datiert sowie mit der Notiz versehen: „Weinkühler aus Alpacca o. Silber".

Auch von diesem Modell gab es mehrere Varianten:
Variante I aus Alpaka, im Dezember 1903 an Kohn und Wittgenstein um 90 Kronen verkauft
Variante II aus Messingblech, mit 70 Kronen kalkuliert (Juli 1904)
Variante III aus Messingblech, 1904 zu einem Verkaufspreis von 80 Kronen kalkuliert und an Biach, Hellmann (retour) und Remy abgegeben.

12
WINE-COOLER
Design: Josef Hoffmann, 1903
Serial number: M 63
Material(s): Alpaka (nickel-silver alloy) or sheet brass
Production: WW 1903
Retail price: K 90 (12/03)
Present equivalent: S 4,084.63 (12/83)
Records: WWMB 4, p. 133; K.I. 12025/6

The design of this wine-cooler is monogrammed by Hoffmann and dated 1903. It also bears the note "wine-cooler of Alpacca or silver". There are also several versions of this model:
Version I of Alpaka, sold to Kohn and Wittgenstein for around 90 crowns in 1903.
Version II of sheet brass, calculated with a retail price of 70 crowns (July 1904).
Version III of sheet brass, calculated with a retail price of 80 crowns in 1904 and sold to Biach, Hellmann (returned) and Remy.

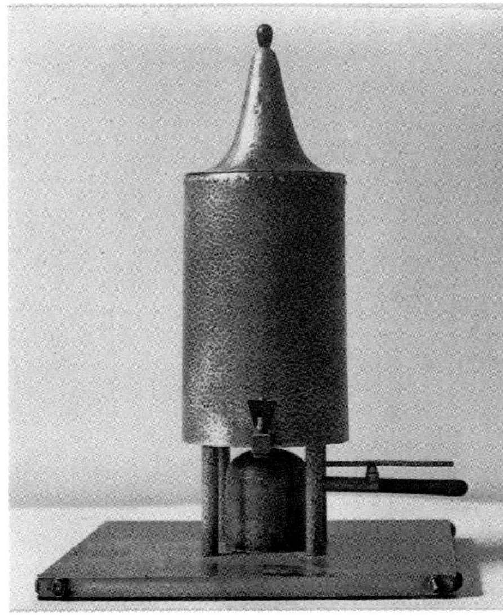

13

13
TEEKESSEL
Entwurf: Josef Hoffmann, 1904
Werknummer: M 165
Material: Alpaka, Halbedelsteine
Ausführung: WW 1904
Verkaufspreis: K 240,- (Ende 1904)
Kaufkraft von K 240,- (12/1904)
= S 10.691,64 (12/1983)
Archivalien: WWMB 7, S. 348;
K.I. 12019/2

Der erhaltene Entwurf ist mit dem Monogramm JH signiert und 1904 datiert.

13
SAMOVAR
Design: Josef Hoffmann, 1904
Serial number: M 165
Material(s): Alpaka (nickel-silver alloy), semi-precious stones
Production: WW 1904
Retail price: K 240 (end of 1904)
Present equivalent: S 10,691.64 (12/83)
Records: WWMB 7, p. 348; K.I. 12019/2

The existing design bears the monogram JH and is dated 1904.

14
SAMOWAR („TEE-MASCHINE")
Entwurf: Josef Hoffmann, 1903
Werknummer: S 81
Material: Gehämmertes Silber, Korallen, Holz, Leder
Höhe: 27 cm
Kennzeichnung: Feingehaltspunzen (Dianakopf, A), Rosenmarke, WW-Monogramm, Monogramme JH (= Josef Hoffmann) und KK (= Konrad Koch)
Ausführung: WW 1903
Verkaufspreis: K 500,- (Dez. 1903)
Kaufkraft von K 500,- (12/1903) = S 22.692,41 (12/1983)
Archivalien: K.I. 12018/21, K.I. 12018/14; WWMB 3, S. 181
ÖMAK, Inv. Go 2005

Die „Teemaschine", deren Entwurf monogrammiert und datiert ist (JH 1903), gehört zu einem Service, das weiters eine Teekanne (Werknummer S 82), eine Zuckerdose (S 83) und eine Oberskanne (S 84) einschließt (WWMB 3, S. 182-184, im Dezember 1903 an K.R.Flesch verkauft). Gegenüber dem Entwurf ist das ausgeführte Objekt insoferne verändert, als auf der Vorderseite statt des Monogramms MJ das Monogramm AB angebracht wurde, und das Material des Griffes dürfte ursprünglich aus geflochtenem Material bestanden haben.

14
SAMOVAR
Design: Josef Hoffmann, 1903
Serial number: S 81
Material(s): hammered silver, corals, wood, leather
Height: 27 cm
Marks: Hallmarks (Diana's head, A), rose mark, WW-monogram, monograms JH (= Josef Hoffmann), monogram KK (= Konrad Koch)
Production: WW 1903
Retail price: K 500 (12/03)
Present equivalent: S 22.692,41 (12/83)
Records: K.I. 12018/21, K.I. 12018/14; WWMB 3, p. 181
AMAA, Inv. Go 2005

The design of this samovar is monogrammed and dated (JH 1903). It is part of a service that includes a teapot (serial number S 82), a sugar bowl (S 83) and a cream jug (S 84), sold to K.R. Flesch in December 1903 (WWMB 3, pp. 182-184). The samovar is different from its design in that the monogram AB was placed on the front instead of MJ. The material of the handle may originally have been of woven material.

15
SERVICE
Entwurf: Josef Hoffmann, um 1903-1904
Werknummern:
S 288 = Zuckerdose
S 290 = Kanne
S 291 = Kleine Kanne
S 292 = Kaffeekanne
S 293 = Zuckerzange
S 294 = Tablett
Material: Silber, verg., Ebenholz
Ausführung: WW 1904
Verkaufspreis: K 220,- (April 1904), später red. auf K 200,-
Kaufkraft von K 220,- (4/1904) = S 10.123,76 (4/1984)
Archivalien: WWMB 7, S. 659-664 (S 288, 290-294); K.I. 12058/17 (S 288, 290-294); WWMB 5, S. 927 (S 383); WWMB 2, S. 1065, 1138 (S 424, S 444); K.I. 12052/2-3 (S 444, S 424); WWMB 8, S. 461, 462 (S 461, S 462); WWMB 13, S. 2152-53 (S 2152, S 2153); K.I. 12052/5 (S 2152, S 2153)

15
SERVICE
Design: Josef Hoffmann, around 1903-1904
Serial numbers:
S 288 = sugar bowl
S 290 = jug
S 291 = small jug
S 292 = coffee-pot
S 293 = sugar tongs
S 294 = salver
Material(s): silver, ebony
Production: WW 1904
Retail price: K 220 (04/04), subsequently reduced to K 200 Present equivalent: S 10,123.76 (04/84)
Records: WWMB 7, pp. 659-664 (S 288, 290-294); K.I. 12058/17 (S 288, 290-294); WWMB 5, p. 927 (S 383); WWMB 2, pp. 1065, 1138 (S 424, S 444); K.I. 12052/2-3 (S 444, S 424); WWMB 8, pp. 461, 462 (S 461, S 462); (WWMB 13, pp. 2152-53 (S 2152, S 2153); K.I. 12052/5 (S 2152, S 2153)

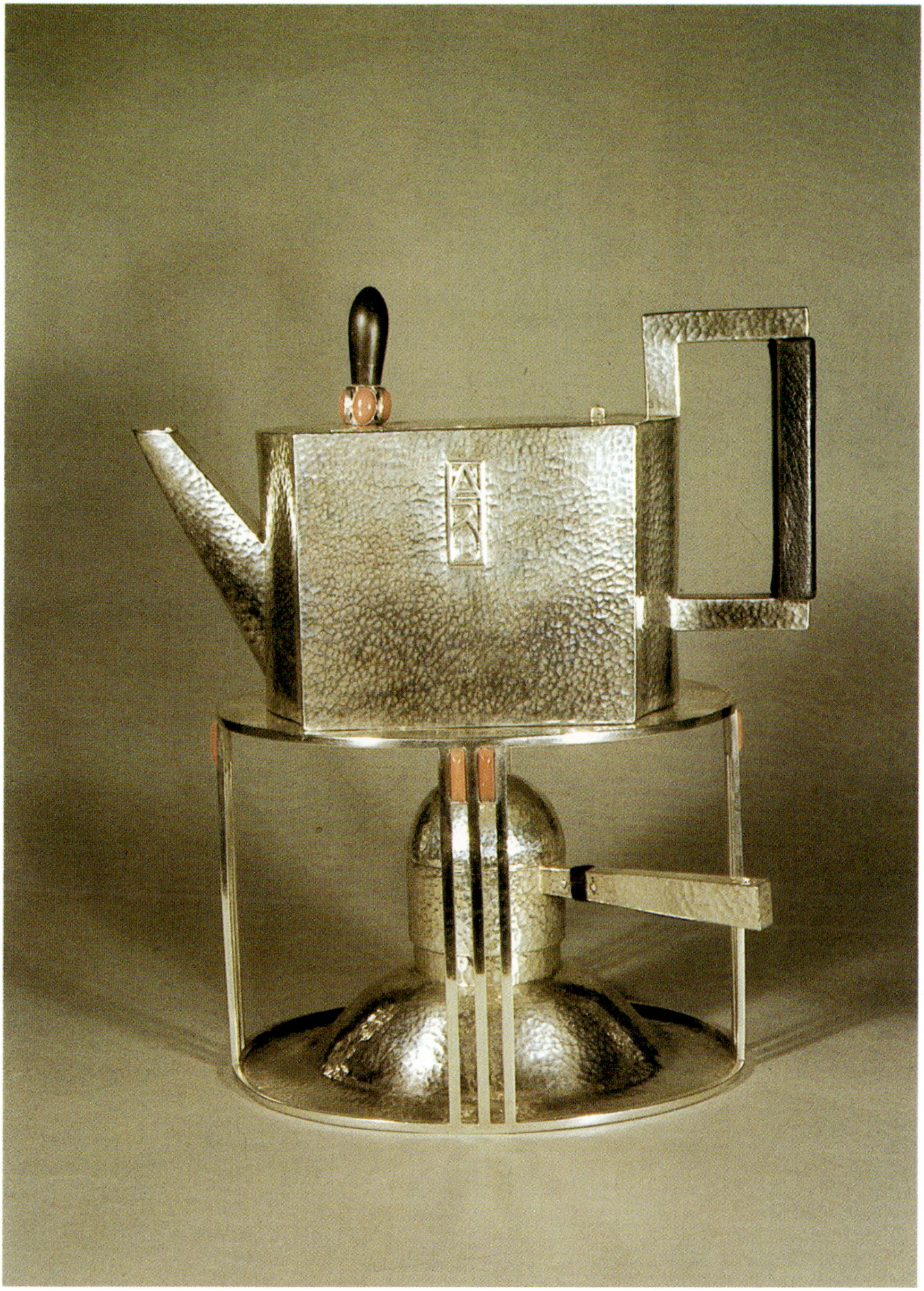

14

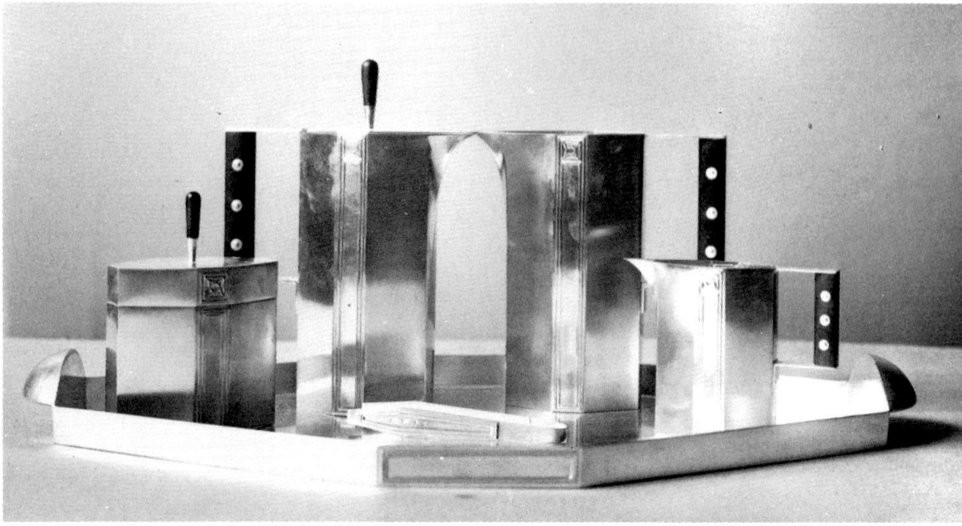

15

Dieses Service kann als Demonstrationsbeispiel für die Veränderung bestimmter Grundformen im Laufe mehrere Jahre dienen. Wir können insgesamt vier Gruppen mit einer unterschiedlich großen Zahl von Werknummern unterscheiden:
1. Gruppe: S 288, S 290-294: wohl 1903-1904 entworfen, 1904 ausgeführt
2. Gruppe: S 383 (Teekanne), Entwurf vorhanden, Kalkulation 3.12. 1904 datiert
3. Gruppe: S 424 (Mokkakanne) und S 444 (Teekanne), Entwürfe erhalten, Kalkulation 1905 datiert. Ferner scheint zu dieser Gruppe noch ein Teesieb (S 461) zu gehören, ebenso eine Zuckerdose (S 462) (im Kalkulationsband ist die Werknummer 462 mit der Notiz „zu 292" versehen, die Verbindung mit der 1. Gruppe also hergestellt). Beide Objekte wurden 1905 (Juni bzw. Juli) kalkuliert.
4. Gruppe: S 2152 (Kaffeekanne) und S 2153 (Milchkanne, Entwürfe vorhanden, Kalkulation 29.11.1910).

This service is an excellent example of the change in certain basic shapes over the course of a number of years. It is possible to differentiate between a total of four groups containing different quantities of serial numbers:
Group 1: S 288, S 290-294, designed in 1903-1904 and executed in 1904.
Group 2: S 383 (teapot), existing design, calculation dated 03/12/04.
Group 3: S 424 (coffee-pot) and S 444 (teapot), existing designs, calculation dated 1905. A tea strainer (S 461) and a sugar bowl (S 462) also appear to belong to this group (the serial number 462 in the calculation book carries the note "zu 292", thus establishing the link with the first group). Both items were calculated in 1905 (June and July).
Group 4: S 2152 (coffee-pot) and S 2153 (milk jug), existing designs, calculation 29/11/10.

16
KAFFEESERVICE
Entwurf: Josef Hoffmann, um 1903-1904
Werknummern:
S 467 = Oberskanne
S 155 = Tablett
S 465 = Kaffeekanne
S 466 = Milchkanne
S 468 = Zuckerdose
S ? = Zuckerzange

16
Coffee service
Design: Josef Hoffmann, around 1903-1904
Serial numbers:
S 467 = cream jug
S 155 = sakver
S 465 = coffee-pot
S 466 = milk jug
S 468 = sugar bowl
S ? = sugar tongs

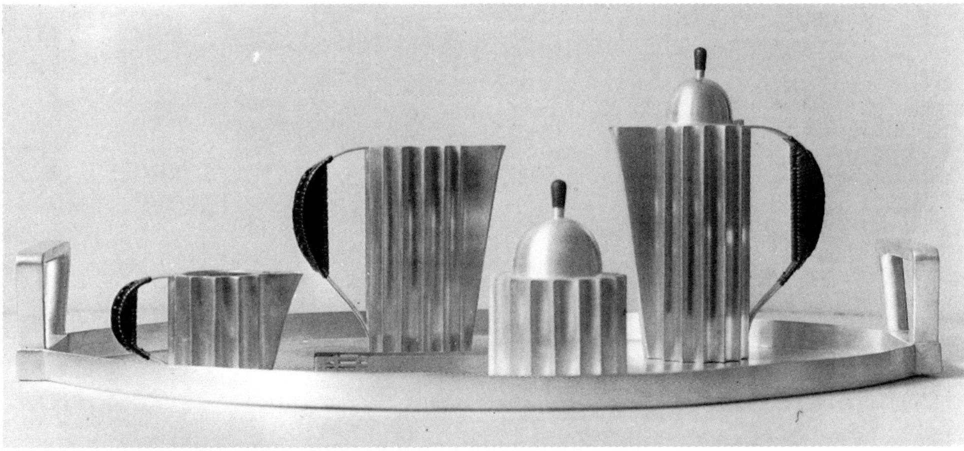

16

Material: Silber, Holz, Flechten
Ausführung: WW 1904
Verkaufspreis: K 160,- (Juni 1904, Kaffeekanne), K 350,- (Juni 1904, Tablett)
Kaufkraft von K 160,- (6/1904) = S 6.968,06 (6/1983)
Archivalien: WWMB 3, S. 167-169; WWMB 3, S. 334 (S 155); WWMB 8, S. 465-68; K.I. 12017/20 (S 74); K.I. 12042/21 (S 77, S 468); K.I. 12017/6 (S 76, S 467); K.I. 12017/21 (S 239 = ähnlich)

Die Wandungen dieser Serviceformen scheinen klassizistische Gestaltungsprinzipien vorwegzunehmen, die Hoffmann in seiner Architektur später realisierte (Villa Ast 1909-11, Österr. Pavillon Rom 1911). Die Kanneluren wurden bei einer Variante dieses Services „hineingetrieben", wie die authentische Bezeichnung im Kalkulationsbuch lautet. Die Variante „herausgetrieben" dürfte, wenn nicht gleichzeitig, so doch nur wenig später hergestellt worden sein.
Die einzelnen Teile des Services wurden mit folgenden Werknummern bezeichnet:

Kaffeekanne:	A S 74	herausgetrieben
	B S 465	hineingetrieben
Milchkanne:	C S 75	herausgetrieben
	D S 466	hineingetrieben
Oberskanne:	B S 76	herausgetrieben
	C S 467	hineingetrieben
Zuckerdose:	S 77	herausgetrieben
	B S 468	hineingetrieben

Material(s): silver, wood, braid
Production: WW 1904
Retail price: K 160 (06/04, coffee pot), K 350 (06/04, salver)
Present equivalent: S 6,968.06 (K 160, 06/83)
Records: WWMB 3, pp. 167-169; WWMB 3, p. 334 (S 155); WWMB 8, pp. 465-468; K.I. 12017/20 (S 74); K.I. 12042/21 (S 77, S 468); K.I. 12017/6 (S 76, S 467); K.I. 12017/21 (S 239)

The sides of these services seem to anticipate the design principles of classicism which Hoffmann subsequently realised in his architecture (Villa Ast 1909-11, Austrian pavilion in Rome 1911). In one version of this service the fluting was "embossed" according to a note in the calculation book. Another version of this service with moulded sides was either produced at the same time or later. The individual parts of the service were given the following serial numbers:

Coffee-pot	A S 74	moulded
	B S 465	fluted
Milk jug	C S 75	moulded
	D S 466	fluted
Cream jug	B S 76	moulded
	C S 467	fluted
Sugar bowl	S 77	moulded
	B S 468	fluted

17
UHR
Entwurf: Josef Hoffmann, 1903-1904
Werknummer: M 156
Material: Gehämmertes Kupferblech, Alabastersäulen, Korallen
Höhe: 33,9 cm
Kennzeichnung: WW-Monogramm, Rosenmarke,
Monogramme JH (= Josef Hoffmann) und CK (= Karl Kallert)
Ausführung: WW 1904
Verkaufspreis: K 700,- (Sept. 1904)
Kaufkraft von K 700,- (9/1904)
= S 30.855,90 (9/1983)
Archivalien: WWMB 3, S. 327
Wiener Privatbesitz

Für ein anderes Uhrmodell von Josef Hoffmann, ebenfalls mit Alabastersäulen, ist das Datum Juli 1903 nachgewiesen (WWMB 4, S. 15). Es trägt die sehr niedrige Werknummer M 5, wodurch die Annahme gerechtfertigt scheint, daß es sich um eines der ältesten in der WW hergestellten Objekte handelt.

17
CLOCK
Design: Josef Hoffmann, 1903-1904
Serial number: M 156
Material(s): hammered sheet copper, corals, alabaster columns
Height: 33.9 cm
Marks: WW-monogram, rose mark, monograms JH (= Josef Hoffmann), CK (= Karl Kallert)
Production: WW 1904
Retail price: K 700 (09/04)
Present equivalent: S 30,855.90 (09/83)
Records: WWMB 3, p. 327
Private collection in Vienna

Another clock designed by Josef Hoffmann with alabaster columns is dated July 1903 (WWMB 4, p. 15). It has a very low serial number (M 5), which seems to justify the assumption that this is one of the earliest articles produced by the WW.

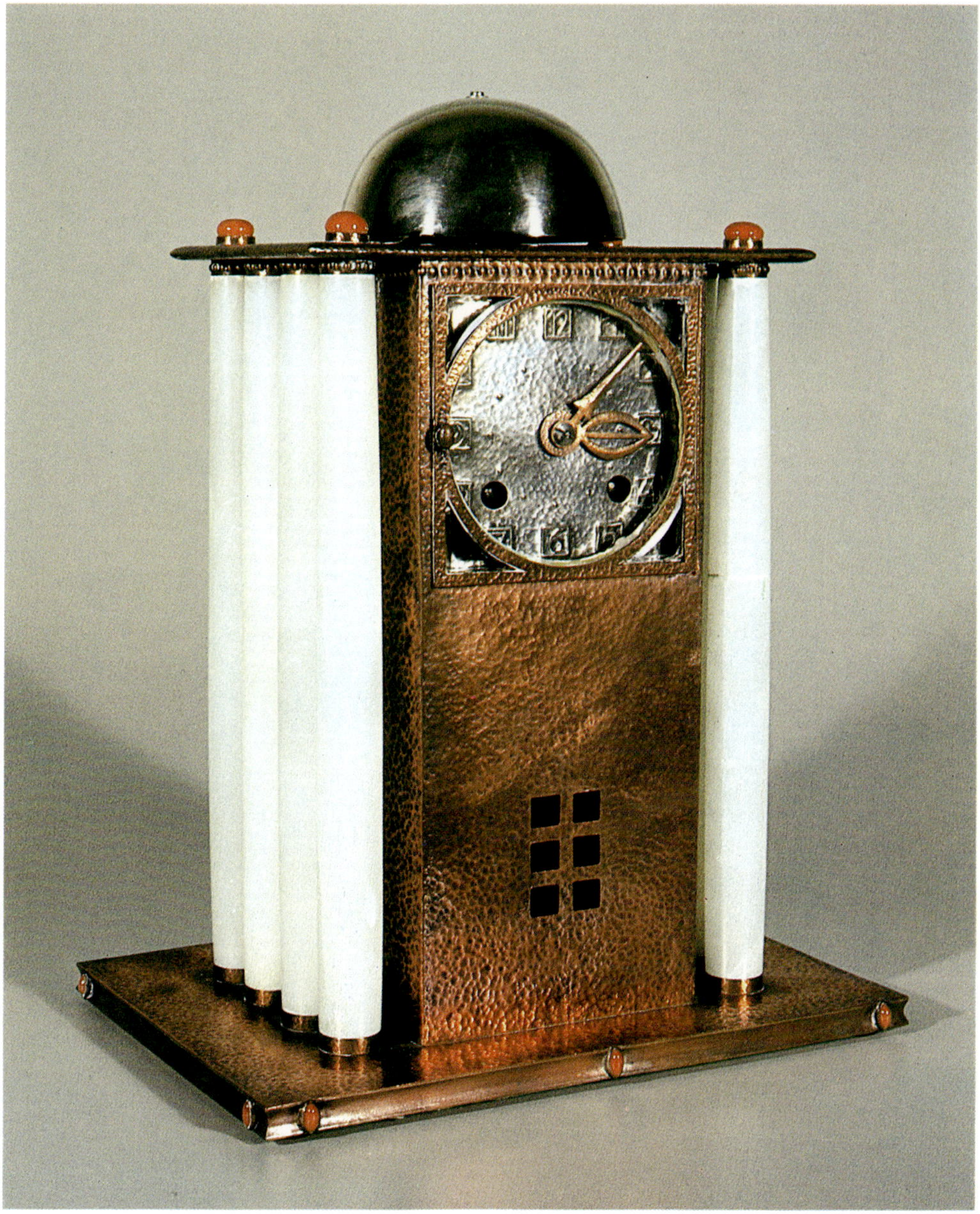

17

18
WW NEUSTIFTGASSE
Das zeitgenössische Foto (vermutlich spätestens Oktober 1904 zu datieren - es ist in der Deutschen Kunst und Dekoration 1904-1905, S. 5, abgebildet) zeigt einen Einblick in die Räume der WW Neustiftgasse. Von den ausgestellten Gegenständen sind folgende identifizierbar:

Uhr (M 156, s. Kat. Nr. 17)

Dose aus Alpaka (M 206), Entwurf Josef Hoffmann, Juli 1904 kalkuliert (K 70,-; WWMB 7, S. 494)

Blumenvase mit vier Zylinderfüßen (M 18), Entwurf Kolo Moser, Juli 1903 kalkuliert (WWMB 4, S. 30; K.I. 12561/4)

Blumenvase aus Alpaka (M 236), Entwurf Josef Hoffmann, Kalkulation undatiert (K 120,-; 2 St.; WWMB 7, S. 541)

Blumenständer (M 182), Entwurf Kolo Moser (K.I. 12561/13, monogrammiert, unsign. Zeichnung K.I. 12134/9), Eisenblech, perforiert, lackiert, ab Sept. 1904 nachweisbar (WWMB 7, S. 426)

Tischlampen auf dem Kamin (vermutlich M 109, WWMB 3, S. 217)

Penden (vermutlich M 115, 116, WWMB 3, S. 256-257: ab Oktober 1904 nachweisbar)

18
WW NEUSTIFTGASSE
The contemporary photograph was probably taken in October 1904 at the latest, as it appears on p. 5 of "Deutsche Kunst und Dekoration" 1904-1905. It shows a view of the WW premises in Neustiftgasse. The following items on display can be identified:

Clock (M 156, cf. cat. no. 17)

Alpaka container (M 206), designed by Josef Hoffmann, calculated in July 1904 (K 70; WWMB 7, p. 494)

Flower vase with four cylindrical feet (M 18), designed by Kolo Moser, calculated in July 1903 (WWMB 4, p. 30; K.I. 12561/4)

Alpaka flower vase (M 236), designed by Josef Hoffmann, calculation undated (K 120; 2 copies; WWMB 7, p. 541).

Flower stand (M 182), design Kolo Moser (K.I. 12561/13, monogrammed), perforated sheet iron, painted, traced to September 1904 on (WWMB 7, p. 426)

Table lamps on the mantelpiece (probably M 109, WWMB 3, p. 217)

Hanging lamps (probably M 115, 116; WWMB 3, pp. 256-257: traced to October 1904 on)

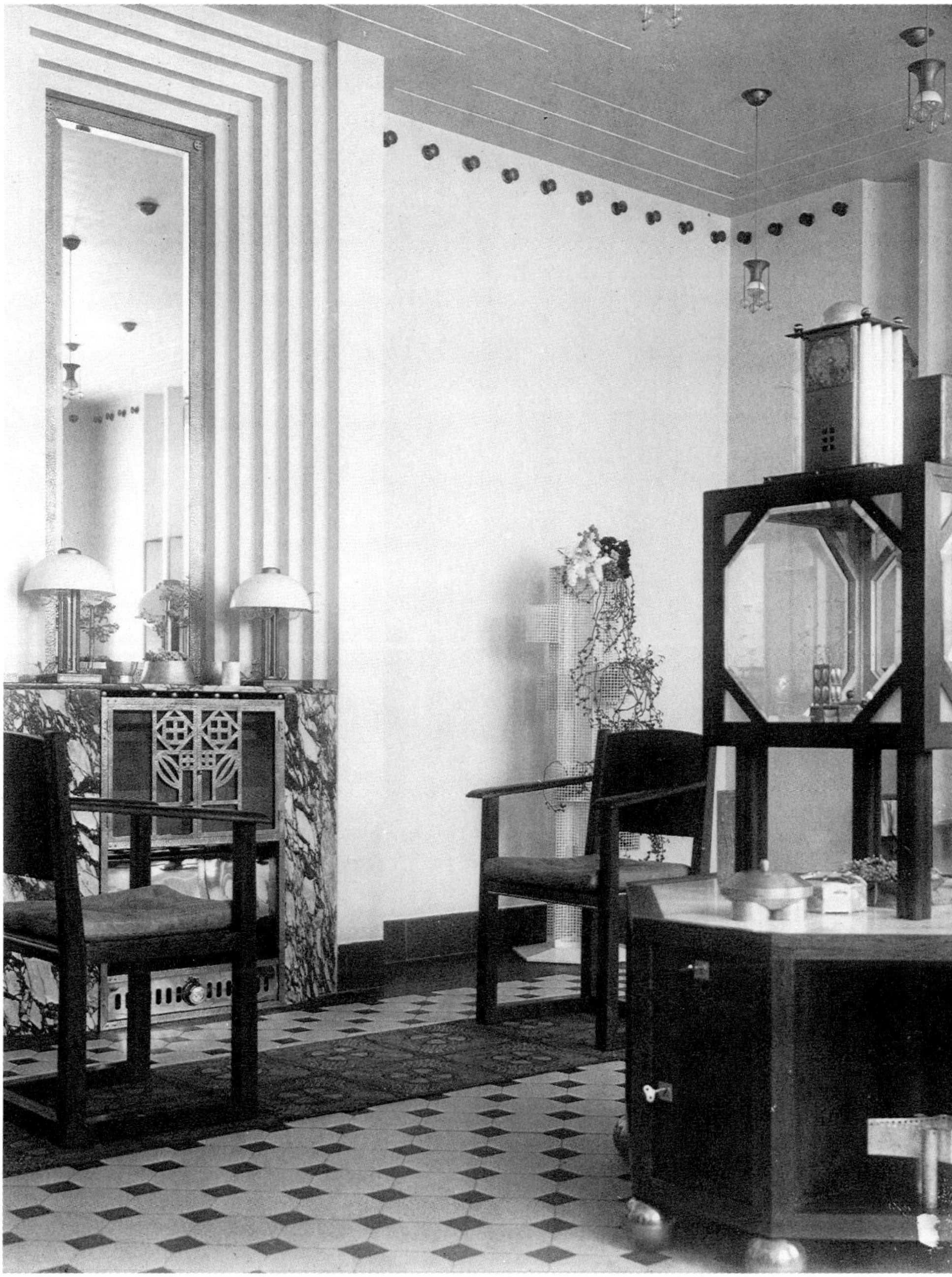

18

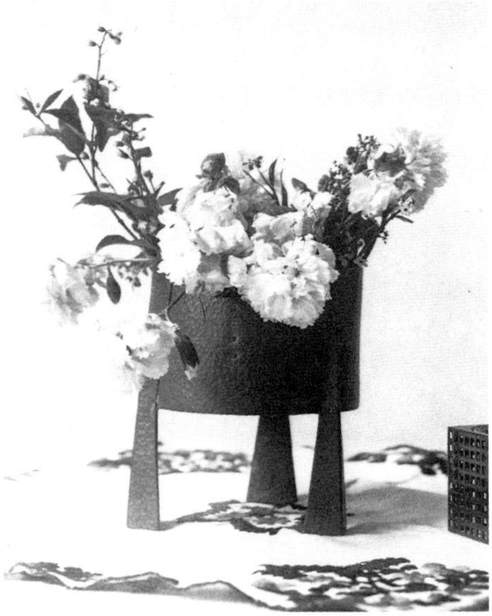

19

19
BLUMENGEFÄSS
Entwurf: Josef Hoffmann, wohl 1903
Werknummer: M 53
Material: Kupferblech, gehämmert
Ausführung: WW 1904
Verkaufspreis: K 40,- (Nov. 1904)
Kaufkraft von K 40,- (11/1904)
= S 1.775,74 (11/1983)
Archivalien: WWMB 4, S. 103

19
VASE
Design: Josef Hoffmann, probably 1903
Serial number: M 53
Material(s): hammered sheet copper
Production: WW 1904
Retail price: K 40 (11/04)
Present equivalent: S 1,775.74 (11/83)
Records: WWMB 4, p. 103

20
BLUMENVASE
Entwurf: Kolo Moser, um 1903-1904
Werknummer: M 95-97 (3 Varianten)
Material: Metall, gehämmert
Ausführung: WW 1905
Verkaufspreis: K 50, 65 bzw. 90
Kaufkraft von K 90,- (12/1905)
= S 3.812,64 (12/1983)
Archivalien: WWMB 3, S. 199 (M 95-97); WWMB 4, S. 29 (M 17)

Bereits sehr früh (Werknummer M 17) entwarf Kolo Moser eine dreiteilige Vase (K.I. 12591/7), die der abgebildeten vergleichbar ist.
Die drei unter den Werknummern M 95, M 96 und M 97 angeführten Varianten sind als drei-, vier- bzw. fünfteilig bezeichnet. Bei der abgebildeten Vase dürfte es sich daher um die Werknummer M 96 handeln. Die Blumenvasen dürften nicht ohne weiteres abzusetzen gewesen sein, da der jeweilige Verkaufspreis auf 40, 50 bzw. 60 Kronen reduziert wurde.

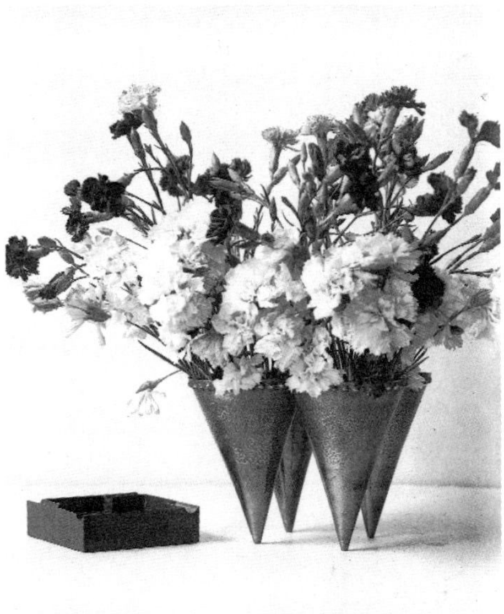

20

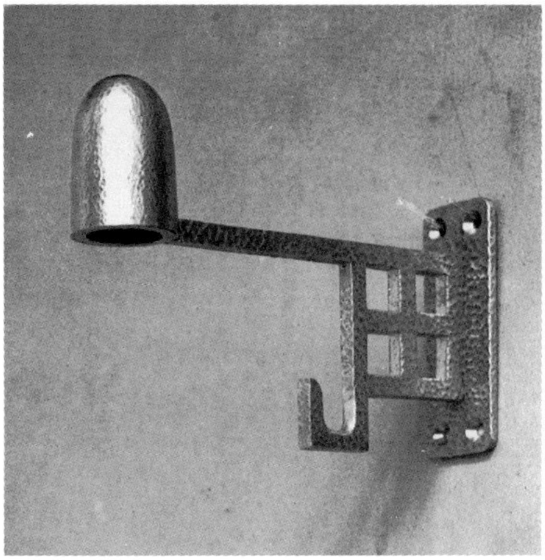

21

20
VASE
Design: Kolo Moser, around 1903-1904
Serial number: M 95-97 (3 versions)
Material(s): hammered metalwork
Production: WW 1905
Retail price: K 50, 65 and 90 (12/05)
Present equivalent: S 3,812.64 (12/83)
Records: WWMB 3, p. 199 (M 95-97); WWMB 4, p. 29 (M 17)

At a very early date (serial number M 17), Kolo Moser designed a vase divided into three sections (K.I. 12591/7) similar to the one illustrated here. The three versions listed under the serial numbers M 95, M 96 and M 97 are divided into three, four and five sections respectively. The vase illustrated here is therefore probably number M 96. The vases appear to have sold slowly, as the retail price of each was reduced to 40, 50 and 60 crowns respectively.

21
HUT-KLEIDERHAKEN
Entwurf: Josef Hoffmann, wohl 1903
Werknummer: M 124 sowie M 542
Material: Messing, galv.
Ausführung: WW 1904 (6 St.)
Verkaufspreis: K 16,- pro Stück (Dez. 1904)
Kaufkraft von K 16,- (12/1904) = S 712,78 (12/1983)
Archivalien: WWMB 3, S. 294, WWMB 30, S. 542

Das Modell M 124 wurde später (vermutlich 1906) nochmals aufgegriffen (Werknummer M 542) und in Alpaka ausgeführt.

21
HAT AND COAT HOOK
Design: Josef Hoffmann, probably 1903
Serial number: M 124 and M 542
Material(s): brass, galvanised
Production: WW 1904 (6 copies)
Retail price: K 16 each (12/04)
Present equivalent: S 712.78 (12/83)
Records: WWMB 3, p. 294, WWMB 30, p. 542

Model M 124 was subsequently recontinued (probably in 1906, serial no. M 542) and made in Alpaka.

22
BLUMENVASE
Entwurf: Josef Hoffmann, um 1905
Werknummer: M 458
Material: Alpakka
Ausführung: WW 1905
Höhe: 28,4 cm
Kennzeichnung: Rosenmarke, WW-Monogramm, Monogramme JH (Josef Hoffmann) und JB (= Josef Berger)
Verkaufspreis: K 90,- (Okt. 1905)
Kaufkraft von K 90,- (10/1905)
= S 3.794,01 (10/1983)
Archivalien: K.I. 12134/19; WWMB 30, S. 458

Von diesem Modell wurden je zwei Stück von zwei Varianten erzeugt: eine Variante mit Stützen, eine ohne Stützen. Beide wurden mit 90 Kronen Detailverkaufspreis per 13. 10. 1905 kalkuliert.

22
FLOWER VASE
Design: Josef Hoffmann, around 1905
Serial number: M 458
Material(s): Alpaka (nickel-silver alloy)
Height: 28.4 cm
Marks: rose mark, WW monogram, monograms JH (= Josef Hoffmann) and JB (= Josef Berger)
Production: WW 1905
Retail price: K 90 (10/05)
Present equivalent: S 3,794.01 (10/83)
Records: K.I. 12134/19; WWMB 30, p. 458

Two copies of each of two versions of this model were produced: one version with pillars and one without. Both were calculated with a retail price of 90 crowns as of 13th October 1905.

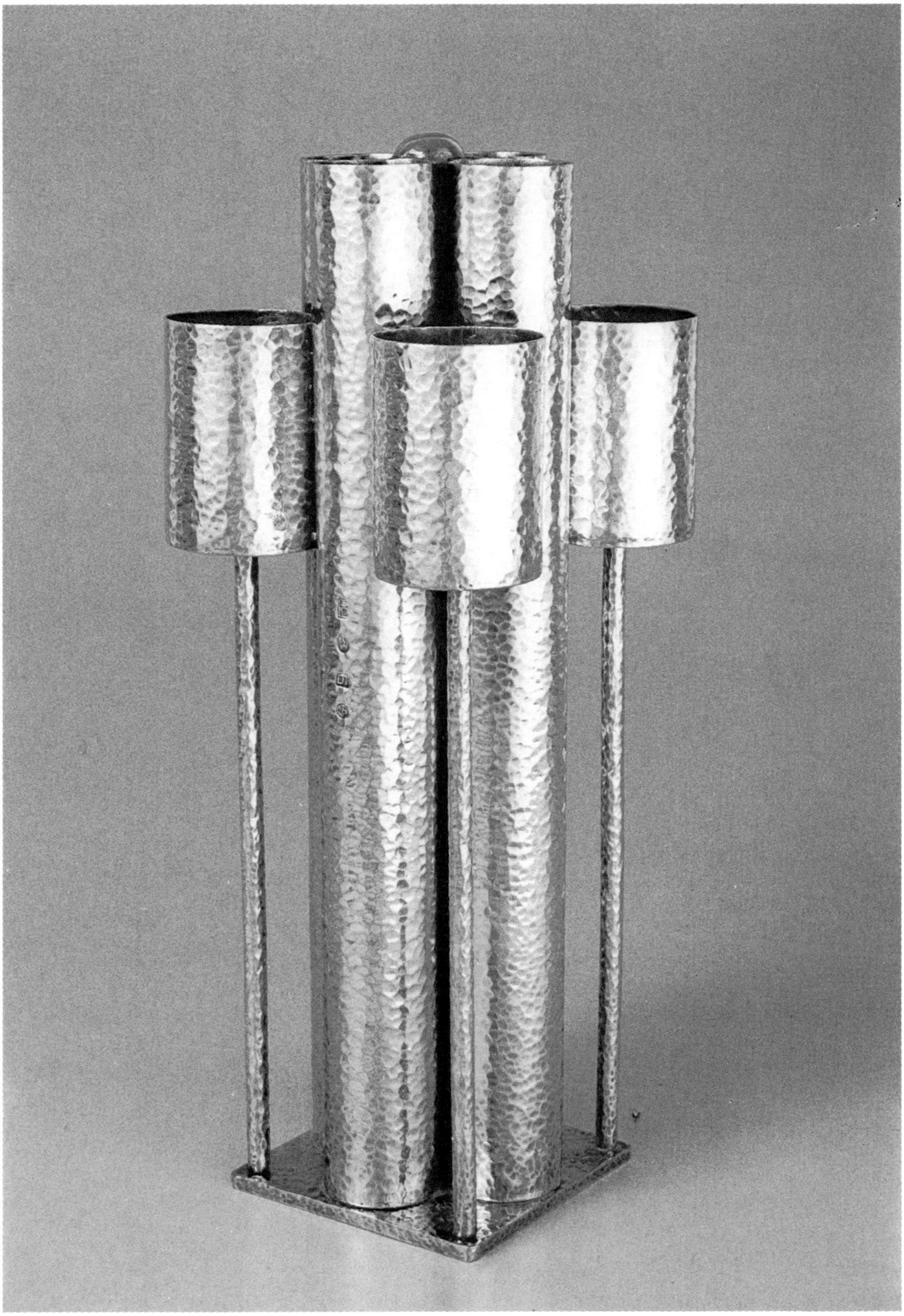

22

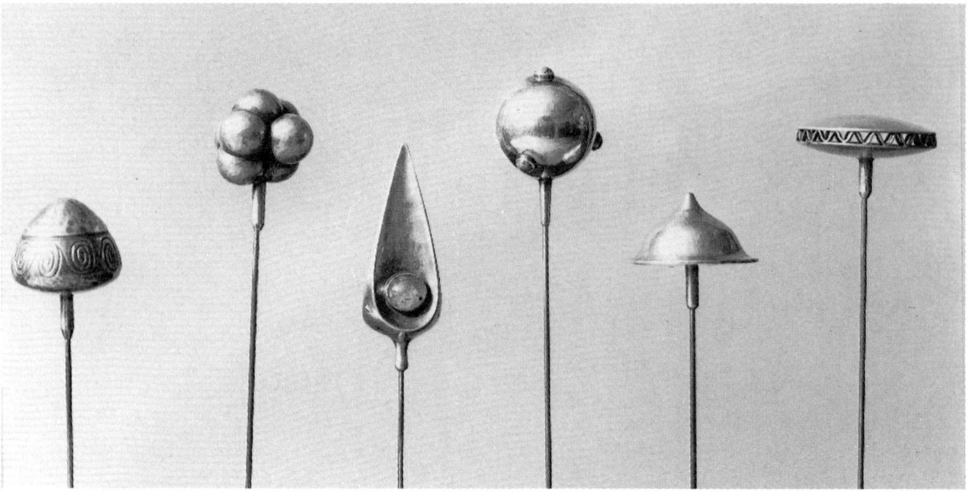

23

23
SECHS HUTNADELN
Entwurf: Kolo Moser, um 1903-1906
Werknummern (von links nach rechts):
G 637, G 639, G 8, G 641, G 635,
G 631
Material: Silber und Lapise (G 641)
Silber (alle anderen)
Ausführung: WW
G 8 (1905), alle anderen 1906
Verkaufspreis:
zwischen 20 und 70 Kronen
G 639 K 45,- (Juni 1906)
Kaufkraft von K 70,- (6/1906)
= S 2.858,87 (6/1983)
Archivalien: WWMB 4, S. 83 (G 8);
WWMB 65, S. 631, 635, 637, 639, 641;
K.I. 12580/7 (G 641); K.I. 12580/2 (G 639)

Kolo Moser und Josef Hoffmann schufen im Zeitraum von 1903-1906 eine ganze Reihe von Hutnadel-Modellen. Dreizehn davon sind auf zwei Archivphotos zusammengefaßt worden. Ähnlich wie bei den Zierlöffeln und -gabeln wurden auch von diesen Hutnadeln offenbar nur sehr kleine Stückzahlen erzeugt (vermutlich zwischen 1 und 6 Stück).
Das Modell mit der Werknummer G 8 wurde in zwei Varianten hergestellt: Variante A (ähnlich der abgebildeten) aus Silber und Feldspat (!), berechnet mit einem Verkaufspreis von K 50,- (Mai 1905); die Variante B (mit Türkisen, etwas andere Form) wurde im Mai 1905 Klimt mit 70 Kronen berechnet

23
SIX HAT-PINS
Design: Kolo Moser, around 1903-1906
Serial numbers (from left to right):
G 637, G 639, G 8, G 641, G 635,
G 631
Material(s): Silver, lapis lazuli (G 641), all others silver
Production: WW, G 8 (1905), all others 1906
Retail price: between 20 and 70 crowns, G 639 K 45 (06/06)
Present equivalent: S 2,858,87 (06/83)
Records: WWMB 4, p. 83 (G 8);
WWMB 65, pp. 631, 635, 637, 639, 641;
K.I. 12580/7 (G 641); K.I. 12580/2 (G 639)

Between 1903 to 1906 Moser and Hoffmann created a whole range of different hat pins. Thirteen of these are shown in two archive photographs. As in the case of the ornamental spoons and forks, apparently only very limited numbers of these hat-pins were produced (probably between 1 and 6). Two versions of the model with the serial number G 8 were produced: version A (similar to those illustrated) of silver and feldspar (!), calculated with a retail price of K 50 (May 1905); version B (with turquoise and a slightly different form) was calculated in May 1905 with 70 crowns for Klimt.

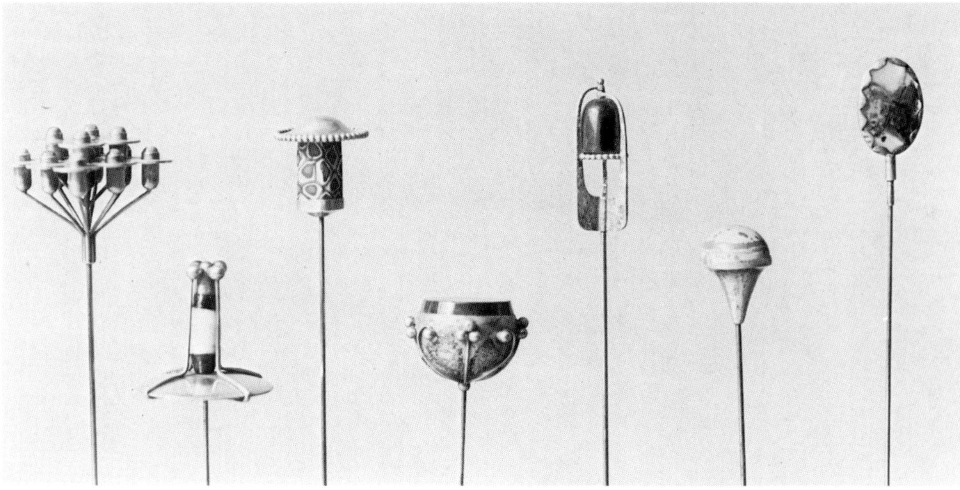

24

24
SIEBEN HUTHADELN
Entwürfe (ab 1903):
Kolo Moser (G 2, G 373, G 515)
Josef Hoffmann (G 40, G 317, G 338)
Werknummern (von links nach rechts):
G 515, G 338, G 317, unbestimmt, G 2, G 40, G 373
Ausführung und Material:
G 2 (1903): Silber, Steine
G 40 (1904): Silber, Steine
G 317 (1904-1908): Silber, venetian. Glasperlen
G 338 (1904): Silber, Glasperlen
G 373 (1905): Silber, Achate
G 515 (1906): Silber, Lapise

Verkaufspreis: G 317 K 20,- (Nov. 1904)
Kaufkraft von K 20,- (11/1904)
= S 887,87 (11/1983)
Archivalien: WWMB 4, S. 33 (G 2); WWMB 3, S. 226 (G 40); WWMB 5, S. 844 (G 317), 906 (G 338), 999 (G 373); WWMB 5, S. 515 (G 515); K.I. 12580/8 (G 515)

Von der Hutnadel G 2 wurden 2 Varianten (A, B) hergestellt, unsere Abbildung zeigt A. Die Werknummer G 515, im April 1906 mit einem Verkaufspreis von 70 Kronen kalkuliert, 1915 auf 16 Kronen reduziert, wurde später als Werknummer S 4390 (WWMB 20, Nr. 4390) geführt und im März 1920 mit 2200 Kronen Verkaufspreis kalkuliert. Der Entwurf dieser Hutnadel (G 515) ist mit dem MK-Monogramm signiert.
Das Modell mit der Werknummer G 372 ist dem Modell G 373 sehr ähnlich.

Jedes der dreizehn abgebildeten Modelle stellt eine autonome Form dar, die ihre Funktion als Hutnadel erfüllt, diese aber zum Vorwand zur variationsreichen plastischen Gestaltung zu nehmen scheint. Dies und die immanente Eigenschaft des Schmuckhaften verdeutlicht, daß in diesen kleinen Objekten Form und Funktion zu individuell gestalteten Einheiten verschmolzen und als eigenständige Kunstwerke zu betrachten sind.

24
SEVEN HAT-PINS
Design (from 1903 on):
Kolo Moser (G 2, G 373, G 515)
Josef Hoffmann (G 40, G 317, G 338)
Serial numbers (from left to right):
G 515, G 338, G 317, uncertain, G 2, G 40, G 373
Materials and production:
G 2 (1903): silver, stones
G 40 (1904): silver, stones
G 317 (1904-1908): silver, Venetian glass pearls
G 338 (1904): silver, glass pearls
G 373 (1905): silver, agate
G 515 (1906): silver, lapis lazuli

Retail price: G 317 K 20 (11/04)
Present equivalent: S 887.87 (11/83)
Records: WWMB 4, p. 33 (G 2); WWMB 3, p. 226 (G 40); WWMB 5, p. 844 (G 317), 906 (G 338), 999 (G 373); WWMB 65, p. 515 (G 515); K.I. 12580/8 (G 515)

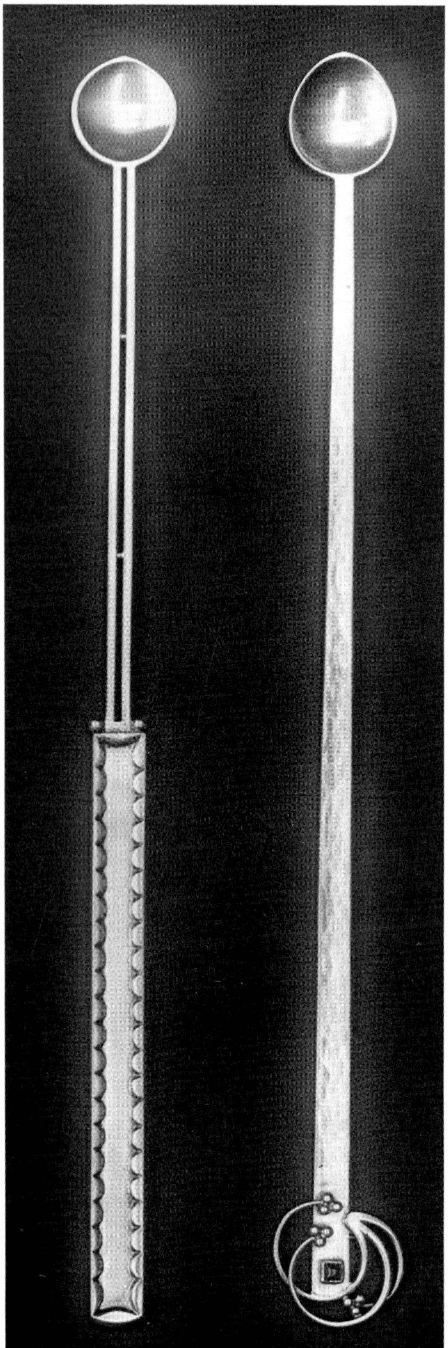

25

Two versions of hat pin G 2 (A, B) were produced: the illustration shows version A. Hat-pin G 515 was calculated with a retail price of 70 crowns in April 1906, and was subsequently reduced to 16 crowns in 1915. It was later given the serial number S 4390 (WWMB 20, no. 4390), and the retail price in 1920 was specified as 2,200 crowns. The design for this hat-pin (G 515) bears the monogram MK. The model with the serial number G 372 is very similar to model G 373.
Each of the thirteen pins illustrated here has its own form, enabling it to carry out its function as a hat-pin, but using this as a pretext for a wide range of sculptural variation. This and the immanent ornamental nature of the pins show how form and function coalesce in these small objects, resulting in individually created units that can be regarded as works of art in their own right.

25
ZWEI ZIERLÖFFEL
Entwurf: Josef Hoffmann, um 1904/05
Werknummer: S 557, S 526
Material: Silber (S 557), Silber und Korallen (S 526)
Ausführung: WW 1905 (je 2 Stück)
Verkaufspreis: K 24,- (S 556), K 60,- (K 526)
Kaufkraft von K 60,- (12/1905)
= S 2.541,76 (12/1983)
Archivalien: WWMB 8, S. 557, 526

Nähere Angaben zu den Zierlöffeln und -gabeln in: Waltraud Neuwirth, Josef Hoffmann - Bestecke für die Wiener Werkstätte, Wien 1982, S. 159-197.

25
TWO ORNAMENTAL SPOONS
Design: Josef Hoffmann, around 1904/1905
Serial number: S 557, S 526
Material(s): silver (S 557), silver and coral (S 526)
Production: WW 1905 (2 copies of each)
Retail price: K 24 (S 556), K 60 (S 526)
Present equivalent: S 2,541.76 (12/83)
Records: WWMB 8, pp. 557, 526

Further information about ornamental spoons and forks can be found in "Josef Hoffmann - Bestecke für die Wiener Werkstätte" (Waltraud Neuwirth, Vienna 1982, pp. 159-197).

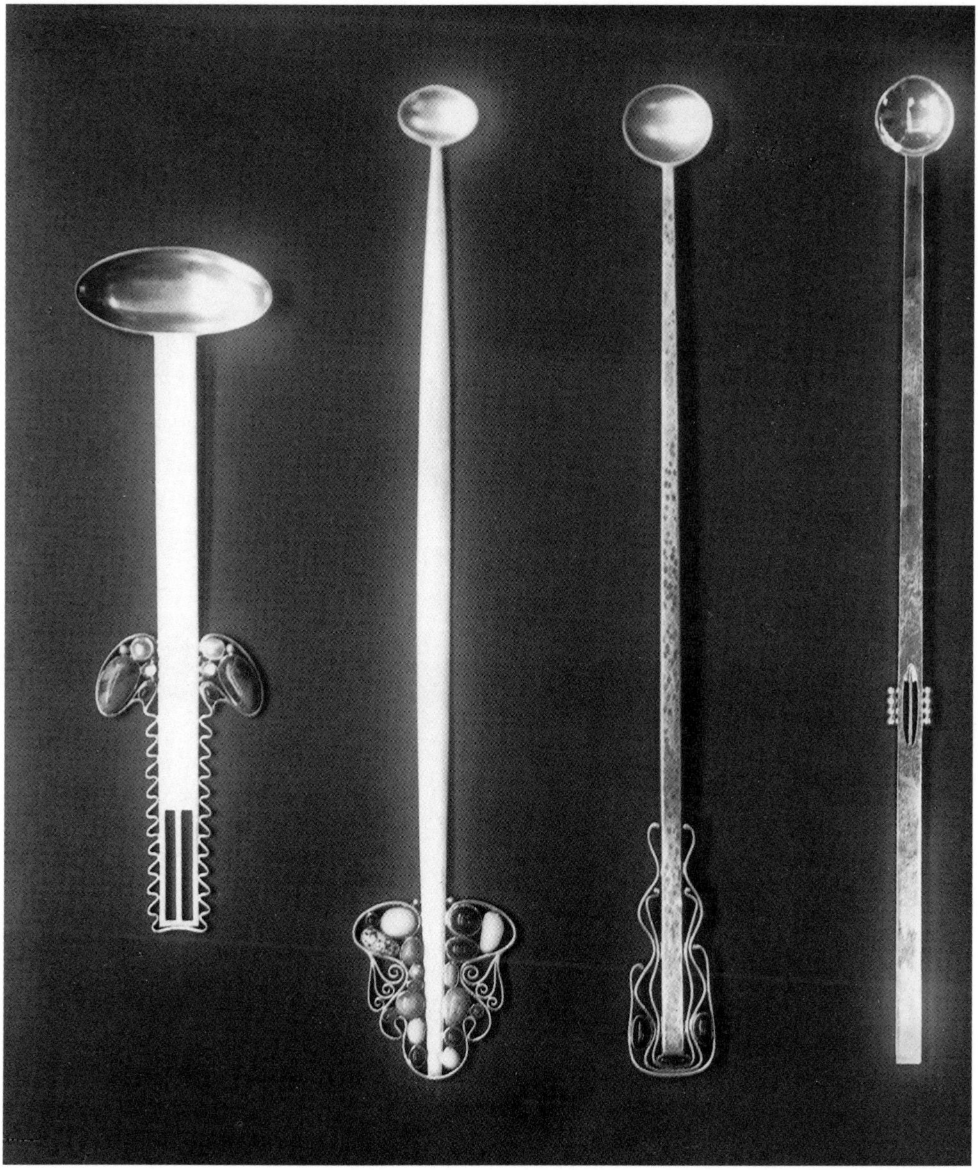

26

26
VIER ZIERLÖFFEL
Entwurf: Josef Hoffmann, um 1904/05
Werknummern von links nach rechts:
S 570, S 558, S 561, S 556
Material: Silber, teilw. Halbedelsteine
Ausführung: S 558 (1905 und 1912, insgesamt 3 Stück), sonst je 2 Stück (1905)
Verkaufspreis: K 90,- (1905, S 570)
Kaufkraft von K 90,- (12/1905)
= S 3.812,64 (12/1983)
Archivalien: WWMB 8, S. 556, 558, 561, 570

Die abgebildeten Modelle zeigen eine Stilvielfalt, die mehr als einen entwerfenden Künstler annehmen ließen. Die erhaltenen Unterlagen nennen jedoch nur einen einzigen Künstler: Josef Hoffmann. Vor allem das Modell S 526 läßt Einflüsse Kolo Mosers vermuten, wenn das ornamentale Motiv des Griffendes nicht überhaupt ein Zitat nach Moser darstellt. Nicht so eindeutig dem Stil Mosers zuzuordnen sind die Modelle S 570, S 558 und S 561, wenn auch die ornamentalen Lösungen für Hoffmann eher atypisch sind. Dem Stil Hoffmanns stehen vier andere Modelle näher: S 565, S 544, S 548, S 541 (Kat. Nr. 28); ein Griffmotiv (S 541) ist sogar der Hoffmannschen „Rosenmarke" sehr verwandt.

26
FOUR ORNAMENTAL SPOONS
Design: Josef Hoffmann, around 1904/1905
Serial numbers (from left to right): S 570, S 558, S 561, S 556
Material(s): silver, in some cases semi-precious stones
Production: S 558 (1905 and 1912, a total of 3 copies), otherwise 2 copies of each (1905)
Retail price: K 90 (1905, S 570)
Present equivalent: S 3,812.64 (12/83)
Records: WWMB 8, pp. 556, 558, 561, 570

The spoons illustrated here display a variety of styles which indicates that they were designed by more than one artist. However, the surviving records only mention a single artist: Josef Hoffmann. Model S 526 in particular shows signs of Kolo Moser's influence, if the ornamental motif on the end of the handle is not the work of Moser anyway. Models S 570, S 558 and S 561 cannot be attributed so definitely to Moser, although the ornamentation is rather atypical for Hoffmann. Four other models are closer to Hoffmann's style: S 565, S 544, S 548 and S 541 (cat. no. 28); one of the handle motifs (S 541) is even very closely related to Hoffmann's "rose" mark.

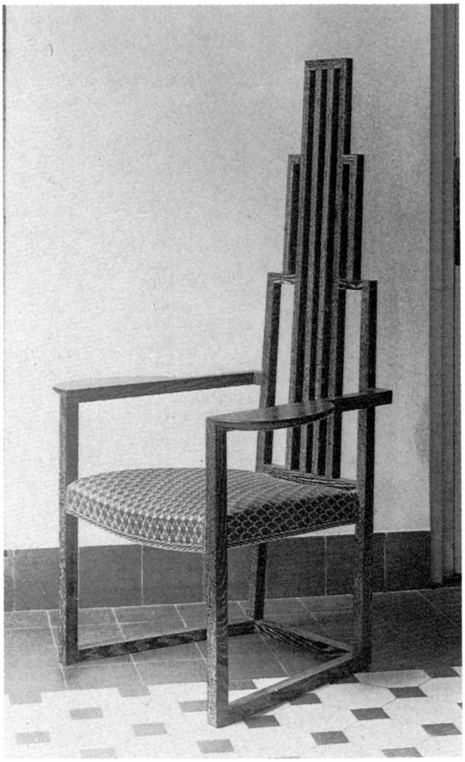

27

27
SESSEL
Entwurf: Josef Hoffmann
Um 1904/05

Die Tektonik der Sesselrückenlehne entspricht in ihrer Struktur dem Zierlöffel Modell S 565 (Kat. Nr. 28).

27
CHAIR
Design: Josef Hoffmann, around 1904/1905

The tectonic design of the back of the chair corresponds to that of ornamental spoon S 565 (cat. no. 28).

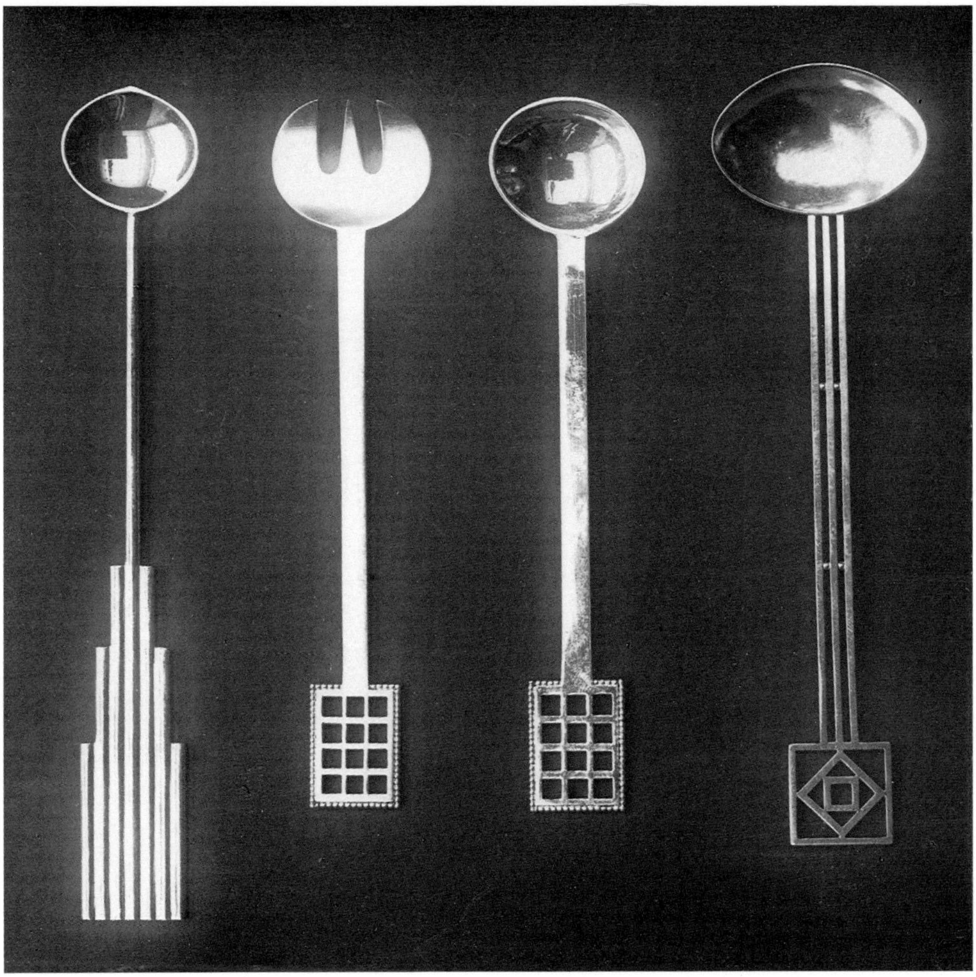

28

28
DREI ZIERLÖFFEL, EINE ZIERGABEL
Entwurf: Josef Hoffmann, um 2904/05
Werknummern von links nach rechts:
S 565, S 544, S 548, S 541
Material: Silber
Ausführung: 1905 (je 2 Stück
Verkaufspreis: K 30,- (1905, S 541)
Kaufkraft von K 30,- (12/1905)
= S 1.270,88 (12/1983)
Archivalien: WWMB 8, S. 541, 544, 548, 565

28
THREE ORNAMENTAL SPOONS
ONE ORNAMENTAL FORK
Design: Josef Hoffmann, around 1904/1905
Serial numbers (from left to right):
S 565, S 544, S 548, S 541
Material(s): Silver
Production: 1905 (2 copies of each)
Retail price: K 30 (1905, S 541)
Present equivalent: S 1,270.88 (12/83)
Records: WWMB 8, pp. 541, 544, 548, 565

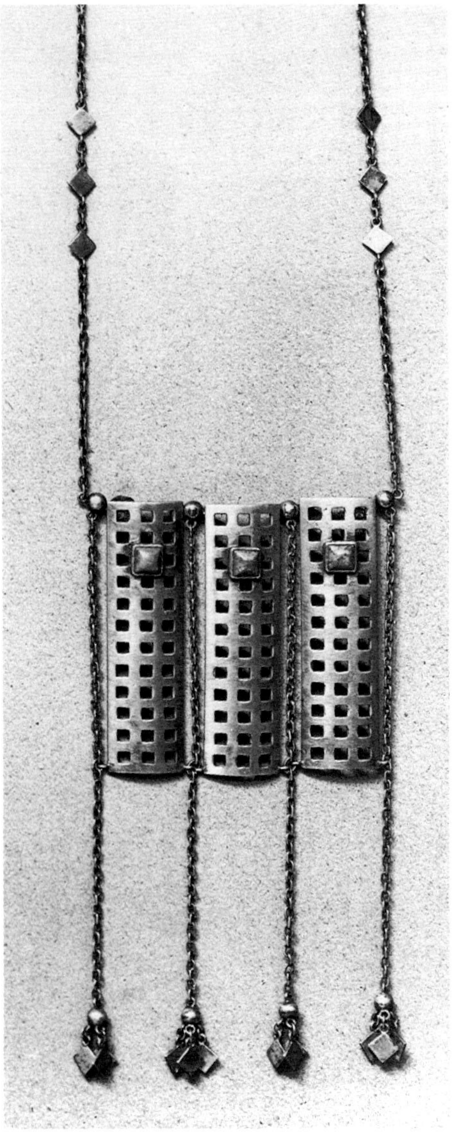

29

29
ANHÄNGER
Entwurf: Kolo Moser, um 1904
Werknummer: G 320
Material: Gold?
Ausführung: WW Ende 1904/Anfang 1905
Verkaufspreis: K 100,- (Jänner 1905)
Kaufkraft von K 100,- (1/1905)
= S 4.340,31 (1/1984)
Archivalien: WWMB 5, S. 861

29
PENDANT
Design: Kolo Moser, around 1904
Serial number: G 320
Material(s): gold (?)
Production: WW end of 1904/beginning of 1905
Retail price: K 100 (01/05)
Present equivalent: S 4,340.31 (01/84)
Records: WWMB 5, p. 861

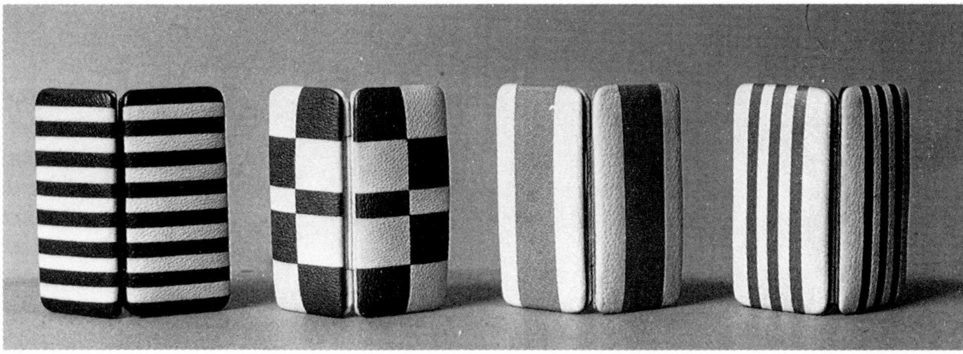

30

30
VIER TABATIEREN
Entwurf: Kolo Moser, um 1904
Werknummer: Bl 112
Material: Leder
Ausführung: WW 1904-1907
Verkaufspreis: K 20,- (Sept. 1904)
Kaufkraft von K 20,- (9/1904)
= S 881,60 (9/1983)
Archivalien: Entwurf K.I. 12586/3,
WWMB 41, S. 18, 37

30
FOUR SNUFFBOXES
Design: Kolo Moser, around 1904
Serial number: Bl 112
Material(s): leather
Production: WW 1904-1907
Retail price: K 20 (09/04)
Present equivalent: S 881.60 (09/83)
Records: K.I. 12586/3; WWMB 41, pp. 18, 37

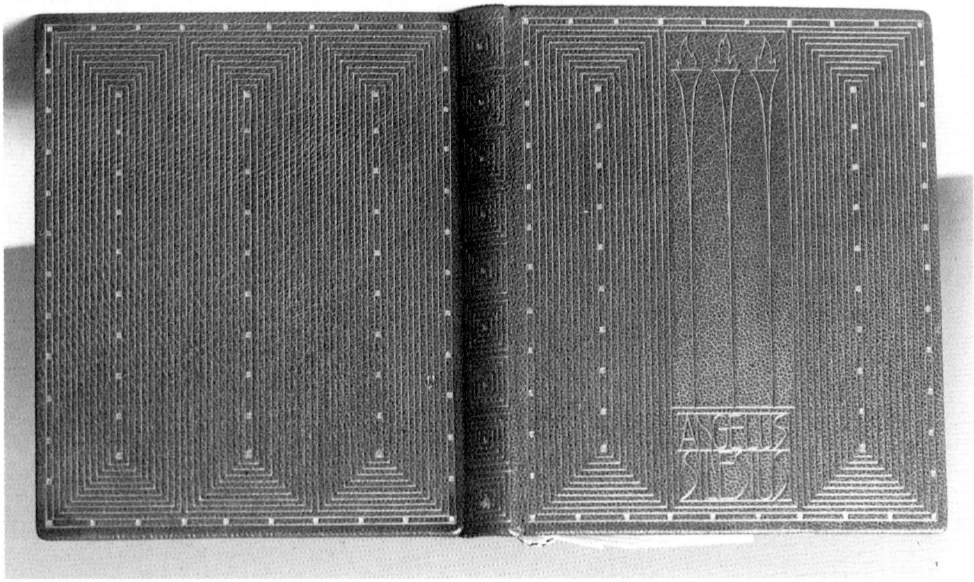

31

31
BUCHEINBAND
Angelus Silesius (Titel unbekannt)
Entwurf: Josef Hoffmann, um 1904/05
Werknummer: Bl 57
Material: Leder mit Goldornament
Ausführung: WW 1905
Verkaufspreis: K 150,- (März 1905)
Kaufkraft von K 150,- (3/1905)
= S 6.563,88 (3/1983)
Archivalien: WWMB 1, S. 39

31
BOOKBINDING
Angelus Silesius (title unknown)
Design: Josef Hoffmann, around 1904/1905
Serial number: Bl 57
Material(s): leather with gold ornamentation
Production: WW 1905
Retail price: K 150 (03/05)
Present equivalent: S 6,563.88 (03/83)
Records: WWMB 1, p. 39

32
BUCHEINBAND
Chr. M. Wieland: Kleine Verserzählungen, Leipzig 1905
Entwurf: Kolo Moser, 1905
Werknummer: Bl 157
Material: rotes Maroquinleder mit Goldprägung
Maße: 17,2 x 11,5 cm
Kennzeichnung: WW-Monogramm, Rosenmarke, Monogramme KM (= Kolo Moser), CB (= Carl Beitel), LW (= Ludwig Willner)
Ausführung: WW 1905
Verkaufspreis: K 90,- (April 1905)
Kaufkraft von K 90,- (4/1905)
= S 3.938,33 (4/1984)
Archivalien: WWMB 1, S. 85
ÖMAK, Inv. B.I. 20312 (Ausst. I 243)

32
BINDING
Chr. M. Wieland: Kleine Verserzählungen, Leipzig 1905
Design: Kolo Moser, 1905
Serial number: Bl 157
Material(s): red morocco leather with gold embossing
Dimensions: 17.2 x 11.5 cm
Marks: WW-monogram, rose mark, monograms KM (= Kolo Moser), CB (= Carl Beitel), LW (= Ludwig Willner)
Production: WW 1905
Retail price: K 90 (04/05)
Present equivalent: S 3,938.33 (04/84)
Records: WWMB 1, p. 85
AMAA, Inv. B.I. 20312 (Ausst. I 243)

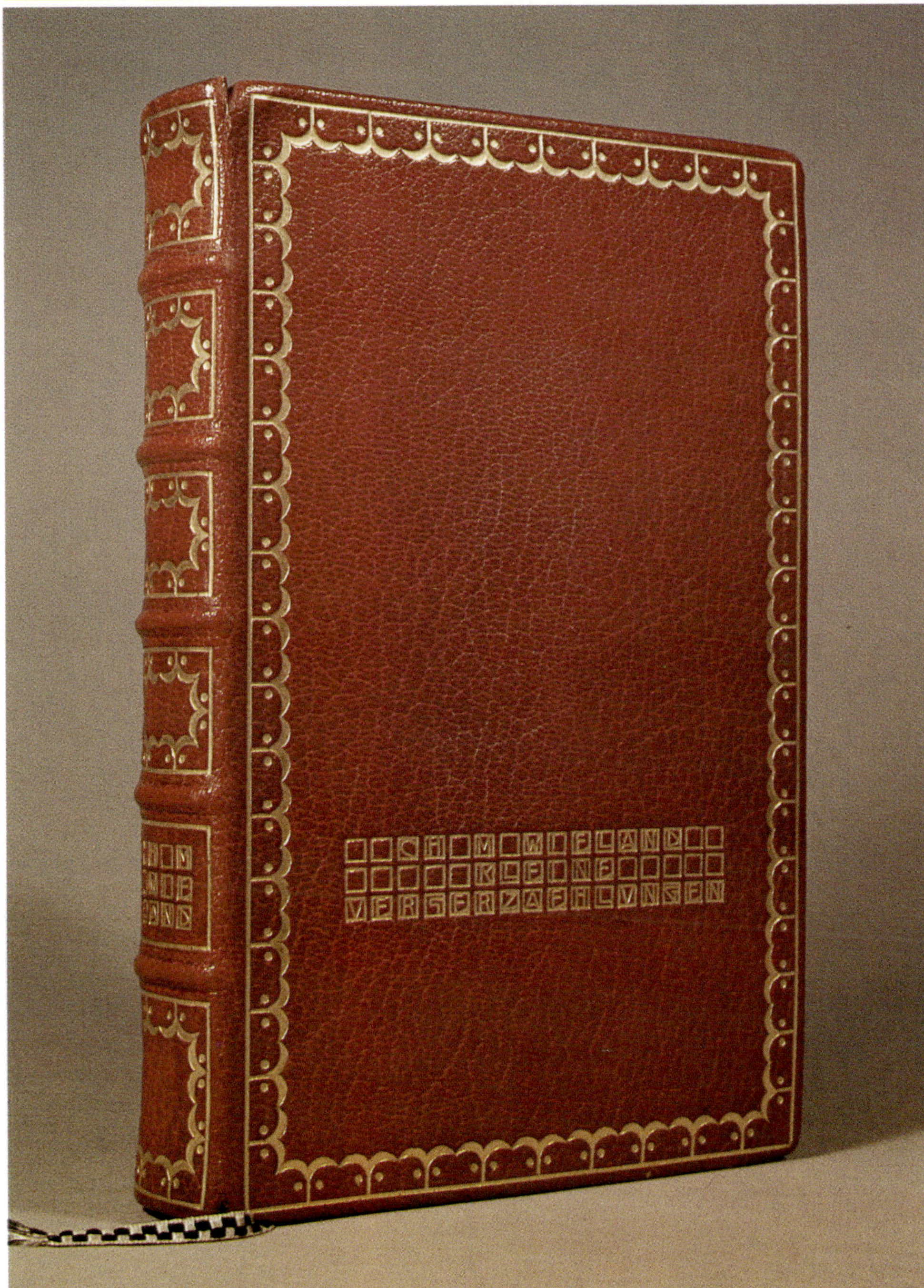

32

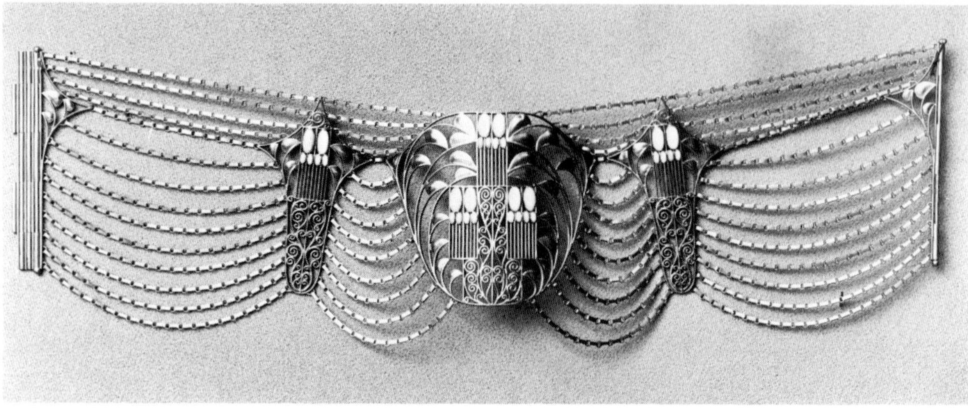

33

33
COLLIER
Entwurf: Kolo Moser, um 1904/05
Werknummer: G 554
Material: Gold, Opale
Ausführung: WW 1905, 1907 zweimal umgeändert
Verkaufspreis: K 1500,- (Okt. 1905)
Kaufkraft von K 1500,- (10/1905) = S 63.233,50 (10/1983)
Archivalien: WWMB 65, S. 554

Der Vergleich eines Colliers von Kolo Moser mit zwei Colliers von Josef Hoffmann scheint deshalb aufschlußreich, da sie nahezu identische Einzelmotive auf charakteristische Weise einsetzen. Besonders bemerkenswert sind die sehr tektonisch wirkenden Vertikalen bei Josef Hoffmann, da sie die spitzovalen, blattartigen Formen axial durchschneiden. Die Opale im Collier von Kolo Moser hingegen sitzen auf den dünnen Vertikalen.

33
NECKLACE
Design: Kolo Moser, around 1904/1905
Serial number: G 554
Material(s): Gold, opals
Production: WW 1905, 1907 (modified twice)
Retail price: K 1,500 (10/05)
Present equivalent: S 63,233.50 (10/83)
Records: WWMB 65, p. 554

It is interesting to compare a necklace by Kolo Moser with two by Josef Hoffmann because they each use almost identical individual motifs in a characteristic manner. It is especially worth noting the tectonic effect of Hoffmann's vertical lines, cutting through the axes of the ovoid leaf-like shapes. The opals in the necklace by Kolo Moser, on the other hand, are placed above the thin vertical lines.

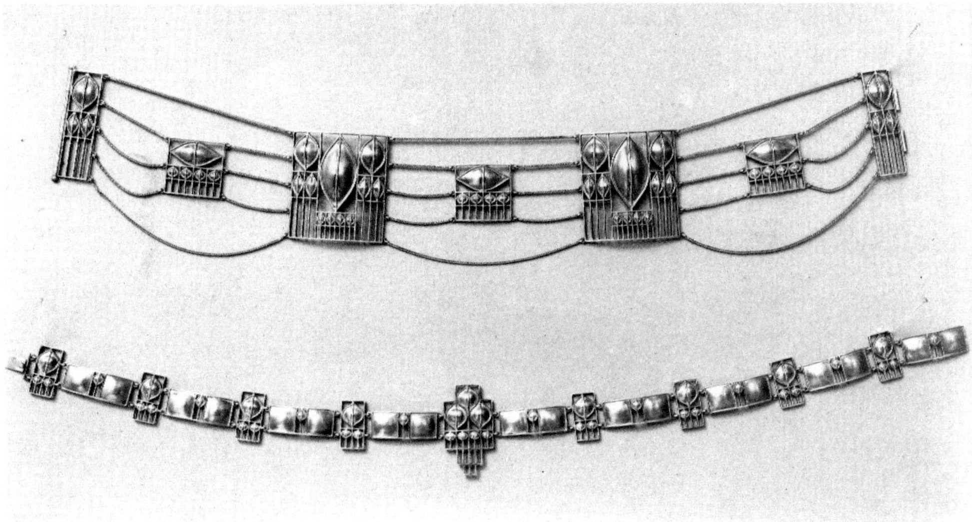

34

34
ZWEI COLLIERS
Entwurf: Josef Hoffmann, um 1904/05
Werknummer: G 476 (oben), G 478 (unten)
Material: Gold, Silber
Ausführung: WW 1905
Verkaufspreis:
G 476: K 800,- (Mai 1905)
G 478: K 600,- (Nov. 1905)
Kaufkraft von K 800,- (5/1905)
= S 32.963,81 (5/1983)
Archivalien: WWMB 65, S. 476, 478; K.I. 12142/35 (G 476)

Ähnlich wie beim Collier Kolo Mosers (Kat. Nr. 38) wurden die einzelnen Motive des Hoffmann-Colliers später auch als Broschen hergestellt (G 758, 759; WWMB 66, S. 758, 759). Verwandte Motive sind auch bei den Modellnummern G 482, G 728 ff. und G 734 feststellbar. In runde, herzförmige oder spitzovale Rahmungen sind vergleichbare Motive eingeschlossen, die von Hoffmann um 1904 als Anhänger entworfen wurden (G 126 - 129, WWMB 7, S. 385-386). Der Entwurf für G 126 (K.I. 12140/78) ist von Hoffmann monogrammiert.

34
TWO NECKLACES
Design: Josef Hoffmann, around 1904/1905
Serial number: G 476 (above), G 478 (below)
Material(s): gold, silver
Production: WW 1905
Retail price:
G 476: K 800 (05/05)
G 478: K 600 (11/05)
Present equivalent: S 32,963.81 (05/83)
Records: WWMB 65, pp. 476, 478; K.I. 12142/35 (G 476)

As in Kolo Moser's necklace (cat. no. 38), the individual motifs of Hoffmann's necklace were subsequently also used for brooches (G 758, 759; WWMB 66, pp. 758, 759). Similar motifs can be found in model numbers G 482, G 728 et seq. and G 734. Comparable motifs are also placed in heart-shaped or ovoid settings which Hoffmann designed around 1904 as pendants (G 126 - 129, WWMB 7, pp. 385-386). The design for G 126 (K.I. 12140/78) is monogrammed by Hoffmann.

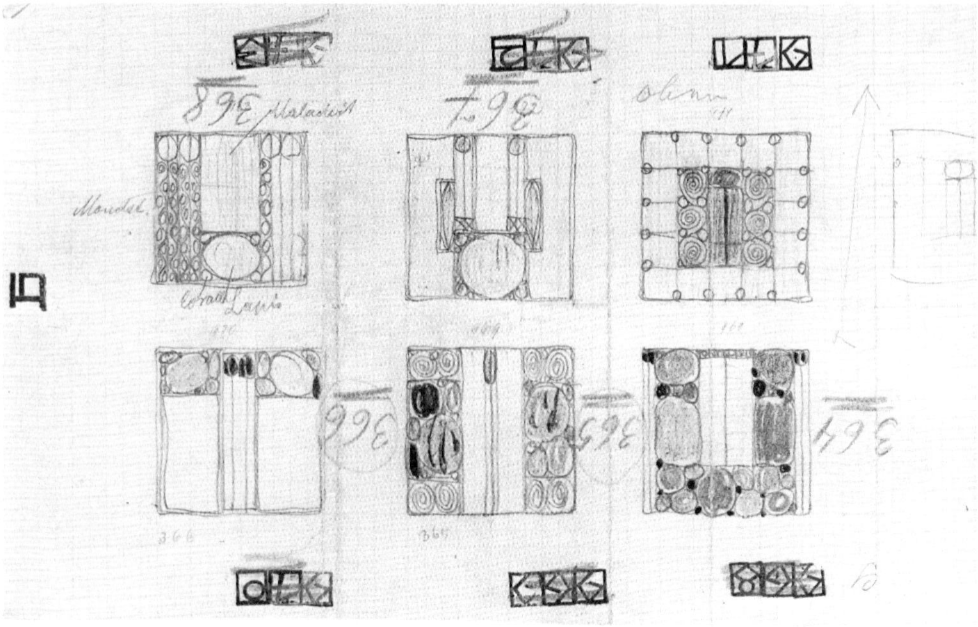

35

35
ENTWÜRFE FÜR SECHS BROSCHEN
Entwurf: Josef Hoffmann, 1904
Werknummer: G 364 - 368
Material: Silber und Halbedelsteine
Ausführung: ab Jänner 1905
Archivalien: WWMB 5, S. 968-973
ÖMAK, Inv. K.I. 12144/45

35
DESIGNS FOR SIX BROOCHES
Design: Josef Hoffmann, 1904
Serial numbers: G 364 - 368
Material(s): silver and semi-precious stones
Production: from January 1905 onwards
Records: WWMB 5, pp. 968-973
AMAA, Inv. K.I. 12144/45

36
BROOCH
Design: Josef Hoffmann, 1904
Serial number: G 368
Material(s): silver, stones (malachite, lapis lazuli, moonstones), coral, golden needle
Dimensions: 4.6 x 4.6 cm
Marks: WW-monogram, rose mark, hallmarks (greyhound head, A), monograms JH (= Josef Hoffmann), KP (= Karl Ponocny)

Production: WW 1905
Retail price: K 300 (02/05)
Present equivalent: S 13,083.56 (02/84)
Records: WWMB 5, p. 973; K.I. 12144/45
Galerie bei der Albertina (Christa Zetter), Vienna

The calculation book contains the following references to this piece: "Mai 05 Sezess. Berlin retour, Dez. 05 Klimt (240,-)"

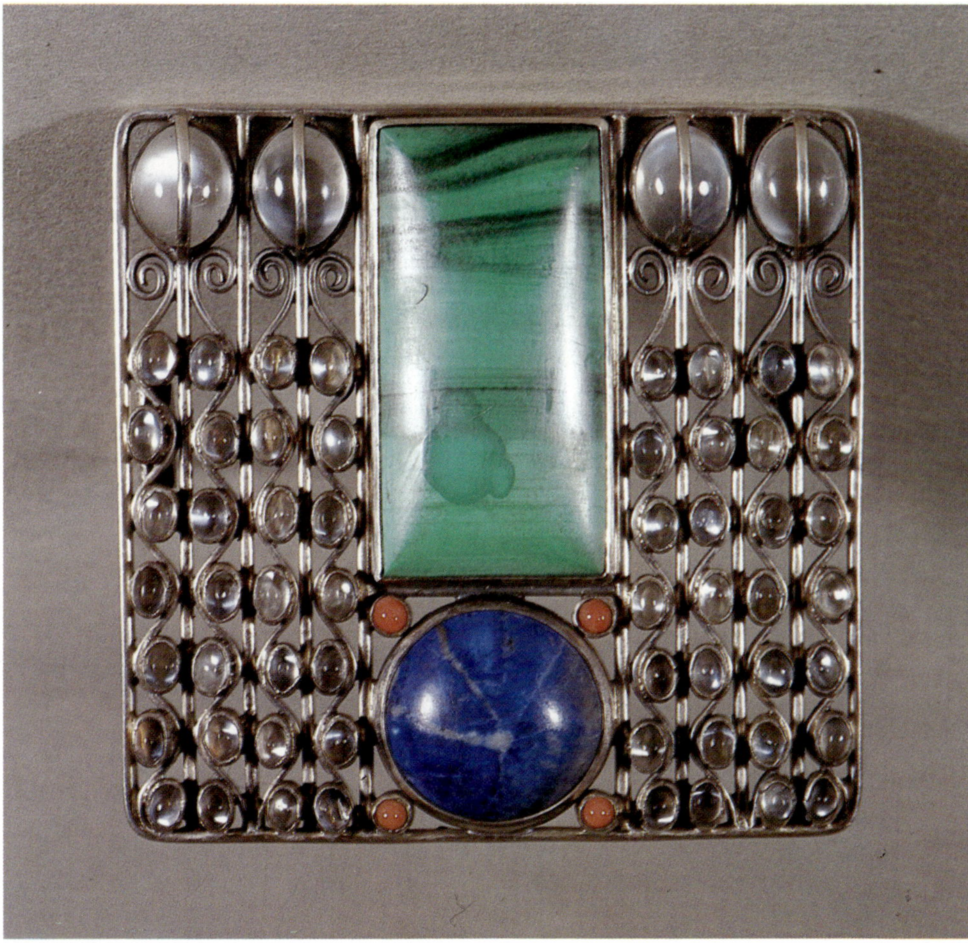

36

36
BROSCHE
Entwurf: Josef Hoffmann, 1904
Werknummer: G 368
Material: Silber, Steine (Malachite, Lapise, Mondsteine), Korallen, Goldnadel
Maße: 4,6 x 4,6 cm
Kennzeichnung: WW-Monogramm, Rosenmarke, Feingehaltspunze (Windspielkopf, A), Monogramme JH (= Josef Hoffmann), KP (= Karl Ponocny)
Ausführung: WW 1905
Verkaufspreis: K 300,- (Februar 1905)
Kaufkraft von K 300,- (2/1905)
= S 13.083,56 (2/1984)
Archivalien: WWMB 5, S. 973;
K.I. 12144/45
Galerie bei der Albertina (Christa Zetter), Wien

Als Anmerkung stehen im Kalkulationsband folgende Hinweise: „Mai 05 Sezess. Berlin retour, Dez. 05 Klimt (240,-)“.

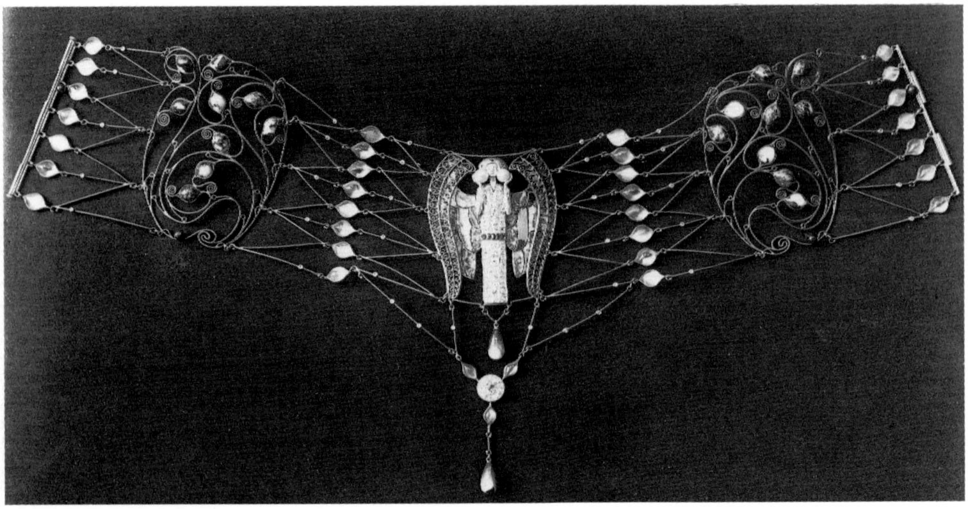

37

37
COLLIER
Entwurf: Kolo Moser, um 1904/05
Werknummer: G 383
Material: Gold, Silber, Opal, Mondsteine, Rubine, Brillanten
Ausführung: WW 1905
Verkaufspreis: K 6000,- (9.5.1905)
Kaufkraft von K 6000,- (5/1905)
= S 247.228,59 (5/1983)
Archivalien: WWMB 2, S. 1035; K.I. 12575/22

Das Collier kam von der Ausstellung Sezession Berlin im November 1905 unverkauft retour. Später wird F. Waerndorfer als Abnehmer genannt.
Auf dem Entwurf findet sich die Notiz „Frl. Stark" - vermutlich hat Adele Stark die Emailarbeit ausgeführt.

37
NECKLACE
Design: Kolo Moser, around 1904/1905
Serial number: G 383
Material(s): gold, silver, opal, moonstones, rubies, diamonds
Production: WW 1905
Retail price: K 6,000 (05/05)
Purchasing power: S 247,228.59 (05/83)
Records: WWMB 2, p. 1035; K.I. 12575/22

This necklace was returned unsold from the exhibition in the Berlin Secession in November 1905. F. Waerndorfer is subsequently mentioned as buyer. The design carries the note "Frl. Stark", probably referring to the fact that Adele Stark did the enamelling.

38
BROOCH
Design: Kolo Moser (motif around 1904/1905)
Serial number: G 1042
Material(s): silver, enamelled
Dimensions: 4.9 x 4.9 cm
Undesignated
Production: WW 1909, enamelling probably subcontracted
Retail price: K 120 (07/09)
Purchasing power: S 4,657.15 (07/83)
Records: WWMB 66, p. 1042
Ingrid Hofstätter, Vienna

An almost identical brooch (silver, gilded, without enamel) was also produced in 1909 (G 1041). The motif is reminiscent of a seraph and was originally the centrepiece of a necklace made by the WW in 1905 (G 539, K.I. 12575/2).

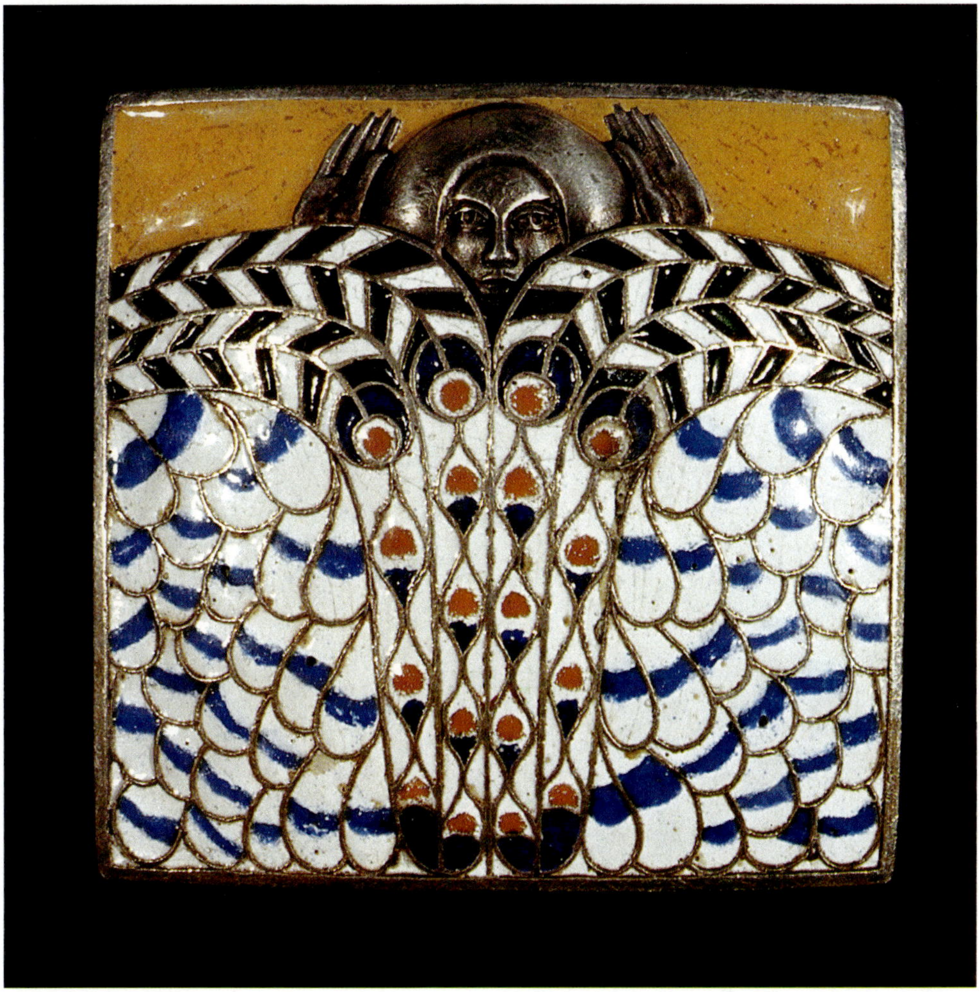

38

38
BROSCHE
Entwurf: Kolo Moser (Motiv um 1904/05)
Werknummer: G 1042
Material: Silber, emailliert
Maße: 4,9 x 4,9 cm
Unmarked
Ausführung: WW 1909, Email vermutlich außerhalb der WW
Verkaufspreis: K 120,- (Juli 1909)
Kaufkraft für K 120,- (7/1909) = S 4.657,15 (7/1983)
Archivalien: WWMB 66, S. 1042
Ingrid Hofstätter, Wien

Eine nahezu identische Brosche (Silber, vergoldet, ohne Email) wurde ebenfalls im Jahre 1909 hergestellt (G 1041). Das an einen Seraph erinnernde Motiv war ursprünglich das Mittelstück eines Colliers, das bereits 1905 in der WW entstand (G 539, Entwurf K.I. 12575/2).

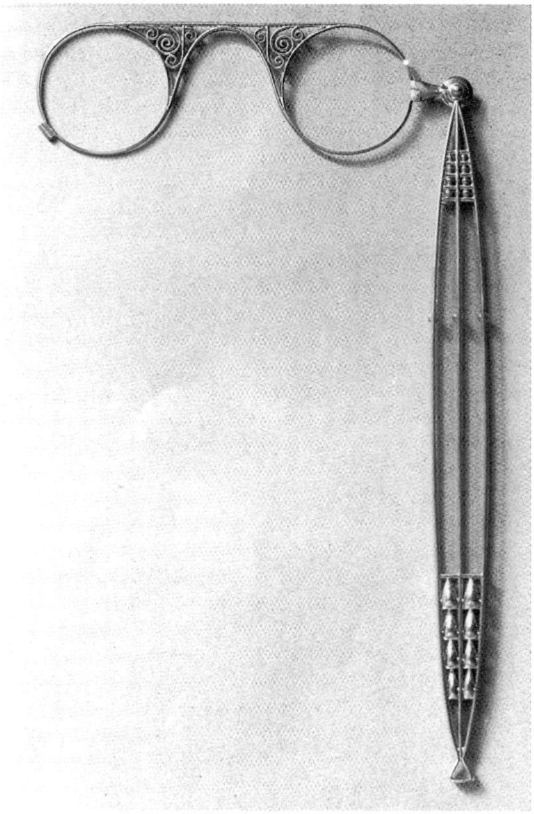

39

39
LORGNON
Entwurf: Josef Hoffmann, um 1905
Werknummer: G 593
Material: Gold
Ausführung: WW 1906
Verkaufspreis: K 300,- (März 1906)
Kaufkraft von K 300,- (3/1906)
= S 12.946,28 (3/1984)
Archivalien: WWMB 65, S. 593

39
LORGNETTE
Design: Josef Hoffmann, around 1905
Serial number: G 593
Material(s): Gold
Production: WW 1906
Retail price: K 300 (03/06)
Purchasing power: S 12,946.28 (03/84)
Records: WWMB 65, p. 593

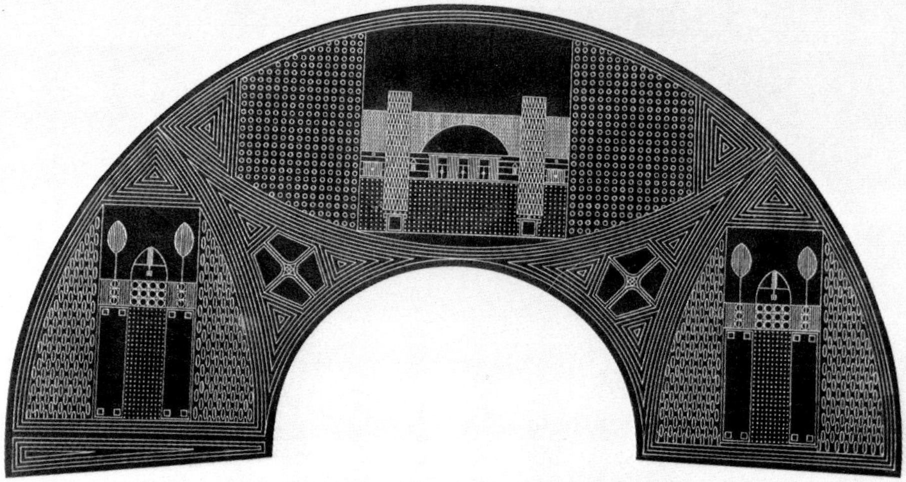

40

40
FÄCHER
Entwurf: Josef Hoffmann, um 1905/06
Werknummer: BI 279
Material: Schwarze Seide, Goldhanddruck, Elfenbeingestell, silbervergoldeter Bügel
Ausführung: vermutlich WW 1906
Verkaufspreis: K 600,- (später reduziert auf K 360,-)
Kaufkraft von K 600,- (12/1906) = S 25.066,22 (12/1983)
Archivalien: WWMB 42, S. 279

Verwandte architektonische Formen sind auf anderen Objekten bzw. Zeichnungen Hoffmanns zu finden (S 786: K.I. 12048/8; S 784, S 785: WWE 30/7)
Die Notiz „Häusler Prag" im Kalkulationsbuch konnte bisher noch nicht gedeutet werden. Sigrid Barten bildet in ihrem Katalog „Josef Hoffmann Wien", Zürich 1983, das ausgeführte Fächerblatt aus dem Besitz des Museums Bellerive, Zürich (Inv.Nr. 1963-55) ab (Kat. Nr. 268, S. 105)

40
FAN
Design: Josef Hoffmann, around 1905/1906
Serial number: BI 279
Material(s): black silk, gold blocking, ivory frame, gilded silver handle
Production: probably WW 1906
Retail price: K 600 (later reduced to K 360)
Present equivalent: S 25,066.22 (12/83)
Records: WWMB 42, p. 279

Similar architectonic forms can be found in other articles and drawings by Josef Hoffmann (S 786: K.I. 12048/8; S 784, S 785: WWE 30/7). The note "Häusler Prag" in the calculation book has not yet been interpreted. An illustration of this fan from the collections of the Bellerive Museum in Zurich (inv. no. 1963-55) is included in Sigrid Barten's catalogue "Josef Hoffmann Wien" (Zürich 1983, cat. no. 268, p. 105).

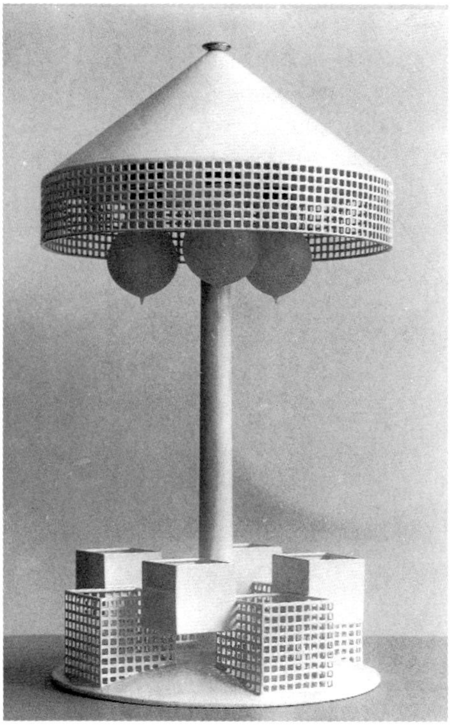

41

41
STEHLAMPE
Entwurf: Josef Hoffmann, um 1904/05
Werknummer: M 456
Material: Eisenblech perfor., weiß lackiert
Ausführung: WW 1905 - 1906 (je 2 Stück)
Verkaufspreis: K 80,- (26.10.1905, 7.6.1906)
Kaufkraft von K 80,- (10/1905) = S 3.372,45 (10/1983)
Archivalien: WWMB 30, S. 456

41
TABLE LAMP
Design: Josef Hoffmann, around 1904/1905
Serial number: M 456
Material(s): perforated iron sheet, painted white
Production: WW 1905, 1906 (2 copies in each case)
Retail price: K 80 (10/05)
Present equivalent: 3,372.45 (10/83)
Records: WWMB 30, p. 456

42
BLUMENSTÄNDER MIT VOGELBAUER
Entwurf: Josef Hoffmann, um 1905

Josef Hoffmann entwarf einige Ständer, die einen Vogelbauer trugen, manche waren gleichzeitig auch als Blumenständer konzipiert (WWMB 30, S. 460: Werknummer M 460, Vogelbauer, Entwurf von Josef Hoffmann, bestehend aus Eisenblech und Messingrohr, kalkuliert am 6.10.1905 mit einem Verkaufspreis von K 250,-).

42
PLANT STAND WITH BIRDCAGE
Design: Josef Hoffmann, around 1905

Josef Hoffmann designed several stands that were meant to carry both a birdcage and plants (WWMB 30, p. 460: serial number M 460, birdcage, design by Josef Hoffmann, made of sheet iron and brass tubing, calculated on 6th October 1905 with a sales price of K 250).

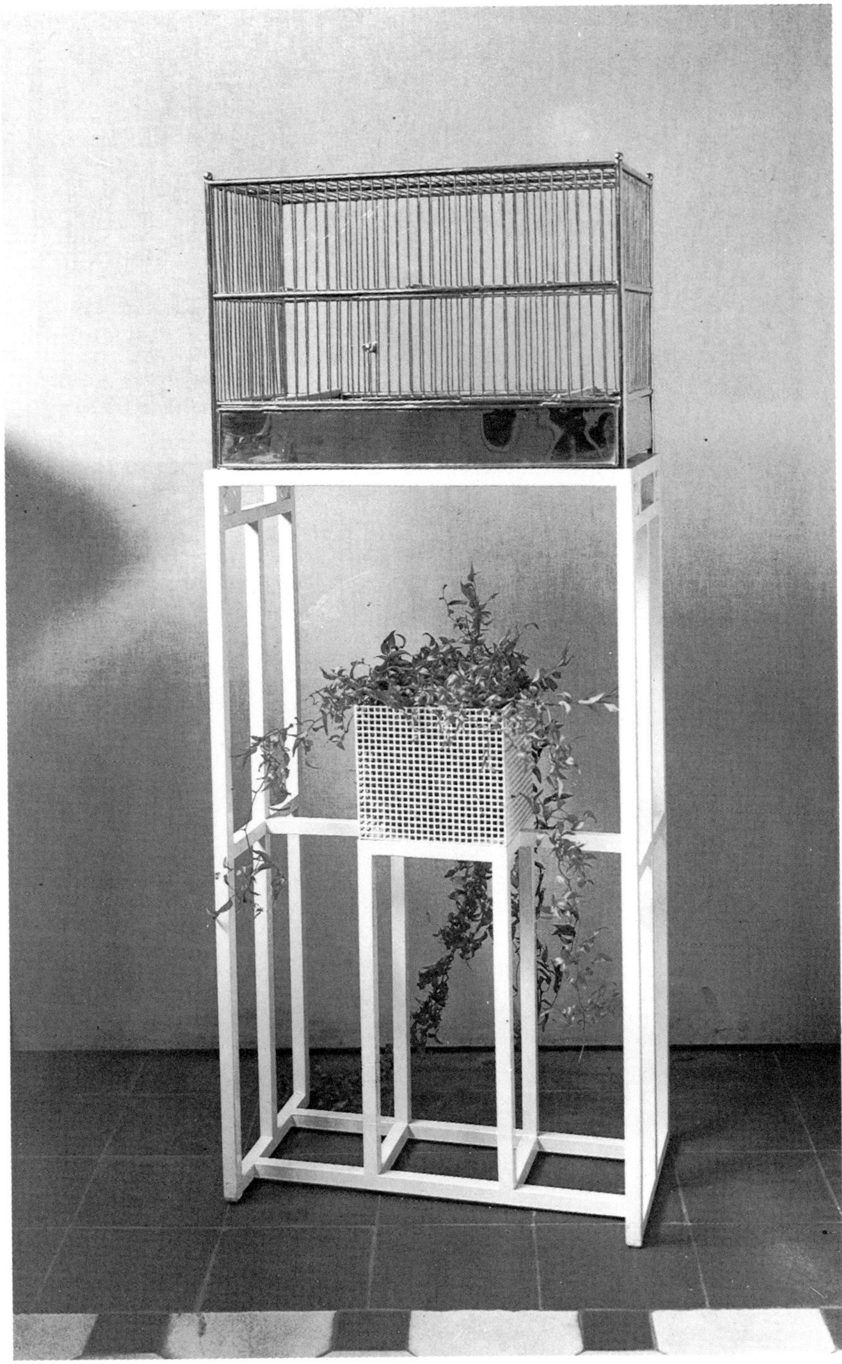

42

43
ESSIG-UND-ÖL-STÄNDER („KARAFFINE")
Entwurf: Kolo Moser, um 1904
Werknummer: S 452
Material: Silber, Glas
Höhe: 17,1 cm
Kennzeichnung: Rosenmarke, WW-Monogramm, Feingehaltspunzen (Dianakopf im Fünfpaß, Windspielkopf), Monogramme KM (= Kolo Moser) und MA (= Alfred Mayer)
Ausführung: WW 1904 (2 St.)
Verkaufspreis: K 90,- (Dez. 1904)
Kaufkraft von K 90,- (12/1904) = S 4.009,36 (12/1983)
Archivalien: WWMB 8, S. 452; WWMB 5, S. 829 Galerie am Graben, Wien

Ein Exemplar des obigen Gegenstandes wurde an FW (wohl Fritz Waerndorfer) abgegeben.
Die metallene Grundform mit zwei Glasgefäßen wurde sowohl von Hoffmann als auch von Moser mehrfach variiert.
Eines der frühesten Modelle von Josef Hoffmann (wohl 1903) aus Silber trägt die Werknummer S 78 (K.I. 12027/11; Material: Silber, perforiert oder mit Kugeln dekoriert). Eine solche Garnitur wurde, offenbar noch 1903, an Stoclet verkauft (WWMB 3, S. 172).
Hoffmann entwarf auch ein Modell (M 243) zur Ausführung in Eisenblech, Zink und Lack (WWMB 7, S. 614; WWF 132, unpag.; K.I. 12027/8). Dieses Modell wurde von 1904 bis 1908 nachweislich hergestellt und offenbar noch später erzeugt (Hinweis bei K.I. 12027/8 auf Werknummer M 1575: dieselbe Form, 1910).
Zwischen der Abbildung im Band WWF 132 und unserer Abbildung besteht eine Reihe von Unterschieden: die Abbildung zeigt einen Henkel mit 8 Reihen von perforierten Quadraten in vertikaler Anordnung, die Karaffine im Fotoband hingegen nur 7 Reihen. Die Oberseite der Karaffine mit den runden Ausnehmungen für die Glasbehälter (deren Formen, vor allem die der Stöpsel - rund bzw. oval - sich ebenfalls unterscheiden) ist einerseits perforiert (Abbildung WWF 132), andererseits glatt (unsere Abbildung).

43
CRUET-STAND FOR OIL AND VINEGAR
Design: Kolo Moser, around 1904
Serial number: S 452
Material(s): silver, glass
Height: 17.1 cm
Marks: rose mark, WW monogram, hallmarks (Diana's head in cinquefoil, greyhound's head), monograms KM (= Kolo Moser) and MA (= Alfred Mayer)
Production: WW 1904 (2 copies)
Retail price: K 90 (12/04)
Present equivalent: S 4,009.36 (12/83)
Records: WWMB 8, p. 452; WWMB 5, p. 829
Galerie am Graben, Vienna

One specimen of this cruet-stand illustrated here went to FW (probably Fritz Waerndorfer). Both Hoffmann and Moser designed several variations of the basic metal shape with two glass cruets. One of the earliest models from Josef Hoffmann (probably 1903) in silver has the serial number S 78 (K.I. 12027/11; material: silver, perforated or decorated with balls). One such set was sold to Stoclet, apparently as early as 1903 (WWMB 3, p. 172).
Hoffmann also designed a model to be executed in sheet iron, zinc and paint (WWMB 7, p. 614; WWF 132, unpaged; K.I. 12027/8). There is evidence that this model was manufactured from 1904 till 1908, and probably also thereafter (reference in K.I. 12027/8 to serial number M 1575). There are a number of differences between the illustration in WWF 132 and the work depicted here. The illustration shows a handle with eight rows of perforated squares vertically arranged: the cruet-stand in the photograph album, on the other hand, has only seven rows. The top of the cruet-stand with the round holes for the glass cruets (the shape of which, particularly that of the stoppers, also varied, from round to oval) is perforated in one model (illustration WWF 132) and smooth in the other (our illustration).

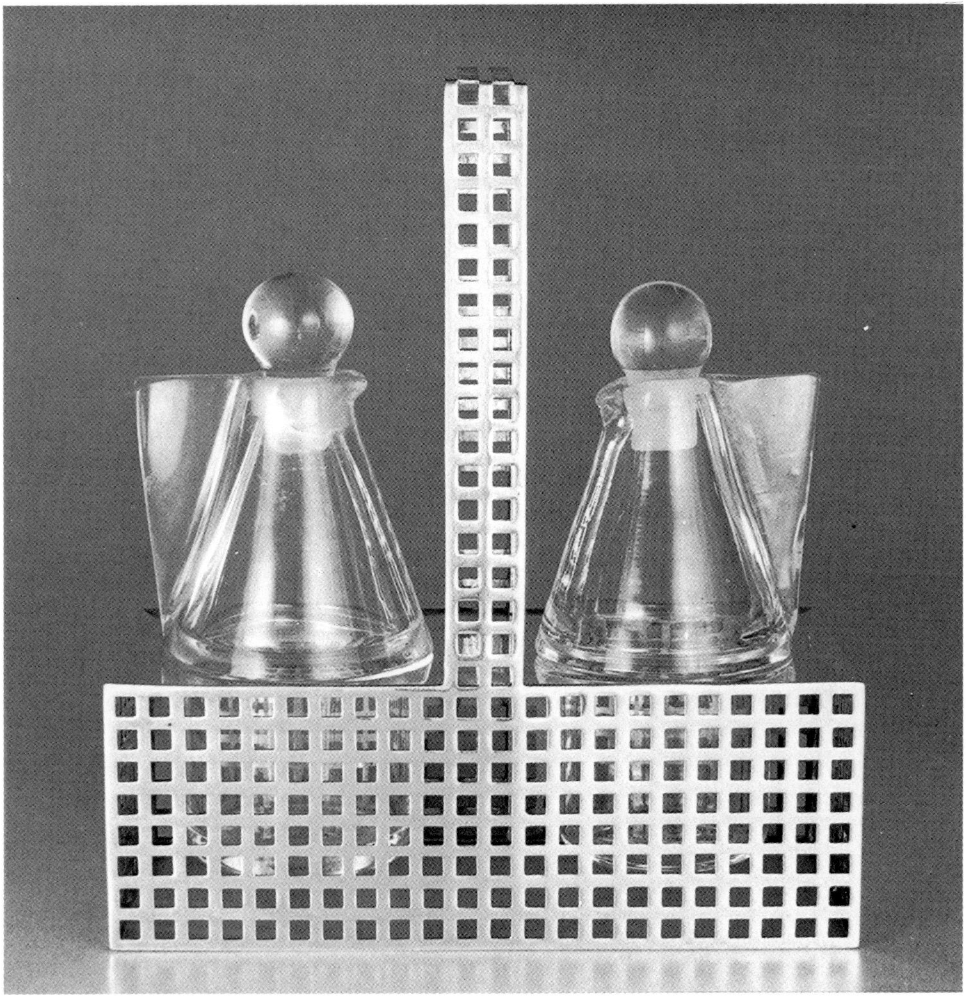

43

44
JARDINIERE
Entwurf: Kolo Moser, um 1905-1906
Werknummer: M 649
Material: Zink perfor., weiß lackiert (ursprünglich mit Glaseinsatz)
Höhe: 16,5 cm
Kennzeichnung: Stempel WIENER WERK STÄTTE
Ausführung: WW 1906-1913 (mind. 160 St.)
Verkaufspreis: K 12,- (Okt. 1906), K 6,- (Juni 1908)
Kaufkraft von K 12,- (10/1906) = S 498,87 (10/1983)
Archivalien: WWMB 30, S. 649; WWF 132, unpaginiert; K.I. 12032/36
Wiener Privatbesitz

Kolo Moser entwarf zwei sehr ähnliche Jardinieren: ein Modell mit „hohem Henkel" (Werknummer M 633), eines mit „niedrigem Henkel" (Werknummer M 649). Die Zeichnung für M 633 (K.I. 12032/28-29) zeigt 33 Quadrate übereinander (Henkel) und trägt den Hinweis auf M 1545 (dieselbe Form). Die verschiedene Henkelhöhe bei M 633 und M 649 resultiert in der verschiedenen Zahl übereinander angeordneter perforierter Quadrate (M 633: 15, M 649: 22). Eine etwas abweichende Version des gleichen Modells (M 634) führt den Henkel von ganz unten bis oben (K.I. 12032/32-33).
Vergleichbare Formen in Silber sind mit den Werknummern S 781 und S 931 (K.I. 12033/15) bezeichnet.
Das Modell M 633 ist 21,5 cm hoch und wurde in der WW von 1906-1910, von 1910-1914 von der Firma Cloeter, Wien, im Auftrag der WW erzeugt (insgesamt über 440 Stück). Der Verkaufspreis betrug, wie beim Modell M 633, 6 Kronen pro Stück (WWMB 30, S. 633). Dieselbe Form wurde auch in Silber (Werknummer S 780) ausgeführt, ferner in Silber mit „Epheumuster" (Werknummer S 930). Für S 780 ist eine Kalkulation vom 10.10.1906 (3 Stück, Verkaufspreis 50 Kronen; WWMB 9, S. 80), für S 930 eine vom 15.10.1906 (mindestens 2 Stück, Verkaufspreis 70 Kronen; WWMB 9, S. 930) überliefert.

44
JARDINIERE
Design: Kolo Moser, around 1905/1906
Serial number: M 649
Material(s): perforated zinc, painted white (originally with glass insert)
Height: 16.5 cm
Marks: stamp WIENER WERK STÄTTE
Production: WW 1906 (at least 160 copies)
Retail price: K 12 (10/06), K 6 (06/08)
Present equivalent: S 498.87 (K 12, 10/83)
Records: WWMB 30, p. 649; WWF 132, unpaged; K.I. 12032/36
Private collection in Vienna

Kolo Moser designed several very similar jardinières: a model with a "high handle" (serial number M 633) and one with a "low handle" (serial number M 649). The drawing for M 633 (K.I. 12032/28-29) shows 33 squares above one another (handle) and carries a reference to M 1545. The different heights of the handles of M 633 and M 649 resulted in a different number of perforated squares one above the other (M 633: 15, M 649: 22). In a slightly different version of the same model (M 634) the handle extends the entire length of the container (K.I. 12032/32-33). Similar forms in silver were given the serial numbers S 781 and S 931 (K.I. 12033/15). Model M 633 is 21.5 cm high and was manuactured by the WW from 1906-1910 and by the Cloeter company, Vienna, on behalf of the WW from 1910-1914 (a total of more than 440 copies). The retail price, as for model M 633, was 6 crowns each (WWMB 30, p. 633).
The same form was also executed in silver (serial no. S 780), and in silver with an ivy pattern (serial number S 930). We still have a calculation for S 780 dated 10th October 1906 (3 copies, retail price 50 crowns; WWMB 9, p. 780), and one for S 980 dated 15th October 1906 (at least 2 copies, retail price: 70 crowns; WWMB 9, p. 930).

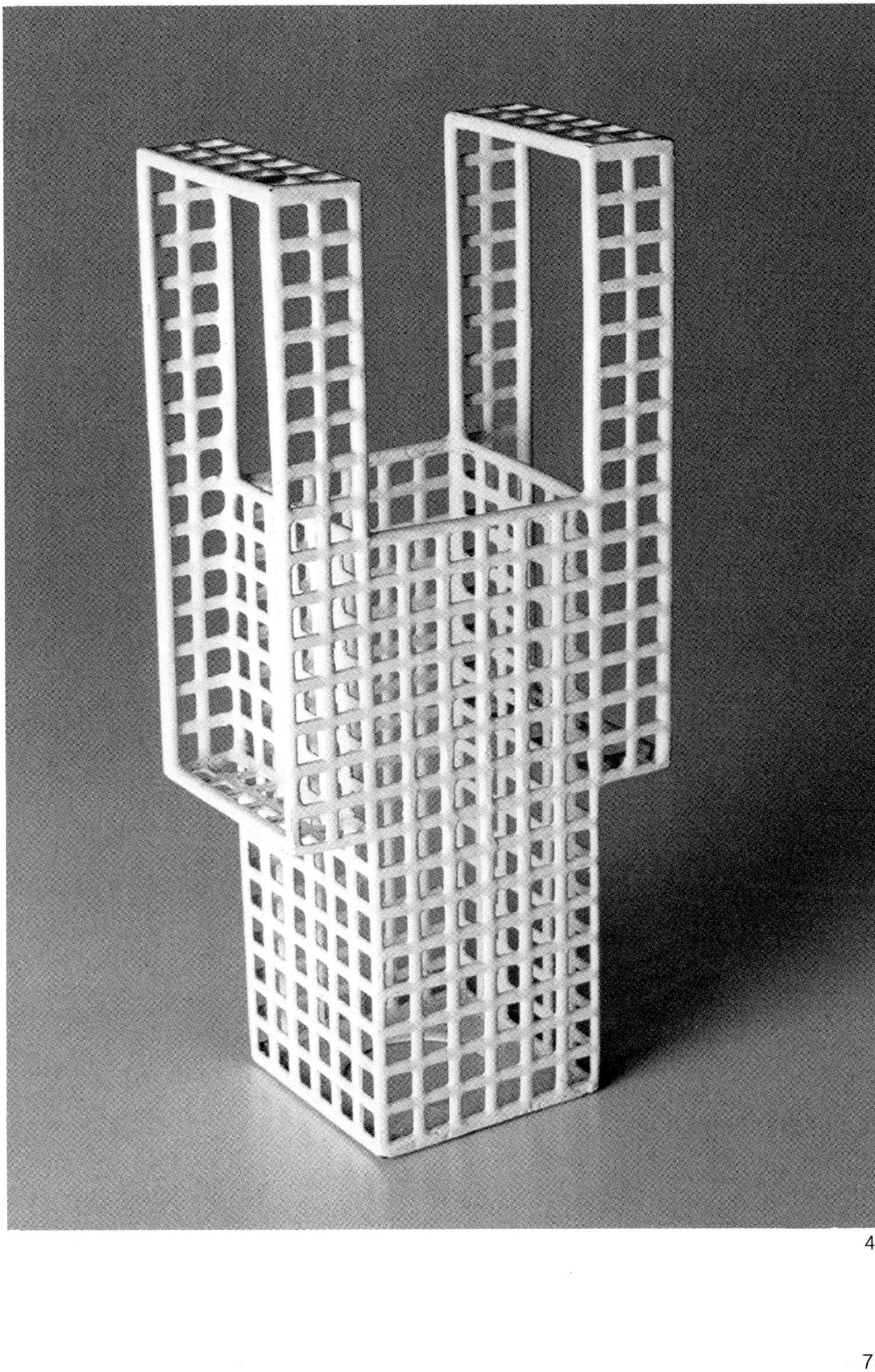

44

45
INTERIEUR
Ecke aus dem Schlafzimmer der Dame
Villa Prof. Pickler, Budapest
Josef Hoffmann, 1909-11
Laut Eduard F. Sekler (Josef Hoffmann, Salzburg-Wien 1982, S. 328) war Hoffmann in Zusammenarbeit mit Karl Breuer für Umbau und Einrichtung dieser Villa verantwortlich.
Folgende Gegenstände sind identifizierbar:
Stehlampe aus perforiertem, weiß lackiertem Zink (M 694), 1907-1910 erzeugt (26 St., Verkaufspreis K 42,-, Juli 1908; WWMB 30, S. 694)
Stehlampe aus weiß lackiertem Zinkblech (M 695), 1907-1911 erzeugt (30 St., Verkaufspreis K 55,-, Dez. 1908; WWMB 30, S. 695).
Die beiden Pölster wurden vermutlich 1910 hergestellt (WWMB 60, S. 120-121, Verkaufspreis K 12,-, sonst keine Angaben)

45
INTERIOR
View of a lady's bedroom in Prof. Pickler's villa in Budapest
Josef Hoffmann, 1909-11
According to Eduard F. Sekler (Josef Hoffmann, Salzburg-Wien 1982, p. 328) Josef Hoffmann and Karl Breuer were responsible for the conversion and furnishing of this villa. The following objects can be identified:
Table lamp of perforated white painted zinc (M 694), 26 copies of which were manufactured between 1907 and 1910 (retail price K 42, 07/08; WWMB 30, p. 694)
Table lamp of white painted sheet zinc (M 695), produced 1907-1911 (30 copies, retail price: K 55, 12/08; WWMB 30, p. 695).
The two cushions were probably made in 1910 (WWMB 60, pp. 120-121, retail price: K 12, no further information).

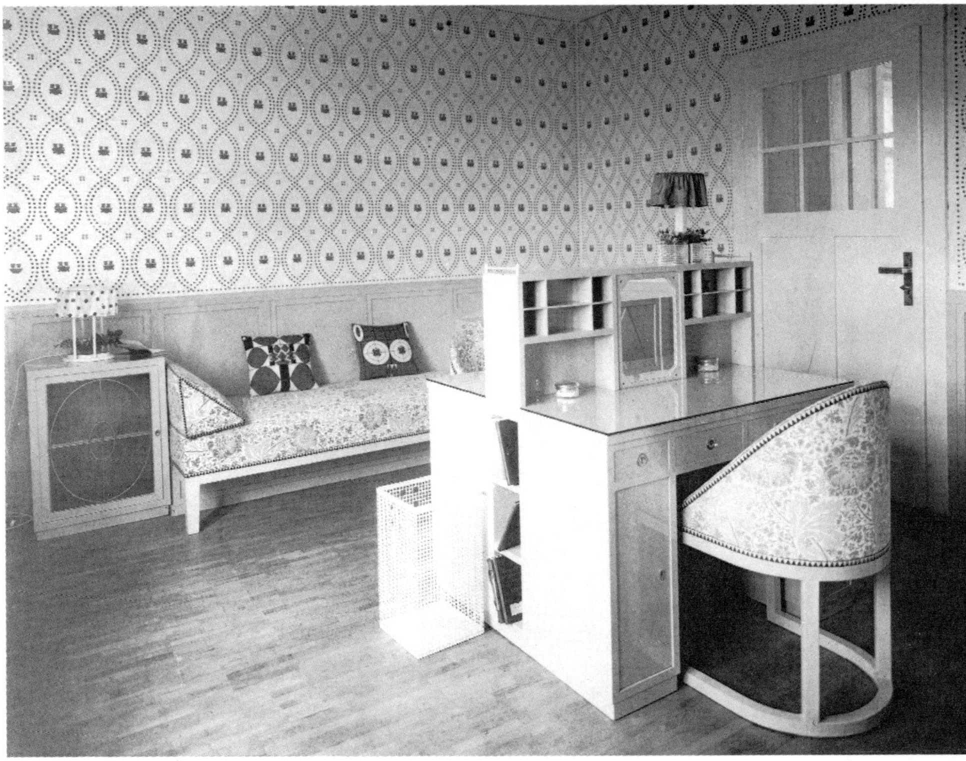

45

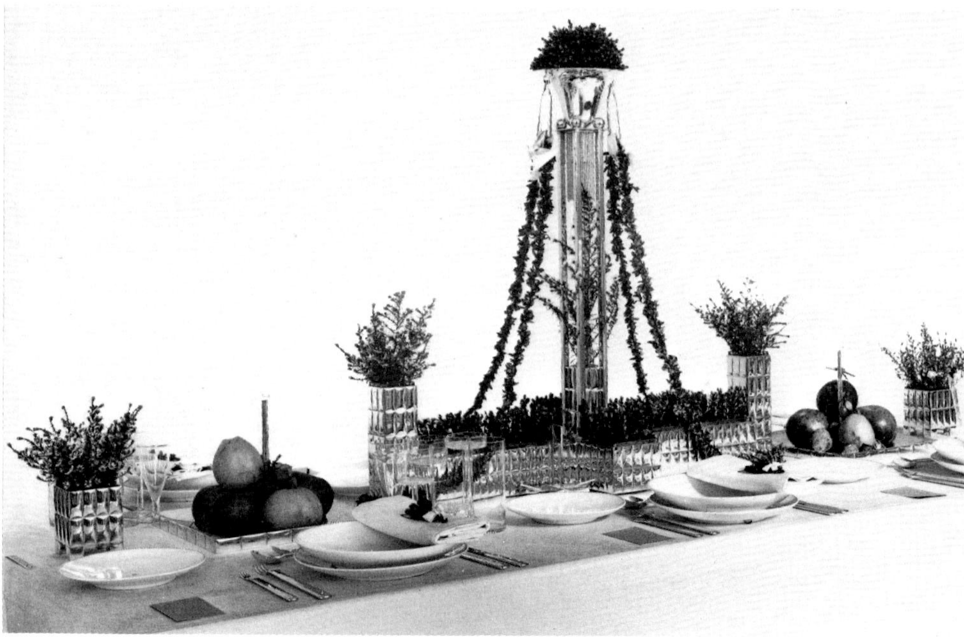

46

46
„HOCHZEITSTISCH"
aus der Ausstellung „Der gedeckte Tisch" (Okt. 1906), mit dem Besteck „rundes Modell" von Josef Hoffmann (vgl. Kat. Nr. 47). Als Blumen- und Fruchtaufsätze dienten folgende Silbergegenstände von Josef Hoffmann:
Jardinière in der Mitte (S 740) aus Silber, mit Messingeinsatz und Gläsern (K 1.600,-/Dez. 1906; WWMB 9, S. 740)
Jardinière links (S 627) aus Silber (K 120,-/Dez. 1905, erzeugt 1905-1908, 6 St.; WWMB 9, S. 627)
Aufsatz (S 595) aus Silber (K 320,-/Nov. 1905, 2 St.)

(ausführliches Kapitel über diese Ausstellung in: Waltraud Neuwirth: Josef Hoffmann, Bestecke für die Wiener Werkstätte, Wien 1982, S. 15-26).

46
"WEDDING TABLE"
From the exhibition "The Dining Table" (October 1906), with the Josef Hoffmann's "round model" cutlery (cf. cat. no. 47). The following silver articles by Josef Hoffmann served as fruit and plant stands:
Silver jardinière at the centre (S 740), with brass insert and glasses (K 1,600, 12/06; WWMB 9, p. 740)
Silver jardinière on the left (S 627, K 120, 12/05, manufactured 1905-1908, 6 copies; WWMB 9, p. 627)
Silver centre-piece (S 595, K 320, 11/05, 2 copies)
A detailed chapter on this exhibition can be found in "Josef Hoffmann, Bestecke für die Wiener Werkstätte", Waltraud Neuwirth, Vienna 1982, pp. 15-26).

47
BESTECK „RUNDES MODELL“
Dessertmesser, -gabel und -löffel
Entwurf: Josef Hoffmann, um 1906
Werknummer:
M 849 = Dessertmesser
M 850 = Dessertgabel
M 922 = Dessertlöffel
Material: Alpaka, versilbert
Länge: 18,2 cm (Dessertmesser)
Kennzeichnung: Rosenmarke, WW-Monogramm und JH-Monogramm auf dem Dessertlöffel (die anderen Teile unbezeichnet)
Ausführung:
Dessertmesser:
1907-1909 (Fa. Bachmann, 198 St.)
1910-1914 (WW, 36 Stück)
Verkaufspreis: K 7,60 (Dessertmesser)
Kaufkraft von K 7,60 (12/1910)
= S 288,88 (12/1983)
Archivalien: WWMB 31, S. 849, 850, 922
Wiener Privatbesitz

Ausführliches Kapitel über das Besteck „rundes Modell“ in: Waltraud Neuwirth: Josef Hoffmann, Bestecke für die Wiener Werkstätte, Wien 1982, S. 73-127

47
"ROUND MODEL" CUTLERY
Dessert knife, fork and spoon
Design: Josef Hoffmann, ca. 1906
Serial numbers:
M 849 = dessert knife
M 850 = dessert fork
M 922 = dessert spoon
Material(s): Alpaka (nickel-silver alloy), silvered
Length: 18.2 cm (dessert knife)
Marks: rose mark, WW monogram and JH monogram on the dessert spoon (the other parts unmarked)
Production:
Dessert knife:
1907-1909 (Bachmann comp., 198 copies)
1910-1914 (WW, 36 copies)
Retail price: K 7.60 (dessert knife, 12/10)
Present equivalent: S 288.88 (12/83)
Records: WWMB 31, pp. 849, 850, 922
Private collection in Vienna

A detailed chapter on the "round model" cutlery can be found in "Josef Hoffmann, Bestecke für die Wiener Werkstätte", Waltraud Neuwirth, Vienna 1982, pp. 73-127

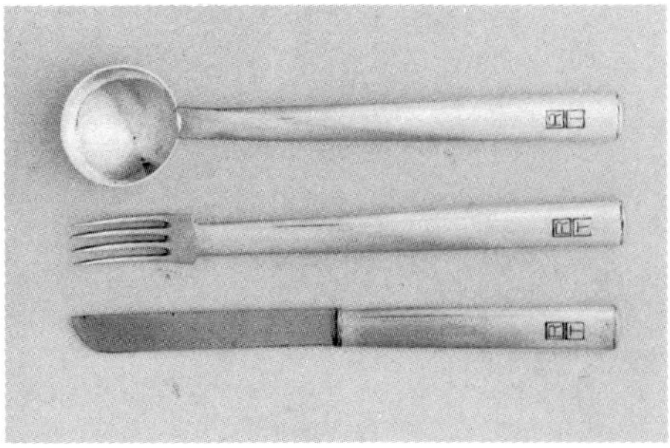

47

48
DIANA
Entwurf: Richard Luksch, vor 1906
Material: Weichporzellan, teilweise vergoldet
Höhe: 31 cm
Unbezeichnet
Ausführung: Hugo F. Kirsch für die WW (1906)
ÖMAK, Inv. Ke 10401

Die „Diana“ war für eine schmale Nische im Ofen des Hauptraums des Jagdhauses Hochreith bestimmt, das von Josef Hoffmann bis Juli 1906 für Karl Wittgenstein umgebaut und eingerichtet wurde (s. Eduard F. Sekler, Josef Hoffmann, Salzburg-Wien 1982, Taf. 83, S. 74; S. 310-311. - Waltraud Neuwirth, Wiener Keramik nach 1900, Hugo F. Kirsch, München-Paris 1984, Kat. Nr. 91-93, S. 126-127).

48
DIANA
Model: Richard Luksch, prior to 1906
Material(s): soft-paste porcelain, partly gilded
Height: 31 cm
Unmarked
Production: Hugo F. Kirsch for the WW, 1906
AMAA, Inv. Ke 10401

The "Diana" was destined for a narrow niche in the stove of the main room in Hochreith hunting lodge, which was converted and furnished by Josef Hoffmann for Karl Wittgenstein by July 1906 (cf. Eduard F. Sekler, Josef Hoffmann, Salzburg-Wien 1982, plate 83, p. 74; pp. 310-311. -- Waltraud Neuwirth, Wiener Keramik nach 1900, Hugo F. Kirsch, München-Paris 1984, cat. nos. 91-93, pp. 126-127).

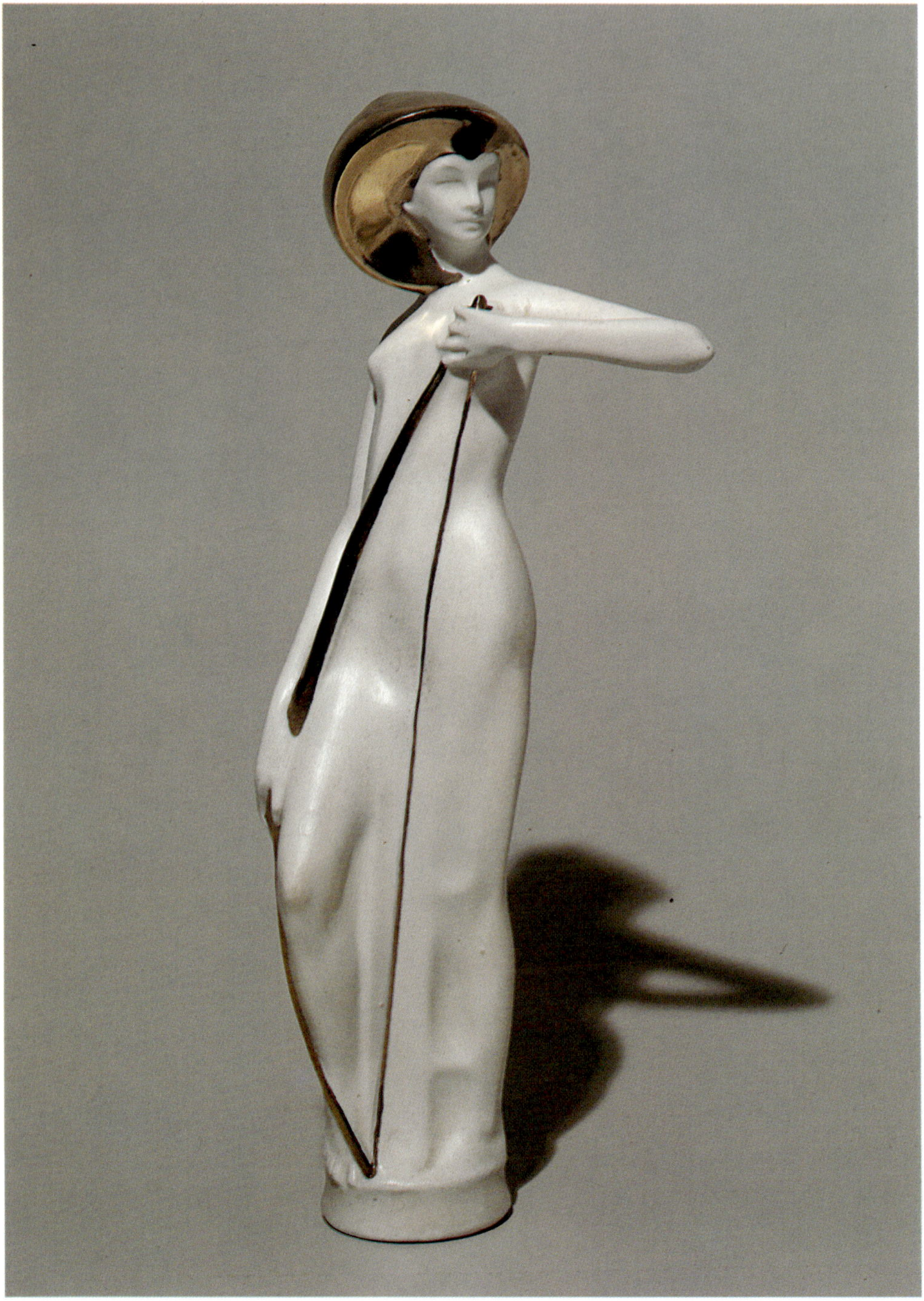

48

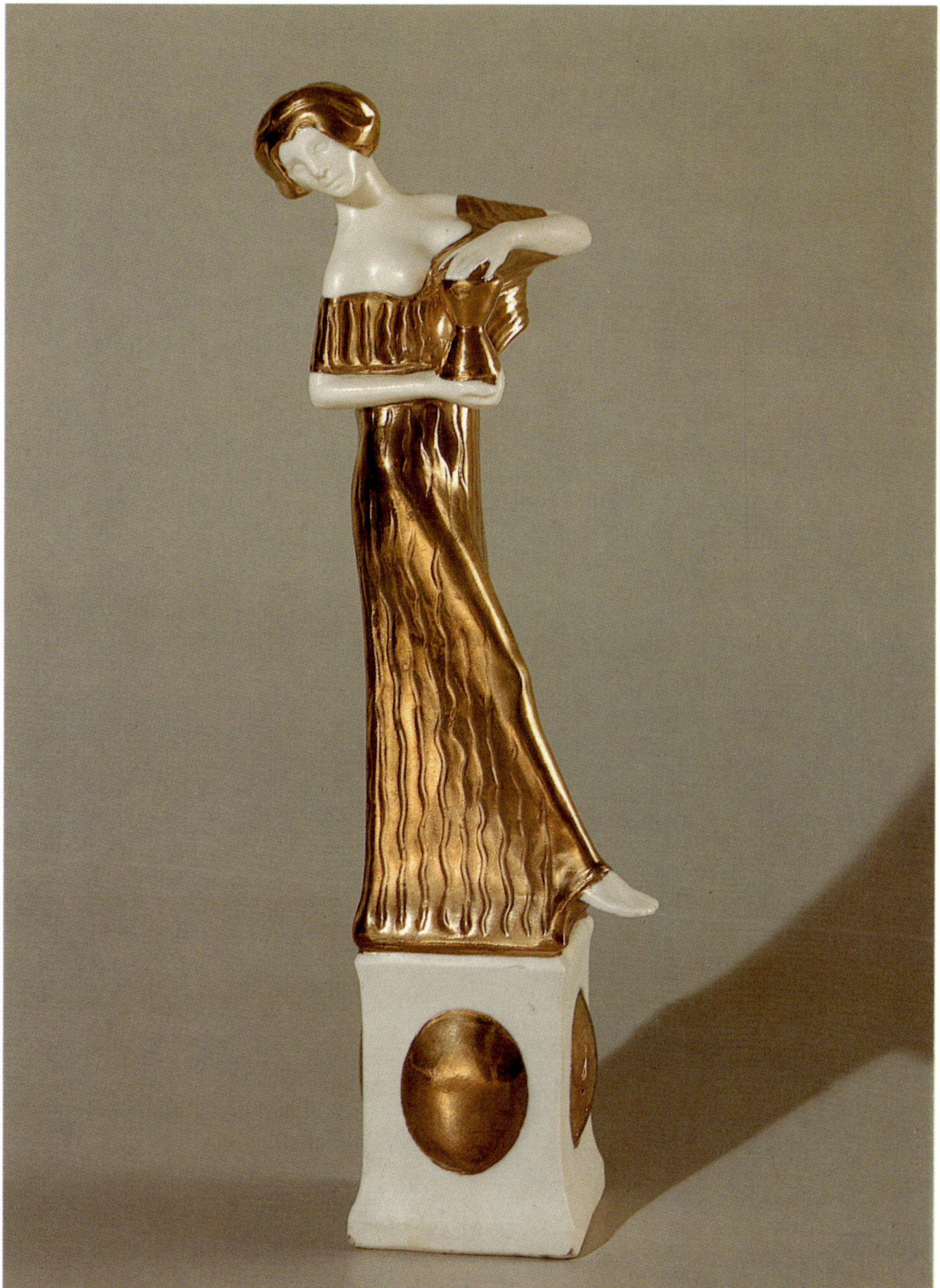

49

49
DIE „GOLDENE ZEIT“
Modell: Richard Luksch, vor 1906
Material: Weichporzellan, teilweise vergoldet
Höhe: 32,9 cm
Kennzeichnung: Stempel WIENER WERK STÄTTE
Ausführung: Hugo F. Kirsch für WW, 1906
Wiener Privatbesitz

Die sogenannte „goldene Zeit“ war Teil einer Tafeldekoration, die anläßlich der WW-Ausstellung „Der gedeckte Tisch“ im Oktober 1906 in der Galerie Miethke, Wien, gezeigt wurde
(s. Waltraud Neuwirth, Wiener Keramik nach 1900, Hugo F. Kirsch, München-Paris 1984, Kat. Nr. 94-95, S. 128-129).

49
"THE GOLDEN AGE"
Design: Richard Luksch, prior to 1906
Material(s): soft-paste porcelain, partly gilded
Height: 32.9 cm
Marks: WIENER WERK STÄTTE stamp
Production: Hugo F. Kirsch for WW, 1906
Private collection in Vienna

The so called "Golden Age" was part of a table decoration that was shown at the WW exhibition "The Dining-Table" in the Galerie Miethke in Vienna in October 1906 (cf. Waltraud Neuwirth, Wiener Keramik nach 1900, Hugo F. Kirsch, München-Paris 1984, cat. nos. 94-95, pp. 128-129).

50
PARAVENT
Entwurf: Josef Hoffmann (Form), Franz Zülow (Blumendekor), um 1905
Werknummer: Bl 285
Material: Paravent mit vierteiligem, koloriertem Holzschnitt
Ausführung: WW 1905
Verkaufspreis: K 500,- (Okt. 1905)
Kaufkraft von K 500,- (10/1905)
= S 21.077,83 (10/1983)
Archivalien: WWMB 42, S. 285

Ein kleinerer Paravent Hoffmanns (Bl 287) mit Holzschnitten nach Zülow-Dekor wurde im Oktober 1905 zu einem Verkaufspreis von 300 Kronen kalkuliert (WWMB 42, S. 287).
Von Zülow gibt es das Stoffmuster "Sonnenblumen“, das einem Detail des Paravent-Ornaments sehr ähnlich ist.

50
FOLDING SCREEN
Design: Josef Hoffmann (form), Franz Zülow (floral decoration), around 1905
Serial number: Bl 285
Material(s): screen with coloured woodcut in four parts
Production: WW 1905
Retail price: K 500 (10/05)
Present equivalent: S 21,077.83 (10/83)
Records: WWMB 42, p. 285

A smaller folding screen by Hoffmann (Bl 287) with woodcuts based on Zülow's decoration was calculated with a sales price of 300 crowns in October 1905 (WWMB 42, p. 287). Zülow also produced a "Sunflower" fabric pattern which is very similar to a detail of the screen ornamentation.

51
AUSSTELLUNG
Ausschnitt aus einer Ausstellung der WW in der Galerie Miethke (Deutsche Kunst und Dekoration 18/1906, S. 445). Der Kasten trägt ähnliche Motive wie der Paravent (Kat.Nr. 50), die Bilder dürften ebenfalls von Zülow stammen
(s. Eduard F. Sekler, Josef Hoffmann, Salzburg-Wien 1982, S. 293).
Der Blumenständer, häufig Josef Hoffmann zugeschrieben, ist eindeutig ein Modell von Kolo Moser, dessen signierter Entwurf dazu erhalten ist (M 182: WWMB 7, S. 426, vgl. K.I. 12561/13)

51
EXHIBITION
View of a WW exhibition in the Galerie Miethke (Deutsche Kunst und Dekoration 18/1906, p. 445). The cupboard is decorated with a motif similar to that of the folding screen (cat. no. 50), and the pictures may also be by Zülow
(cf. Eduard F. Sekler, Josef Hoffmann, Salzburg-Wien 1982, p. 293).
The plant stand, frequently attributed to Josef Hoffmann, is clearly the work of Kolo Moser, whose monogrammed design still survives (M 182: WWMB 7, p. 426, cf. K.I. 12561/13)

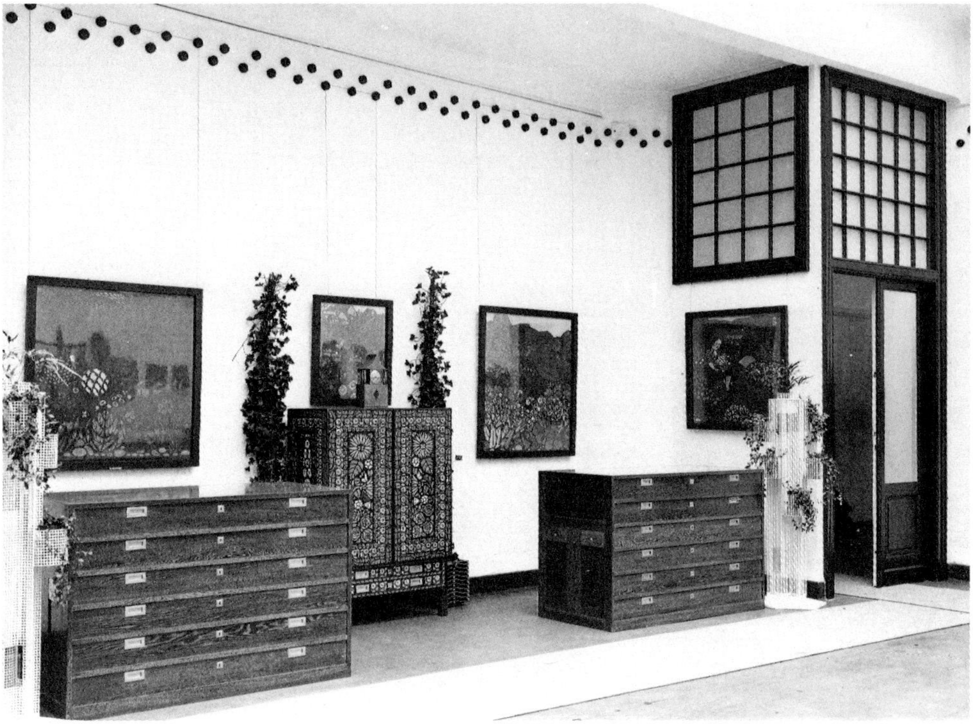

51

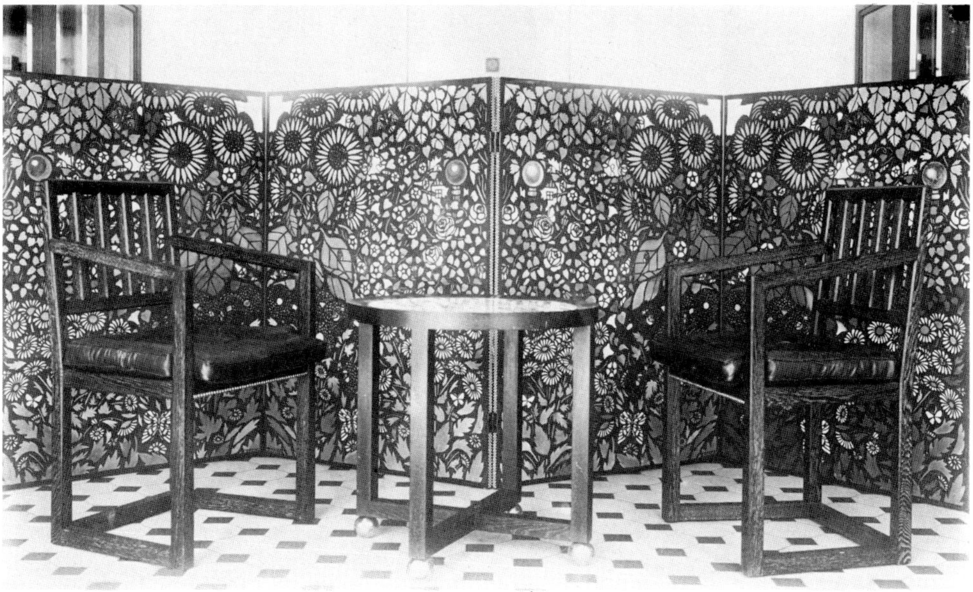

50

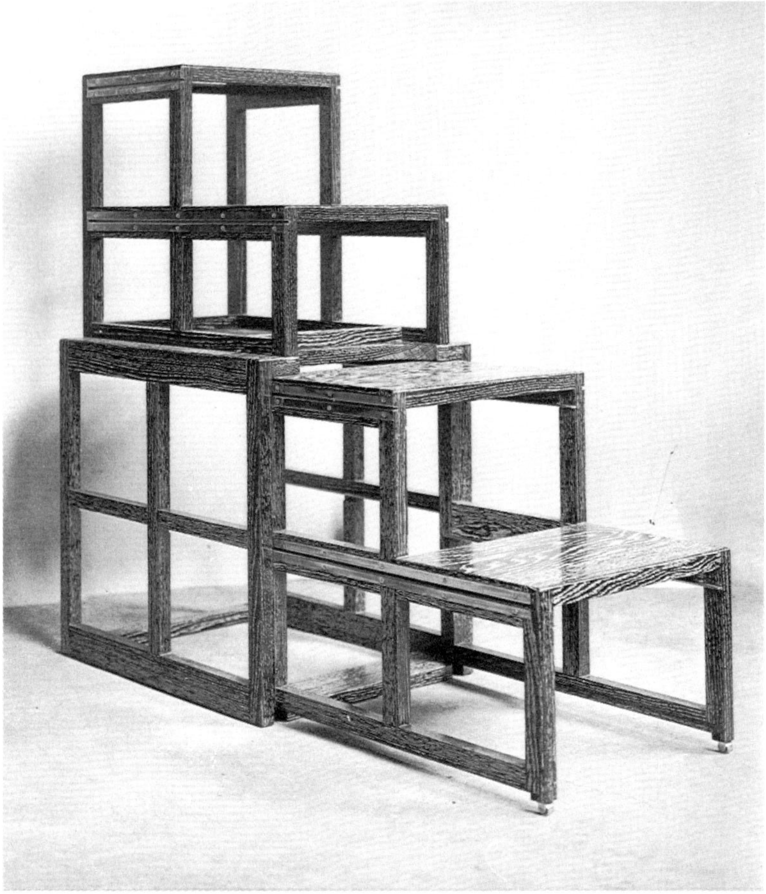

52-53

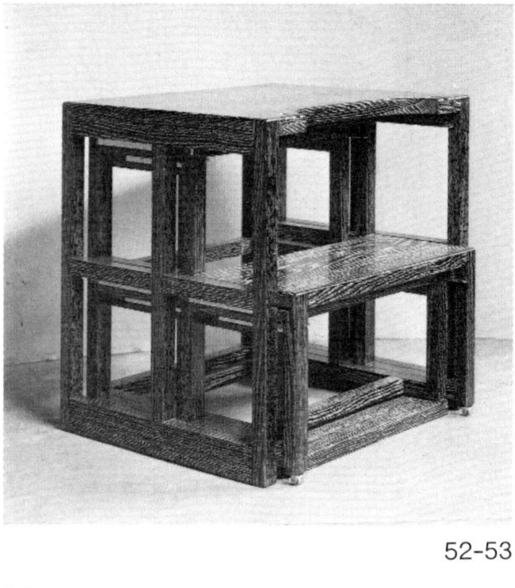

52-53

52-53
MEHRZWECKMÖBEL
(BIBLIOTHEKSLEITER?)
Entwurf: Josef Hoffmann um 1904/05
Material: vermutlich Eiche, geschwärzt, mit eingeriebener weißer Farbe

52-53
MULTI-PURPOSE FURNITURE (LIBRARY STEPS?)
Design: Josef Hoffmann, around 1904/1905
Material(s): probably oak, stained black, with white paint rubbed into the grain

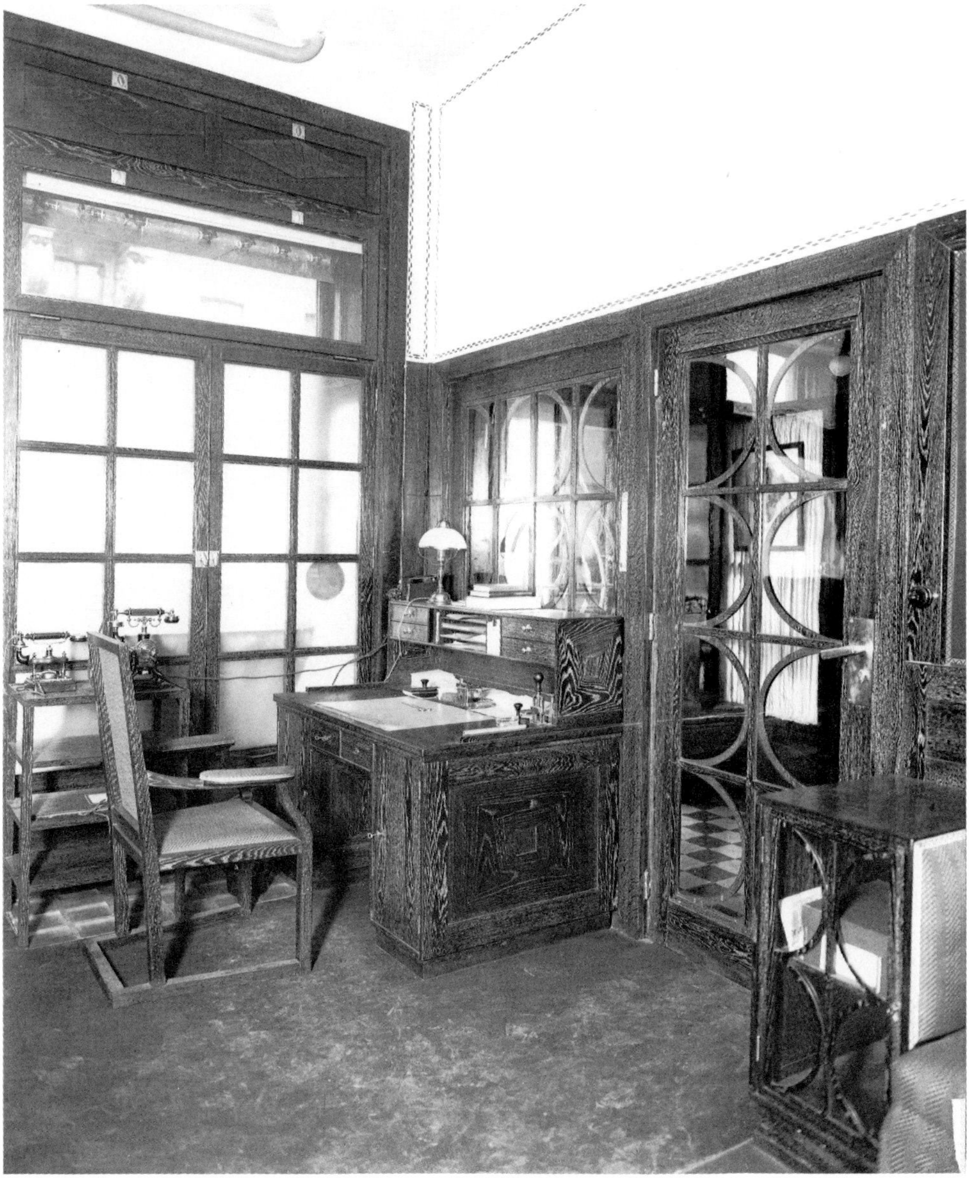

54

54
GESCHÄFTSLOKAL
Verlag der K.K. Hof- und Staatsdruckerei, Wien
Josef Hoffmann, 1907
Die Möbel bestehen aus schwarz gebeizter Eiche mit weiß eingeriebenen Poren
(s. Eduard F. Sekler, Josef Hoffmann, Salzburg-Wien 1982, S. 319)

54
OFFICE
K.K. Hof- und Staatsdruckerei, publishing house, Vienna
Josef Hoffmann, 1907
The furniture is of black stained oak with white paint rubbed into the grain
(cf. Eduard F. Sekler, Josef Hoffmann, Salzburg-Wien 1982, p. 319)

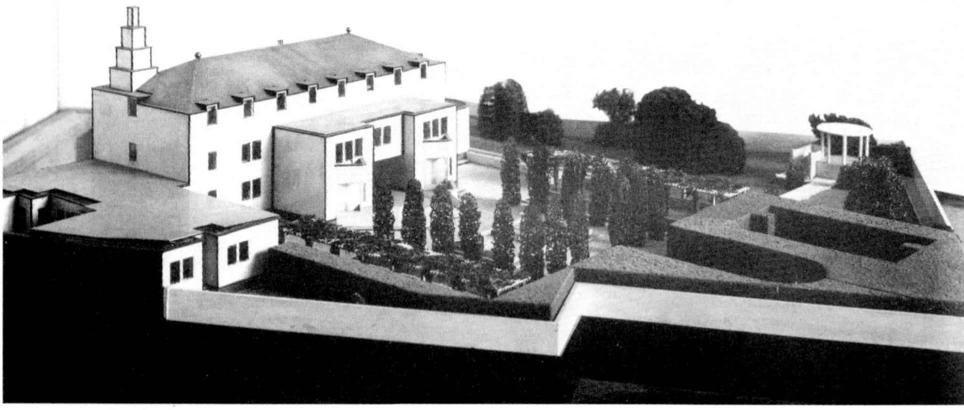

55

55
MODELL FÜR DAS PALAIS STOCLET, BRÜSSEL
Josef Hoffmann, 1905
Das Palais für Adolphe Stoclet, Brüssel, wurde nach Plänen von Josef Hoffmann von 1905 bis 1911 gemeinsam mit der Wiener Mosaikwerkstätte Forstner und der Wiener Keramik ausgeführt und gilt als eines der bedeutendsten Gesamtkunstwerke dieser Zeit.
Das Modell war bereits 1905 fertiggestellt und wurde im selben Jahr in der Galerie Miethke in Wien präsentiert. In der Publikation von Eduard F. Sekler (Josef Hoffmann, Salzburg-Wien 1982, S. 300-310) ist die Baugeschichte dieses für Hoffmann und die Wiener Werkstätte außerordentlich bedeutenden Hauses ausführlich behandelt.

55
MODEL OF THE PALAIS STOCLET, BRUSSELS
Josef Hoffmann, 1905
Adolphe Stoclet's mansion in Brussels was built to plans by Josef Hoffmann from 1905 to 1911. It was realised together with Wiener Mosaikwerkstätte Forstner and Wiener Keramik and is regarded as one of the most important "Gesamtkunstwerke" (integral works of art) of this time.
The model was completed as early as 1905 and exhibited in the Galerie Miethke in Vienna in the same year. The story of the construction of this house, which was of exceptional importance to Hoffmann and the Wiener Werkstätte, is dealt with in detail in Eduard F. Sekler's publication (Josef Hoffmann, Salzburg-Wien 1982, pp. 300-310).

56
ENTWURF FÜR DEN STOCLET-FRIES
Gustav Klimt
Material: Mischtechnik auf Packpapier
Maße: 200 x 120 cm
ÖMAK, Inv. K.I. 37197

Der Entwurf Gustav Klimts für den Fries im Speisesaal des Palais Stoclet in Brüssel befindet sich heute im Österreichischen Museum für angewandte Kunst (insgesamt 9 Teile).
Die Ausführung des aus vielen Materialien mosaikartig komponierten Frieses wurde von der Wiener Werkstätte in Zusammenarbeit mit der Wiener Mosaikwerkstätte Forstner vorgenommen. Die während der Restaurierung entdeckten Ausführungsnotizen auf den umgeschlagenen Teilen des ursprünglich auf Holz montierten Entwurfs wurden, ebenso wie die gesamte Restaurierung, von Ludwig Neustifter in seinem Beitrag „Der Entwurf Gustav Klimts für den Fries im Palais Stoclet in Brüssel" (in: alte und moderne kunst 136-137/1984, S. 27-34) erstmals veröffentlicht.

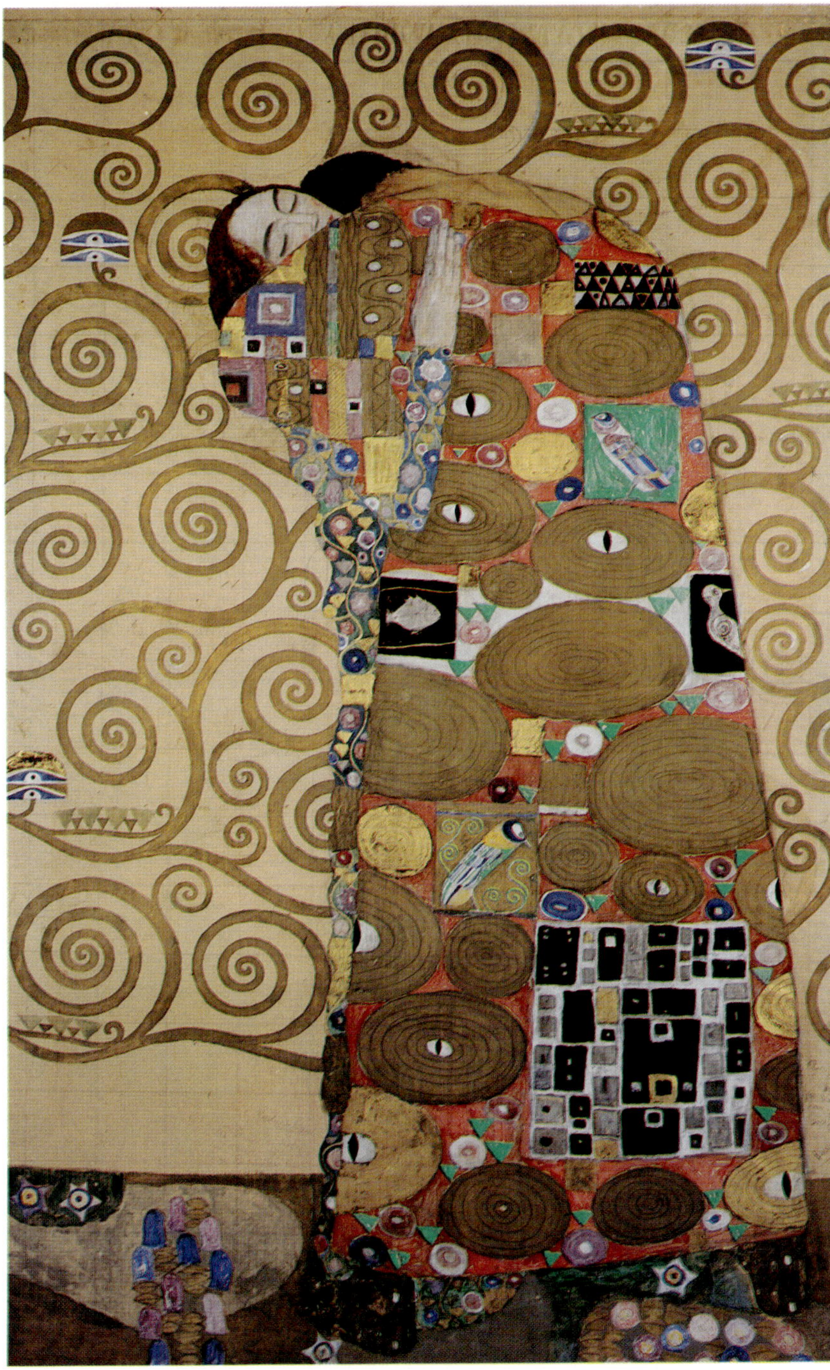

56

56
DESIGN FOR THE STOCLET FRIEZE
Design: Gustav Klimt
Material(s): various techniques on brown paper
Dimensions: 200 x 120 cm
ÖMAK, Inv. K.I. 37197

Gustav Klimt's design for the frieze in the dining-room of Palais Stoclet in Brussels is now in the Austrian Museum of Applied Art (a total of nine parts).The frieze, which was composed of many materials similar to a mosaic, was executed by the Wiener Werkstätte together with the Wiener Mosaikwerkstätte Forstner.
During restauration work notes on the execution of the frieze were found on the parts of the design folded around the wood on which it was originally mounted. These notes and a description of the entire restauration were published for the first time by Ludwig Neustifter in his article "Der Entwurf Gustav Klimts für den Fries im Palais Stoclet in Brüssel" (in: alte und moderne kunst 136-137/1984, pp. 27-34).

57
MODELL FÜR EIN RELIEF DER SKODA-KASSETTE
Entwurf: Carl Otto Czeschka, um 1905
Werknummer: S 672
Material: Blech, getrieben, vergoldet, Holzrahmen
Maße: 13,9 x 13,7 cm
Kennzeichnung: WIENER WERK STÄTTE
Ausführung: WW, vor 8.2.1906
Archivalien: WWMB 8, S. 672
Wiener Privatbesitz

Die von der WW angefertigte Kassette wurde dem Kaiser von den Skoda-Werken zur Erinnerung an seinen Besuch überreicht. Die Kassette war aus Silber, Gold, Elfenbein und Halbedelsteinen angefertigt und den Skodawerken zu einem Preis von K 7.300,- verkauft worden (dies entspricht im Kaufkraftvergleich Februar 1906 - Februar 1984 einem Betrag von S 313.965,14)

57
MODEL FOR A RELIEF ON THE SKODA CASKET
Design: Carl Otto Czeschka, around 1905
Serial number: S 672
Material(s): sheet metal, embossed, gilded, wooden frame
Dimensions: 13.9 x 13.7 cm
Marks: WIENER WERK STÄTTE
Procuction: WW, prior to 08/02/06
Records: WWMB 8, p. 672
Private collection in Vienna

The casket produced by the WW was presented to the Austrian emperor by the Skoda works in commemoration of his visit. The casket was made of silver, gold, ivory and semi-precious stones and purchased by the Skoda works for 7,300 crowns (this was equivalent to S 313,965.14 in February 1984).

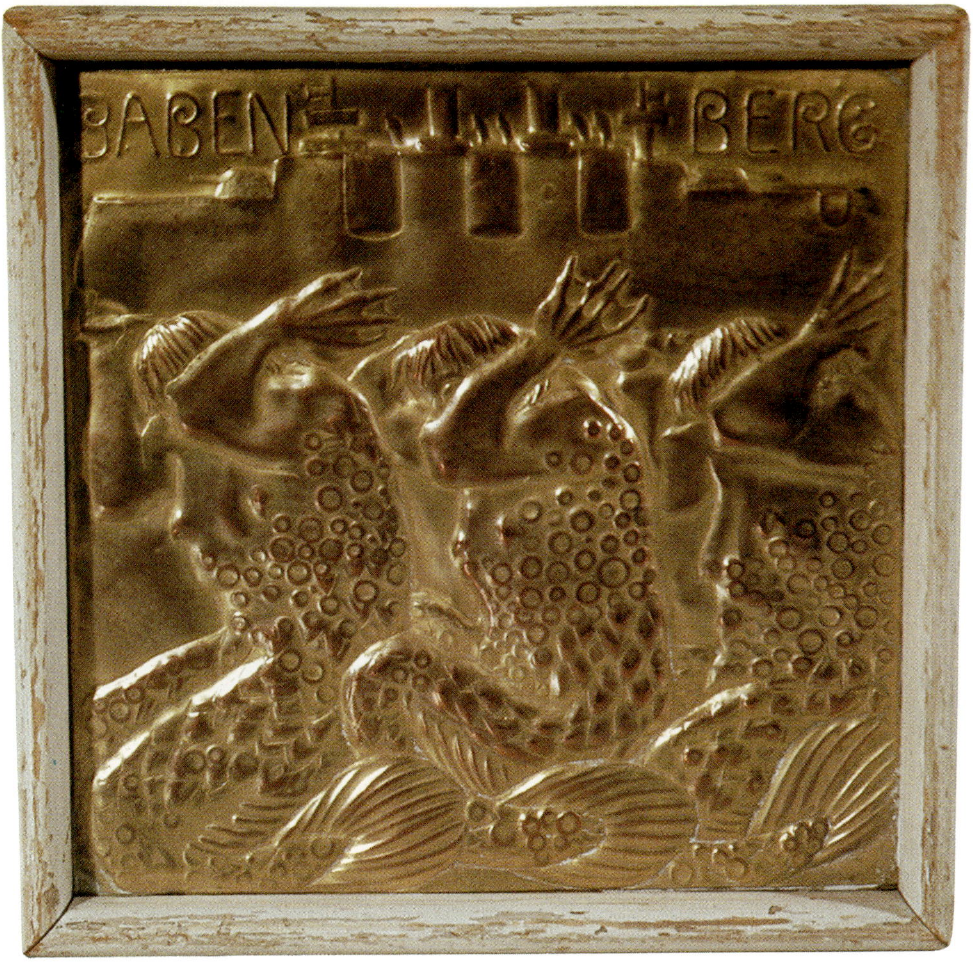

57

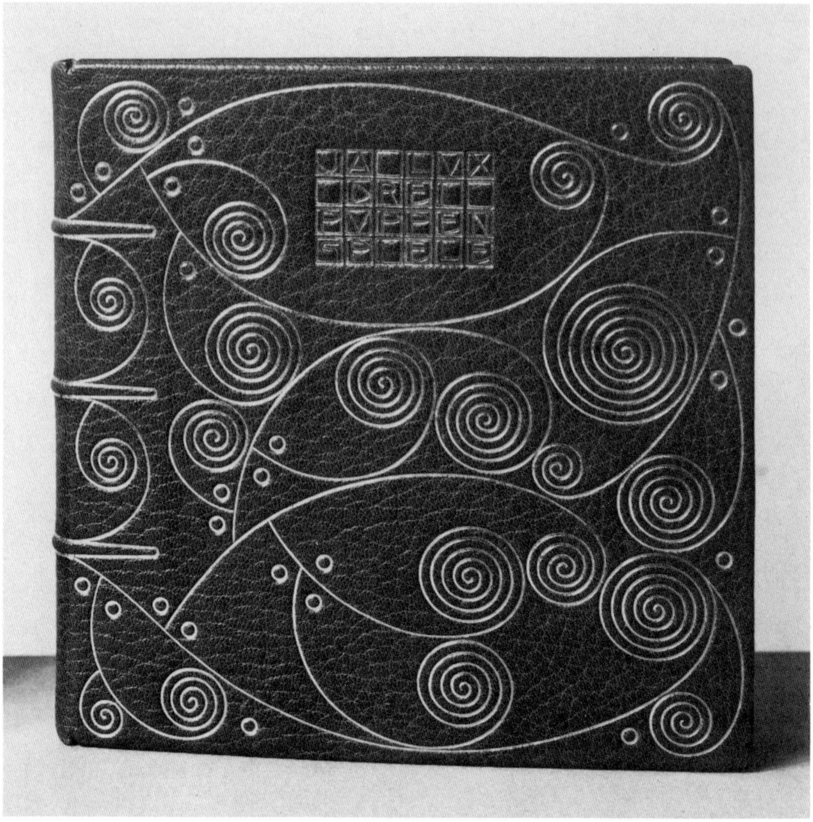

58

58
BUCHEINBAND
J.A. Lux, Drei Puppenspiele
Entwurf: Josef Hoffmann, um 1905-06
Werknummer: BI 409
Material: Lederband mit Handvergoldung, Tunkvorsatz
Ausführung: WW 1906 Verkaufspreis: K 100,- (Mai 1906)
Kaufkraft von K 100,- (5/1906) = S 4.063,51 (5/1983)
Archivalien: WWMB 42, S. 409

58
BOOKBINDING
J.A. Lux, Drei Puppenspiele
Design: Josef Hoffmann, around 1905/1906
Serial number: BI 409
Material(s): leather binding with hand gilding, marbled paper
Production: WW 1906
Retail price: K 100 (05/06)
Present equivalent: S 4.063,51 (05/83)
Records: WWMB 42, p. 409

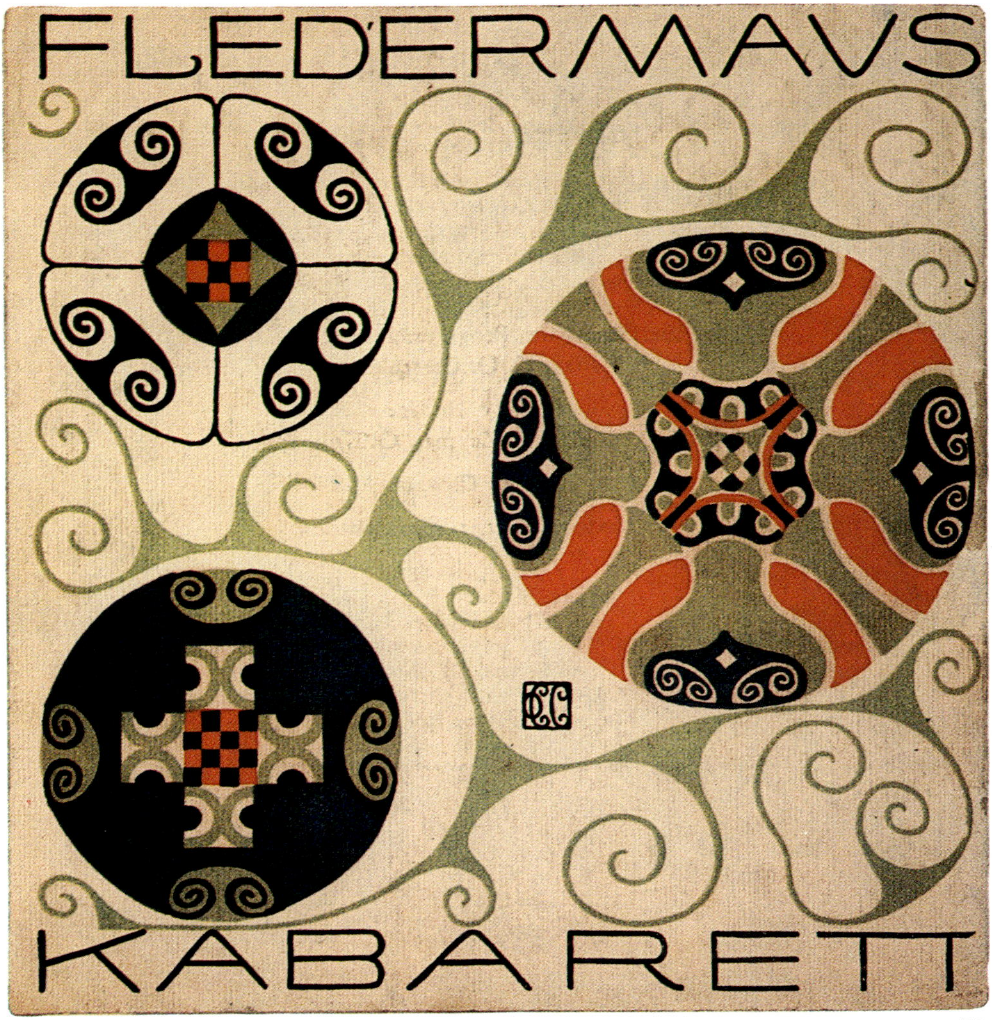

59

59
PROGRAMMHEFT KABARETT FLEDERMAUS
Entwurf: C. O. Czeschka, 1907
Verlag: Wiener Werkstätte
Druck: Chwala, Wien
Maße: 24,5 x 23,5 cm
Kennzeichnung: monogrammiert COC
ÖMAK, Inv. K.I. 13748/8

59
PROGRAMME FOR THE "KABARETT FLEDERMAUS"
Design: C. O. Czeschka, 1907
Publisher: Wiener Werkstätte
Printers: Chwala, Vienna
Dimensions: 24.5 x 23.5 cm
Marks: monogrammed COC
AMAA, Inv. K.I. 13748/8

60
BILDERBOGEN NR. 24
Entwurf: Emil Orlik, um 1907
Ausführung: vermutlich WW, um 1907
Maße: 28 x 18,3 cm
Bez.: „PRF.E.ORLIK WIENER WERKSTÄTTE BILDERBOGEN No 24"
Archivalien: WWMB 43, S. 624
ÖMAK, Inv. K.I. 13745/15

Die Annahme scheint nicht unwahrscheinlich zu sein, daß die WW zumindest einen Teil der Bilderbögen sowie der Postkarten selbst druckte. Bezüglich der Bilderbögen finden sich unter dem Datum 31. XII. 07 (WWMB 40, S. 14-16) folgende Notizen:

„BILDERBÖGEN BL. 624"
„36 KARTON ZU BILDERBÖGEN V. POSTKARTEN"
„9000 BILDERBÖGEN GEZÄHLT V. GEPACKT"

Leider ist unter der Werknummer Bl 624, die oben genannt ist, keine einzige Eintragung zu finden (WWMB 43, S. 624)

60
PICTORIAL BROADSHEET NO. 24
Design: Emil Orlik, around 1907
Production: probably WW, around 1907
Dimensions: 28 x 18.3 cm
Title: "PRF.E.ORLIK WIENER WERKSTÄTTE BILDERBOGEN No 24"
Records: WWMB 43, p. 624
AMAA, Inv. K.I. 13745/15

It does not seem improbable that the WW printed at least some of its pictorial broadsheets and postcards itself. We find the following notes dated 31/12/07 relating to the pictorial broadsheets (WWMB 40, pp.14-16):

"BILDERBÖGEN BL. 624"
"36 KARTON ZU BILDERBÖGEN V. POSTKARTEN"
"9000 BILDERBÖGEN GEZÄHLT V. GEPACKT"

Unfortunately there is not a single entry under serial number Bl 624 mentioned above (WWMB 43, p. 624).

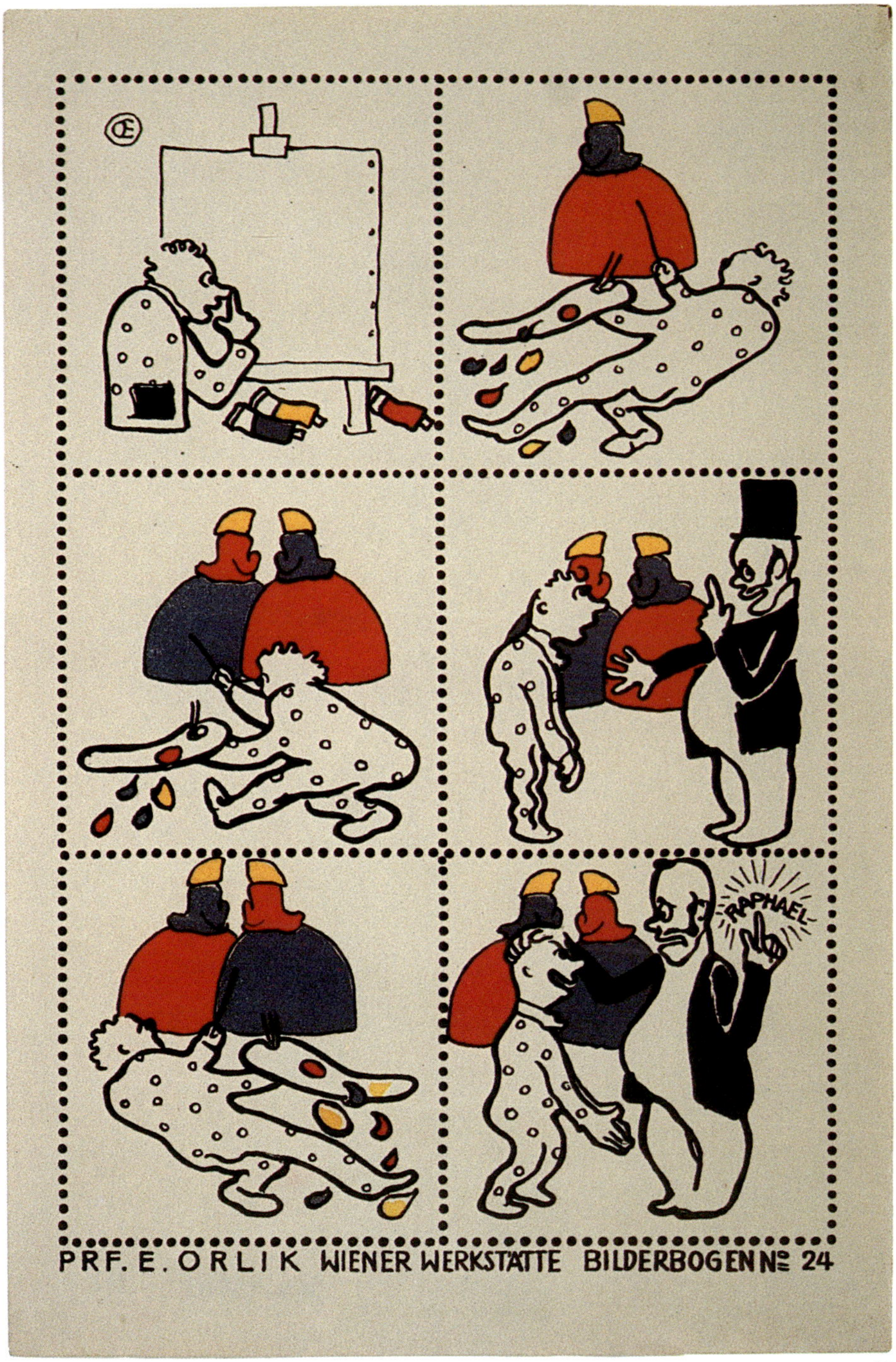

60

61
POSTKARTE
Cabaret Fledermaus, Barraum, 1907
Kennzeichnung: JH-Monogramm auf der Vorderseite, ursprünglich WW-Monogramm auf der stark beschädigten Rückseite
Maße: 14,1 x 9,1 cm
ÖMAK, Inv. WWPK 849/2

Das Monogramm JH, wohl als jenes Josef Hoffmanns zu deuten, ist vermutlich so zu verstehen, daß diese Postkarte eine Innenraumgestaltung Hoffmanns darstellt und muß nicht unbedingt heißen, daß er die Vorlage für die Postkarte selbst zeichnete. Zum Cabaret Fledermaus s. Eduard F. Sekler, Josef Hoffmann, Salzburg-Wien 1982, S. 318-319.

61
POSTCARD
Cabaret Fledermaus, bar, 1907
Marks: JH monogram on the front, WW monogram originally on the badly damaged back
Dimensions: 14.1 x 9.1 cm
AMAA, Inv. WWPK 849/2

The monogram JH, probably that of Hoffmann, may mean that this postcard is an interior design by Hoffmann, and not that he himself produced the drawing for the postcard. For further information about the Cabaret Fledermaus, see Eduard F. Sekler, Josef Hoffmann, Salzburg-Wien 1982, pp. 318-319.

62
ILLUSTRATION
Programme for Cabaret Fledermaus, 1907
Design: Oskar Kokoschka, C. O. Czeschka (border)
Publishers: Wiener Werkstätte
Printers: Chwala, Wien
Dimensions: 24.5 x 23.5 cm
AMAA, Inv. K.I. 13748/8

63
POSTCARD
Design: Oskar Kokoschka, around 1908
Serial number: card no. 72
Dimensions: 14.1 x 9 cm
Marks: monogrammed OK on the front, WW monogram on the back
Production: around 1907
AMAA, Inv. K.I. 8873/5

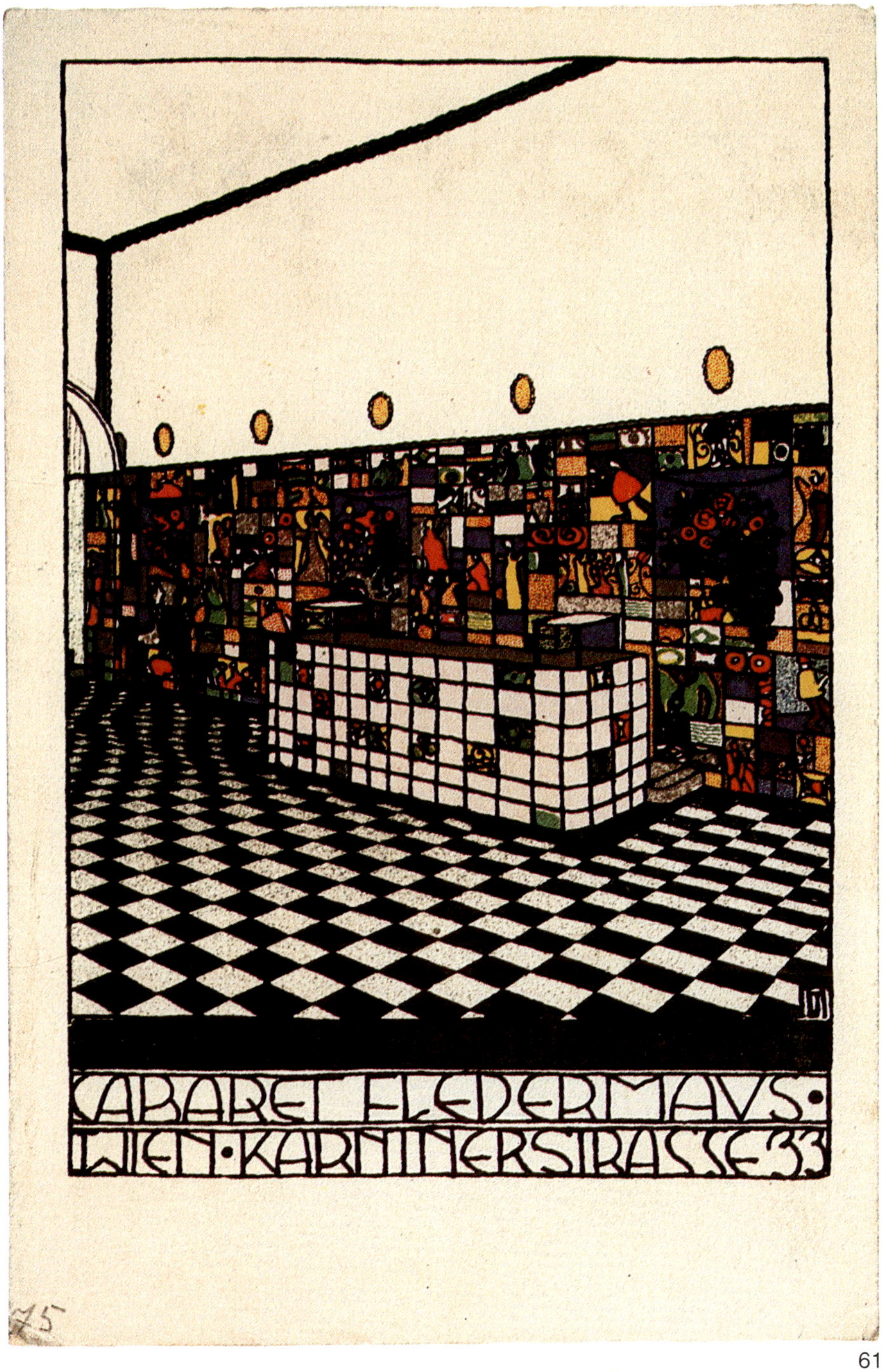

61

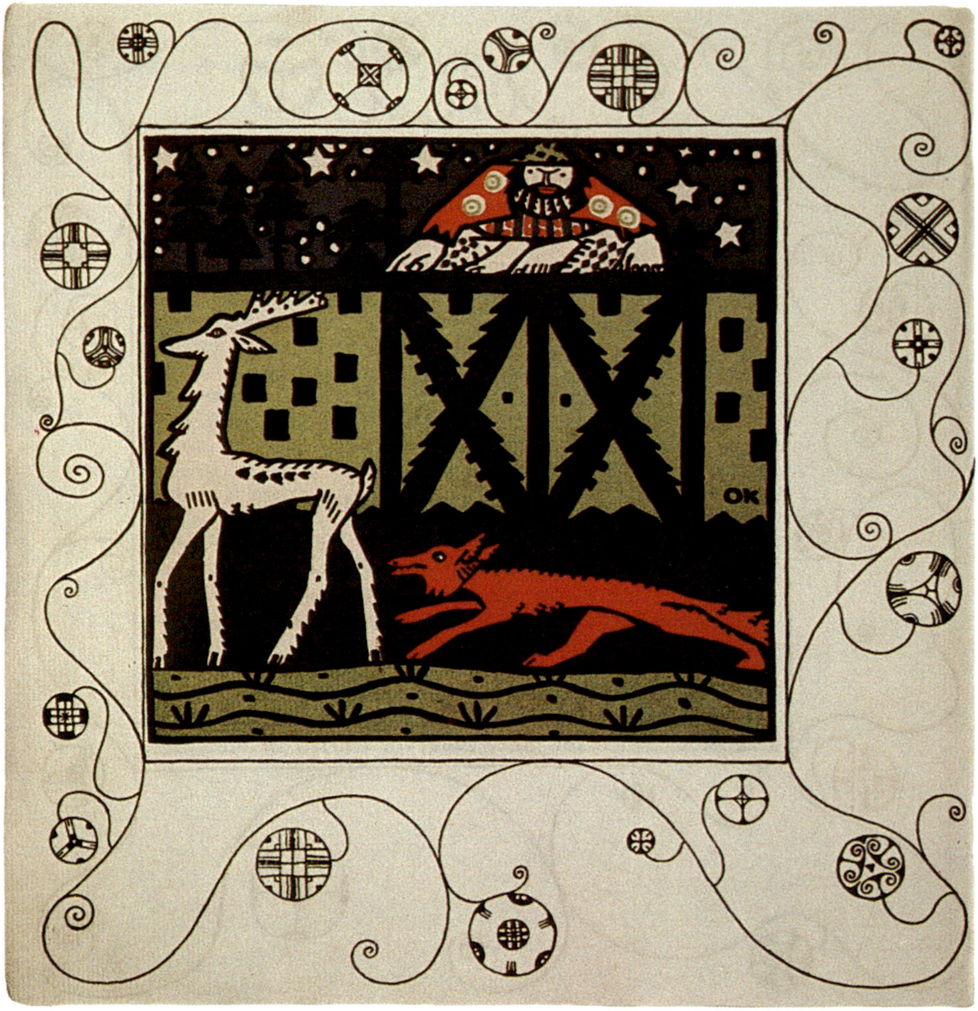

62

62
ILLUSTRATION
Programmheft Cabaret Fledermaus, 1907
Entwurf: Oskar Kokoschka, C. O. Czeschka (Umrahmung)
Verlag: Wiener Werkstätte
Druck: Chwala, Wien
Maße: 24,5 x 23,5 cm
ÖMAK, Inv. K.I. 13748/8

63
POSTKARTE
Entwurf: Oskar Kokoschka, um 1908
Karte Nr. 72
Maße: 14.1 x 9 cm
Kennzeichnung: monogrammiert OK auf der Vorderseite, WW-Monogramm auf der Rückseite
Ausführung: um 1907
ÖMAK, Inv. K.I. 8873/5

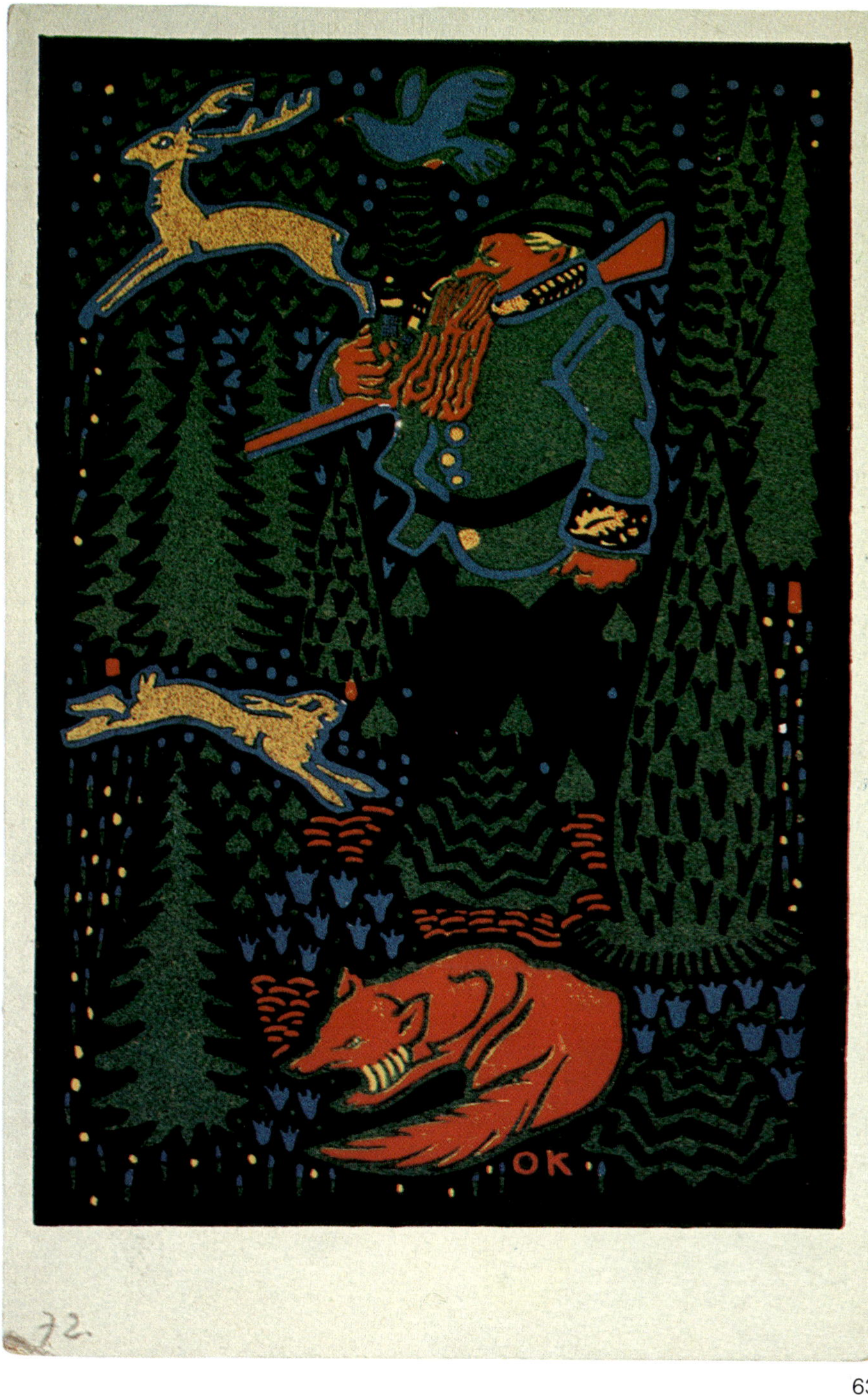

63

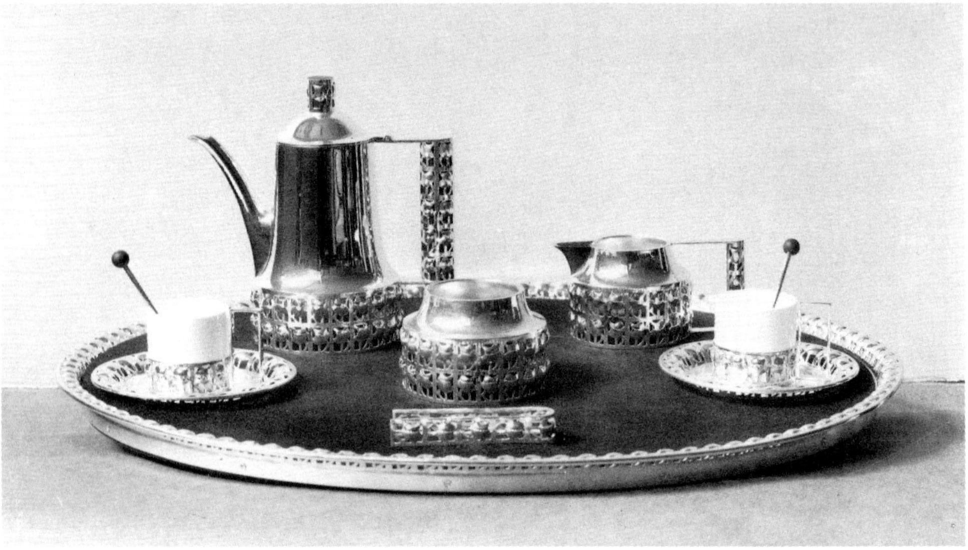

64

64
SERVICE
Entwurf: Josef Hoffmann, 1907-08
Werknummern der abgebildeten Objekte:
S 1073 = Oberskanne (1908-1912)
S 1074 = Kaffeekanne (1908-1912)
S 1075 = Mokkaschale (1908-1915)
S 1077 = Mokkalöffel (1908-1915)
S 1076 = Zuckervase (1908-1916)
S 1103 = Untertasse (1908-1917)
S 1107 = Zuckerzange (1908-1916)
S 1110 = Tasse (1908-1911)
Material: Silber, Efeu gebuckelt
Ausführung: WW 1908-15
Verkaufspreis der Kaffeekanne: K 120,- (März 1908)
Kaufkraft von K 120,- (3/1908) = S 4.950,38 (3/1984)
Archivalien: WWMB 10, S. 1073-77, 1103, 1107, 1110; K.I. 12052/35 (S 1073-1077, 1107)

64
SERVICE
Design: Josef Hoffmann, 1907-1908
Serial numbers of the items illustrated:
S 1073 = cream jug (1908-1912)
S 1074 = coffee-pot (1908-1912)
S 1075 = coffee cup (1908-1915)
S 1077 = coffee spoon (1908-1915)
S 1076 = sugar bowl (1908-1916)
S 1103 = saucer (1908-1917)
S 1107 = sugar tongs (1908-1916)
S 1110 = salver (1908-1911)
Material(s): silver, ivy pattern
Production: WW 1908-1915
Retail price: K 120 (coffee-pot, 03/08)
Present equivalent: S 4,950.38 (03/84)
Records: WWMB 10, pp. 1073-77, 1103, 1107, 1110; K.I. 12052/35 (S 1073-1077, 1107)

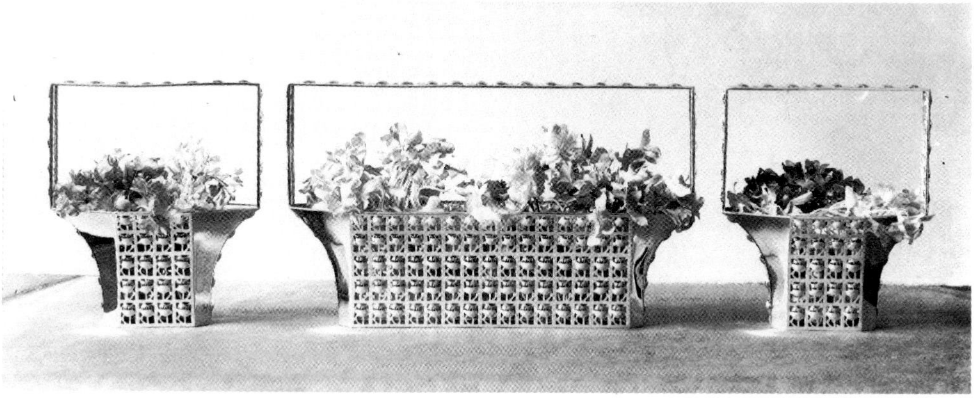

65

65
JARDINIERE, BLUMENKÖRBCHEN
Entwurf: Josef Hoffmann, um 1908
Werknummern:
S 1225 = Blumenkörbchen
S 1248 = Jardiniere (Mitte)
Material: Silber perforiert und poliert, Efeu gebuckelt
Ausführung: WW 1909 (Jardiniere), 1909 - 1913 (Blumenkörbchen)
Verkaufspreis:
K 90,- (Blumenkörbchen, Jänner 1909)
K 170,- (Jardiniere, Jänner 1909)
Kaufkraft von K 170,- (1/1909)
= S 6.880,19 (1/1984)
Archivalien: WWMB 10, S. 1225, S. 1248

Bestimmte Ornamente wurden für Metallservice der WW besonders gerne verwendet: das „Quadratmuster", das „Kleeblattmuster" sowie das Muster „Efeu gebuckelt". Die Reihung dieser Aufzählung dürfte auch der Chronologie des Entstehens dieser Muster entsprechen: das Quadratmuster war offenbar bereits seit den ersten Jahren der WW üblich, das Kleeblattmuster ist ab 1906 nachweisbar (WWMB 9, S. 805, Tasse von Kolo Moser, 3.12.1906), das Efeumuster ab Anfang 1907 (WWMB 9, S. 898, Tasse von Josef Hoffmann, 16.2.1907). Das Ornament „Efeu gebuckelt" gehörte zu den beliebtesten Motiven der Oberflächengestaltung. Das abgebildete Service gehörte offenbar zu einer Gruppe von nahezu unerschöpflichem Formenreichtum. Einige Modelle seien anschließend aufgezählt:
S 1078 Blumenvase
S 1079 Blumenvase

65
JARDINIERE, FLOWER BASKETS
Design: Josef Hoffmann, around 1908
Serial numbers:
S 1225 = flower basket
S 1248 = jardinière (centre)
Material(s): perforated and polished silver, ivy-ornament
Production: WW 1909 (jardinière S 1248), 1909 - 1913 (flower baskets S 1225)
Retail price: K 90 (flower basket, 01/09), K 170 (jardinière, 01/09)
Present equivalent: S 6,880.19 (K 170, 01/84)
Records: WWMB 10, pp. 1225, 1248

Certain ornaments were particularly popular in metal services by the WW: the "square pattern", the "clover-leaf" pattern 2 and the "ivy pattern". These patterns are listed in their probable chronological order. The "square pattern" was apparently in use since the early years of the WW, the "clover-leaf" design appears from 1906 on (WWMB 9, p. 805, salver by Kolo Moser, 03.12.06), and the "ivy pattern" from the beginning of 1907 (WWMB 9, p. 898, salver by Josef Hoffmann, 16.02.07). The "ivy pattern" was one of the most popular motifs used for surface decoration. The service illustrated here was apparently part of a group with an almost inexhaustible range of forms. Some of these items are listed below:
S 1078 vase
S 1079 vase
S 1080 mustard pot
S 1083 salt and pepper stand

S 1080 Senftiegel
S 1083 Salz-Pfeffer-Stand
S 1087 Parfumflakon
S 1090 Tintenzeug
S 1092 Tintenzeug
S 1096 Tintenzeug
S 1098 Tintenzeug
S 1102 Zigarren- und Zigarettenbehälter
S 1104 Likörservice
S 1106 Rauchgarnitur
S 1111 Tasse zu S 1048 (Eierbecher)
S 1112 Likörgarnitur
S 1116 Sardinendose
S 1119 Federnschale
S 1120 Papiermesser
S 1121 Federnleger

Damit ist diese Gruppe aber keineswegs vollständig aufgezählt, wobei jeweils zwischen den angeführten Werknummern vergleichbare Formen mit anderen Dekoren zwischengeschaltet waren (S 1089 = Kleeblattmuster, S 1091 = Weintraubenblattmuster)

S 1087 perfume flask
S 1090 writing set
S 1092 writing set
S 1096 writing set
S 1098 writing set
S 1102 cigar and cigarette holder
S 1104 liqueur service
S 1106 smoker's set
S 1111 tray for S 1048 (egg cups)
S 1112 liqueur service
S 1116 sardine can
S 1119 pen tray
S 1120 paper-knife
S 1121 pen rest

This is by no means a complete list of the items in this group. Similar forms with other patterns (S 1089 = "clover leaf" pattern, S 1091 = "vine leaf" pattern) appear between the serial numbers listed here.

66
WEINBECHER
Entwurf: Carl Otto Czeschka, um 1908/1909
Werknummer: S 1544
Material: Silber, vergoldet, getrieben, Lapislazuli (Ergänzung)
Höhe: 24,7 cm
Kennzeichnung: WW-Monogramm, Rosenmarke, Feingehaltspunze (Dianakopf), Monogramme COC (= Carl Otto Czeschka) und AM (= Alfred Mayer)
Ausführung: WW 1909
Verkaufspreis: K 600,- (Juli 1909)
Kaufkraft von K 600,- (7/1909) = S 23.285,75 (7/1983)
Archivalien: WWMB 11, S. 1544
ÖMAK, Inv. W.I. 783

66
GOBLET
Design: Carl Otto Czeschka, around 1909
Serial number: S 1544
Material(s): silver, gilded, chased, lapis lazuli
Height: 24.7 cm
Marks: rose mark, WW monogram, hallmark (Diana's head), monograms COC (= Carl Otto Czeschka) and AM (= Alfred Mayer)
Production: WW 1909
Retail price: K 600 (07/09)
Present equivalent: S 23,285.75 (07/83)
Records: WWMB 11, p. 1544
AMAA, Inv. W.I. 783

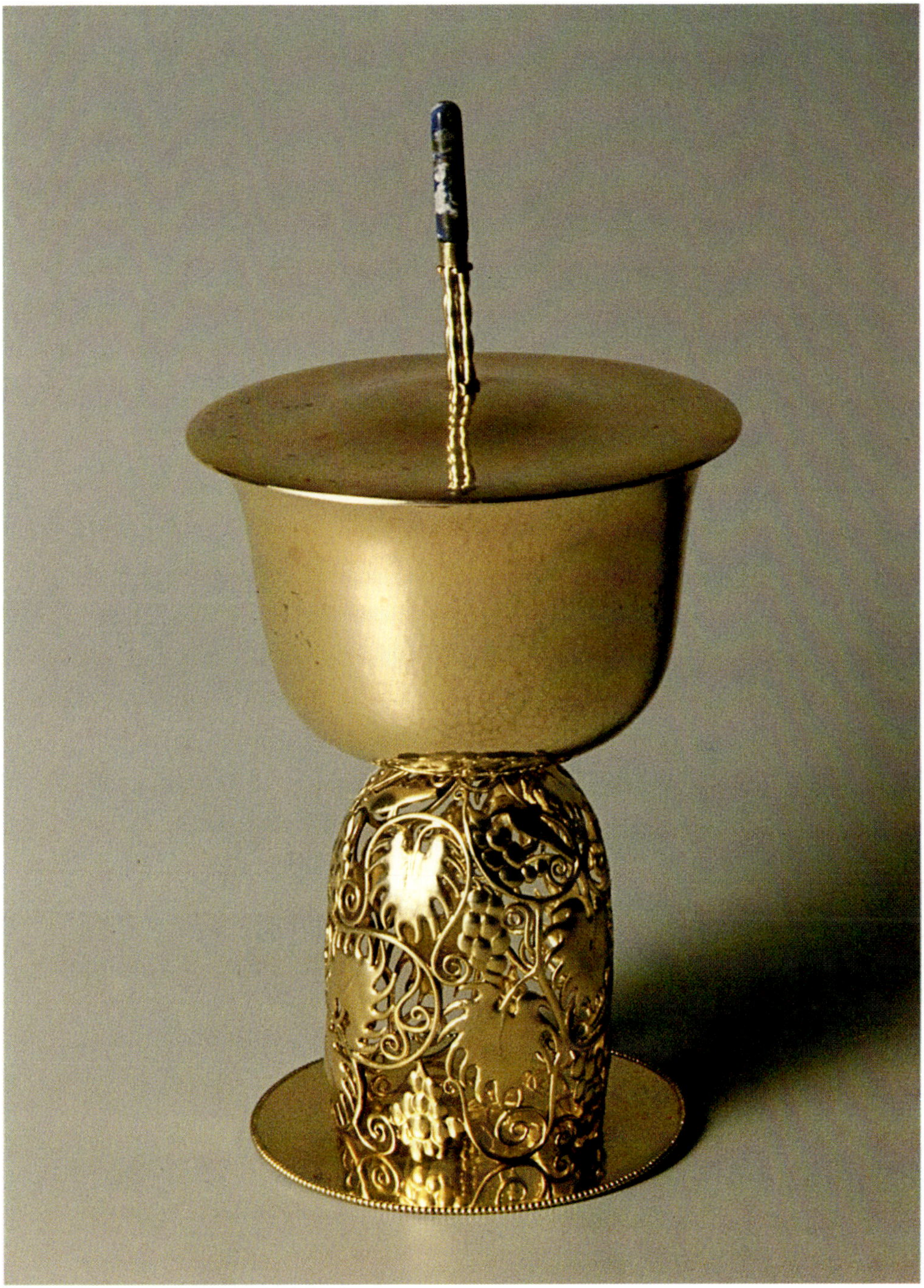

66

67
VERSCHIEDENE METALLOBJEKTE
Entwurf: Josef Hoffmann, um 1908
Material: Alpaka, versilbert, poliert
Werknummern:
M 868 = Aufsatz mit Henkel
1908-1914 (13 Stück)
M 870 = Aufsatz
1908-1916 (13 Stück)
M 926 = Essig-Öl-Stand
1908-1916 (15 Stück)
M 927 = Salzfaß, 1908 (7 Stück)
M 956 = Suppentopf
1908, 1913 (8 Stück)
M 958 = Zuckertasse
1908-1910 (4 Stück)
M 962 = Zuckerzange, groß
1908-1912 (6 Stück)
M 963 = Teekanne
1908-1916 (7 Stück)
M 966 = Kaffeekanne (4 Port.)
1908-1910 (4 Stück)
M 968 = Oberskanne (4 Port.)
1908 (2 Stück)
Verkaufspreise, kalkuliert Aug. 1908
M 868 (K 35,-), M 870 (K 40,-)
M 926 (K 25,-), M 927 (K 3,50)
M 956 (K 75,-), M 958 (K 4,-)
M 962 (K 2,-), M 963 (K 65,-)
M 966 (K 40,-), M 968 (K 24,-)
Kaufkraft von K 75,- (8/1908)
= S 2.959,65 (8/1983)
Archivalien: WWMB 31, S. 868, 870, 926, 927, 956, 958, 962, 963, 966, 968; K.I. 12052/12 (M 963); K.I. 12052/11 (M 960); K.I. 12001/5 (M 870); K.I. 12024/4 (M 956); K.I. 12016/5 (M 964-968)

Diesen Objekten aus unedlem Metall sind Silbergegenstände mit den Werknummern S 921, S 973 vergleichbar (K.I. 12003/9). Je nach Fassungsvermögen wurden verschiedene Kannengrößen auf dem Blatt (K.I. 12016/5) notiert: Oberskanne 2 Pers. (M 967), 4 Pers. (M 968), Kaffeekanne 1 Port. (M 964), 2 Port. (M 965), 4 Port. (M 966)
Essig-Öl-Stand mit ähnlichen Gläsern: WWMB 3, S. 172, S 78 (mit Kugeln!), Abnehmer: Stoclet, Waerndorfer, Hellmann, Hirschwald

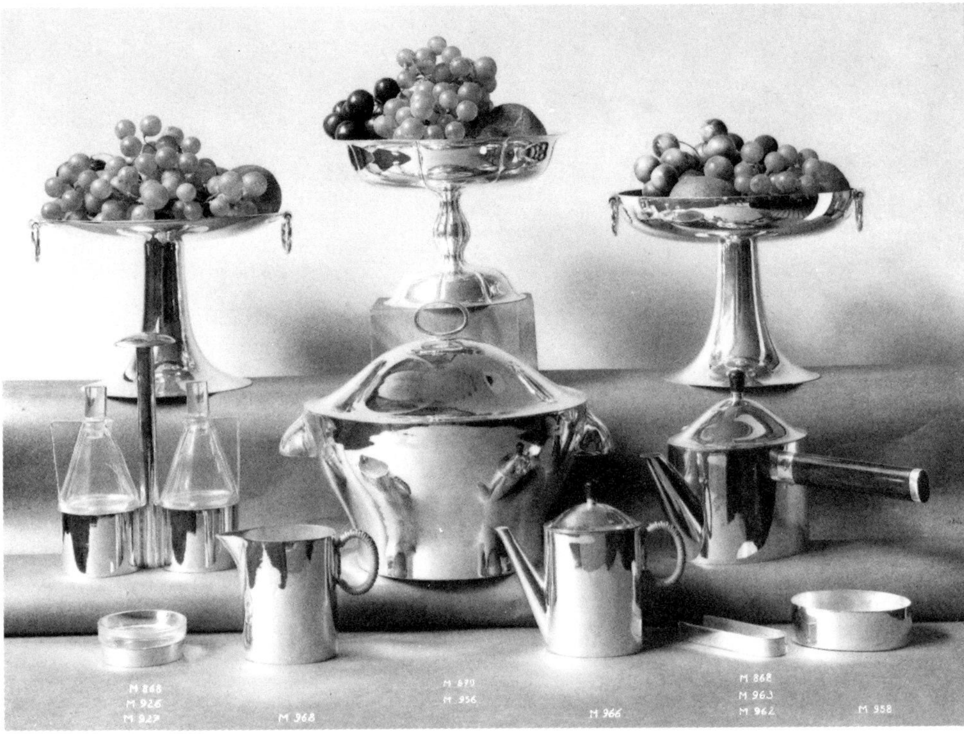

67

67
VARIOUS METAL OBJECTS
Design: Josef Hoffmann, around 1908
Material(s): Alpaka (nickel-silver alloy), silver-plated, polished
Serial numbers:
M 868 = centre-piece with handles 1908-1914 (13 copies)
M 870 = centre-piece 1908-1916 (13 copies)
M 926 = oil and vinegar cruet-stand 1908-1916 (15 copies)
M 927 = salt-cellar 1908 (7 copies)
M 956 = soup tureen 1908, 1913 (8 copies)
M 958 = sugar bowl 1908-1910 (4 copies)
M 962 = sugar tongs, large 1908-1912 (6 copies)
M 963 = teapot 1908-1916 (7 copies)
M 966 = coffee-pot (4 portions) 1908-1910 (4 copies)
M 968 = cream jug (4 portions) 1908 (2 copies)

Retail prices, calculated in August 1908
M 868: K 35; M 870: K 40; M 926: K 25; M 927: K 3.50; M 956: K 75; M 958: K 4; M 962: K 2; M 963: K 65; M 966: K 40; M 968: K 24
Present equivalent of K 75: S 2,959.65 (08/83)
Records: WWMB 31, pp. 868, 870, 926, 927, 956, 958, 962, 963, 966, 968; K.I. 12052/12 (M 963); K.I. 12052/11 (M 960); K.I. 12001/5 (M 870); K.I. 12024/4 (M 956); K.I. 12016/5 (M 964-968)

The silver objects with the serial numbers S 921 and 973 (K.I. 12003/9) are similar to these items of base metals. Various sizes of pots were noted on the sheet (K.I. 12016/5) depending on the capacity of each: cream jug, 2 pers. (M 967), 4 pers. (M 968), coffee-pot, 1 port. (M 964), 2 port. (M 965), 4 port. (M 966). Oil and vinegar cruet-stand with similar bottles: WWMB 3, p. 172, S 78 (with balls). Buyers: Stoclet, Waerndorfer, Hellmann, Hirschwald

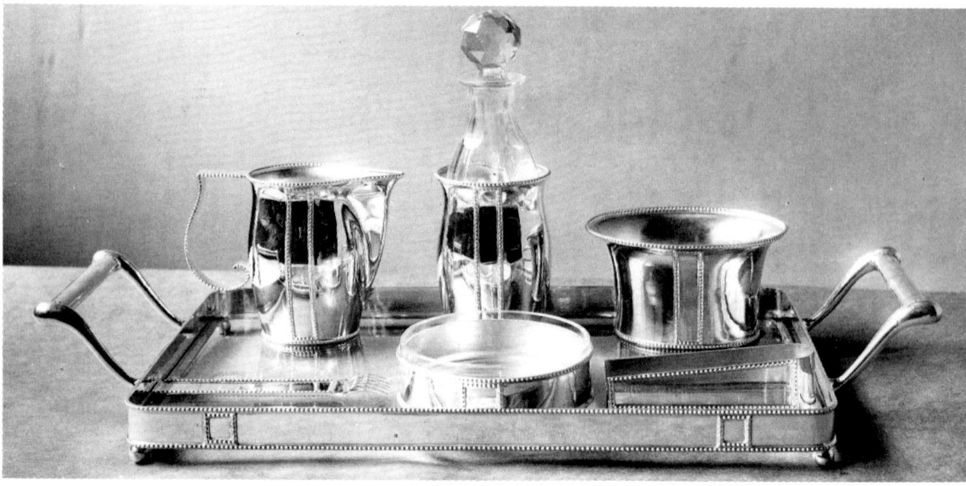

68

68
SERVICE
Entwurf: Josef Hoffmann, um 1908
Werknummern:
S 1239 = Zuckerzange
S 1240 = Zuckervase
S 1241 = Tasse
S 1242 = Rumflasche
S 1243 = Oberskanne
S 1244 = Zitronengabel
Material: Silber, poliert, Tasse mit Glasboden, Oberskanne: mit Elfenbein
Ausführung: WW 1909-1913 (Oberskanne), 1909-12 (alle anderen)
Verkaufspreis:
Rumflasche K 65,- (Aug. 1909),
Tasse K 180,- (Jänner 1909)
Kaufkraft von K 180,- (1/1909)
= S 7.284,91 (1/1984)
Archivalien: WWMB 10, S. 1239-1244

69
KERZENLEUCHTER
Entwurf: Josef Hoffmann, um 1907
Werknummer: S 910
Material: Silber, pol., Steine (Malachite), „Perlfransen"
Ausführung: WW 1907 - 1908
Verkaufspreis: K 2500,- (Juni 1907 sowie April 1908)
Kaufkraft von K 2500,- (6/1907)
= S 98.145,04 (6/1983)
Archivalien: WWMB 9, S. 910

Für dieses aufwendige Modell wurden zwei Kalkulationen (ganz offensichtlich mit abweichendem Oberflächendekor) erstellt (13.6.1907 und 11.4.1908)

68
SERVICE
Design: Josef Hoffmann, around 1908
Serial numbers:
S 1239 = sugar tongs
S 1240 = sugar bowl
S 1241 = salver
S 1242 = rum flask
S 1243 = cream jug
S 1244 = lemon fork
Material(s): silver, polished, salver with glass bottom, cream jug with ivory
Production: WW 1909-1913 (cream jug), 1909-12 (all others)
Retail prices:
rum flask: K 65 (08/09),
salver: K 180 (01/09)
Present equivalent: S 7,284.91 (K 180, 01/84)
Records: WWMB 10, pp. 1239-1244

69
CANDELABRA
Design: Josef Hoffmann, around 1907
Serial number: S 910
Material(s): silver, polished, stones (malachite), "pearl" fringe
Production: WW 1907 - 1908
Retail price: K 2,500 (06/07, 04/08)
Present equivalent: S 98,145.04 (06/83)
Records: WWMB 9, p. 910

Two calculations were made for this elaborate model, apparently with different ornamentation (13.06.07 and 11.04.08)

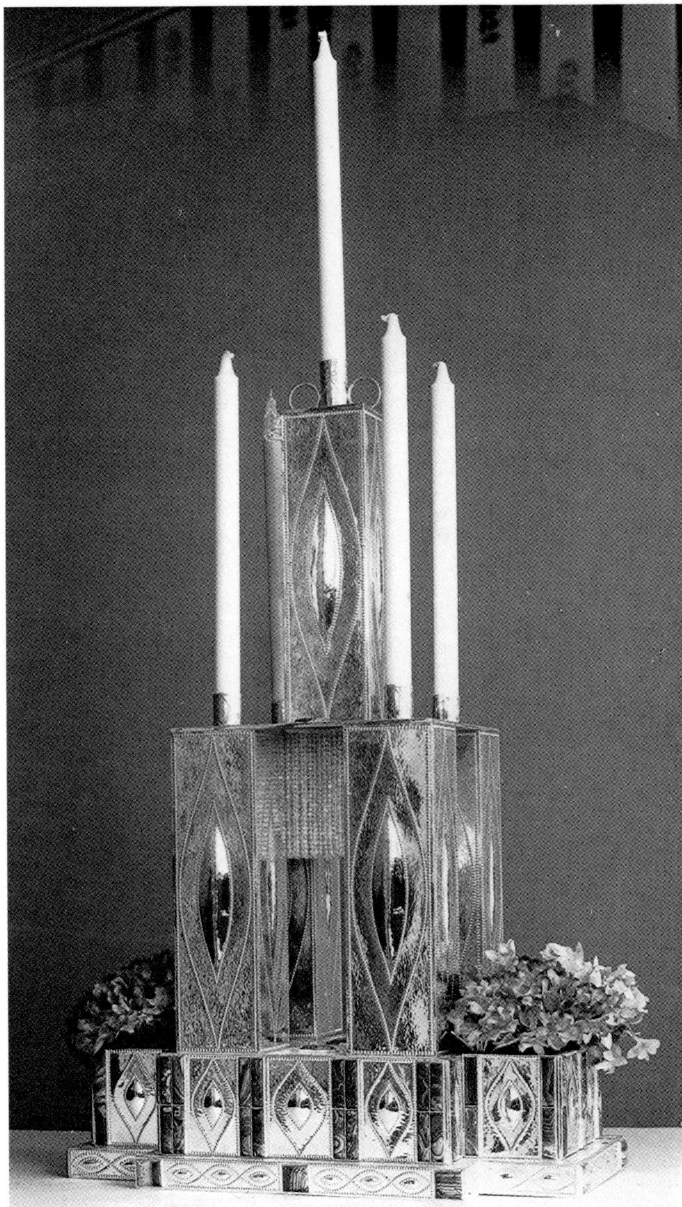

69

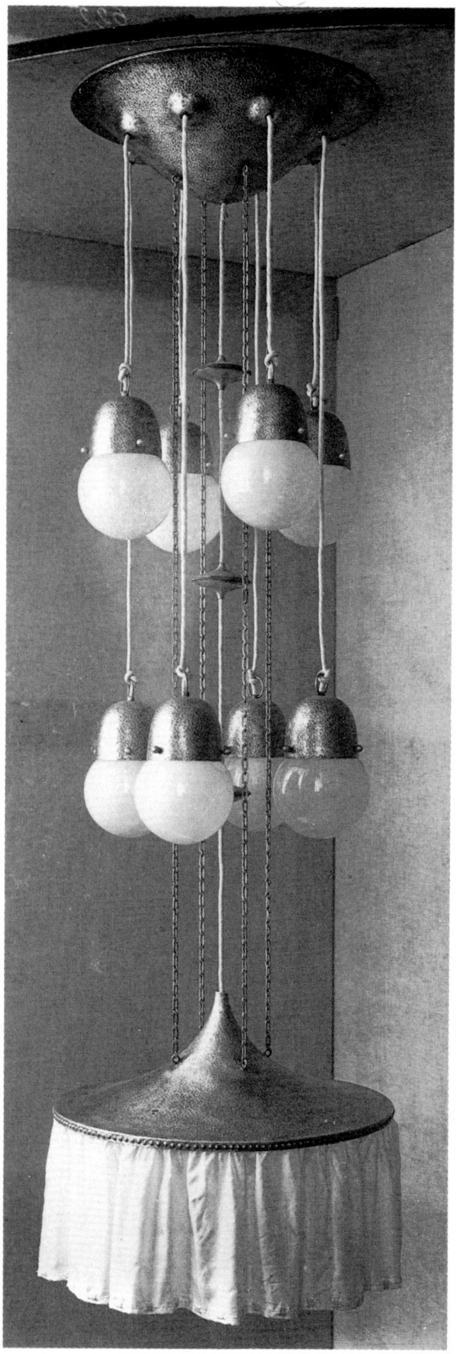

70

70
LUSTER
Entwurf: Josef Hoffmann, 1905/06
Werknummer: M 622
Material: Messing gehämmert, Altsilber, Seidenschirm, Opalkugeln
Ausführung: WW 1906-1913 (mindestens 4 Stück)
Verkaufspreis: K 320,- (1906-1913)
Kaufkraft von K 320,- (12/1906)
= S 13.368,65 (12/1983)
Archivalien: WWMB 30, S. 622

70
CHANDELIER
Design: Josef Hoffmann, 1905/06
Serial number: M 622
Material(s): brass, hammered, oxidised silver, silk lampshade, opal balls
Production: WW 1906-1913 (at least 4 copies)
Retail price: K 320 (1906-1913)
Present equivalent: S 13,368.65 (12/83)
Records: WWMB 30, p. 622

71
INTERIEUR
Josef Hoffmann, um 1909/10
In der Deutschen Kunst und Dekoration (25/1909-10, S. 399) als Haus Breuer abgebildet. Die Tapete (Entwurf: Carl Otto Czeschka) findet sich bereits in einem früheren Jahrgang derselben Zeitschrift (19/1906-07, S. 469). Der Polster scheint zur selben Serie wie jene des Interieurs (Kat. Nr. 45) zu gehören.
Die Beleuchtung dürfte mit der WW-Pende Werknummer M 864 (WWMB 31, S. 864, 1907-14, vermutlich auch später erzeugt) identisch sein.

71
INTERIOR
Josef Hoffmann, around 1909/1910
Illustrated in "Deutsche Kunst und Dekoration" (25/1909-10, p. 399) as "Haus Breuer". The wallpaper (design: Carl Otto Czeschka) appeared in an earlier number of this magazine (19/1906-07, p. 469). The cushion seems to belong to the same series as that of the interior shown on p. 77 (cat. no. 45).
The light appears to be identical with the WW lamp serial number M 864 (WWMB 31, p. 864, 1907-14, probably also produced later).

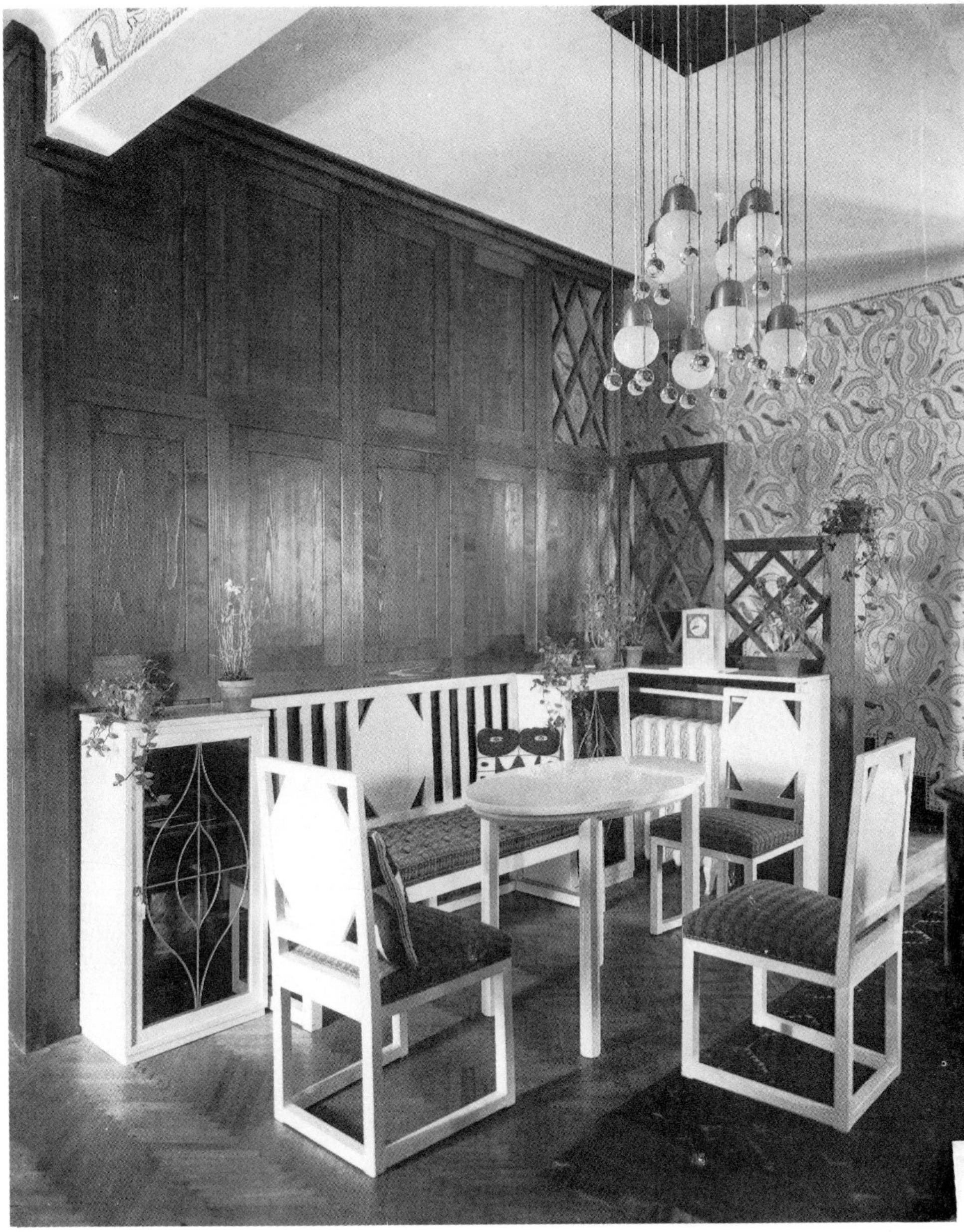

71

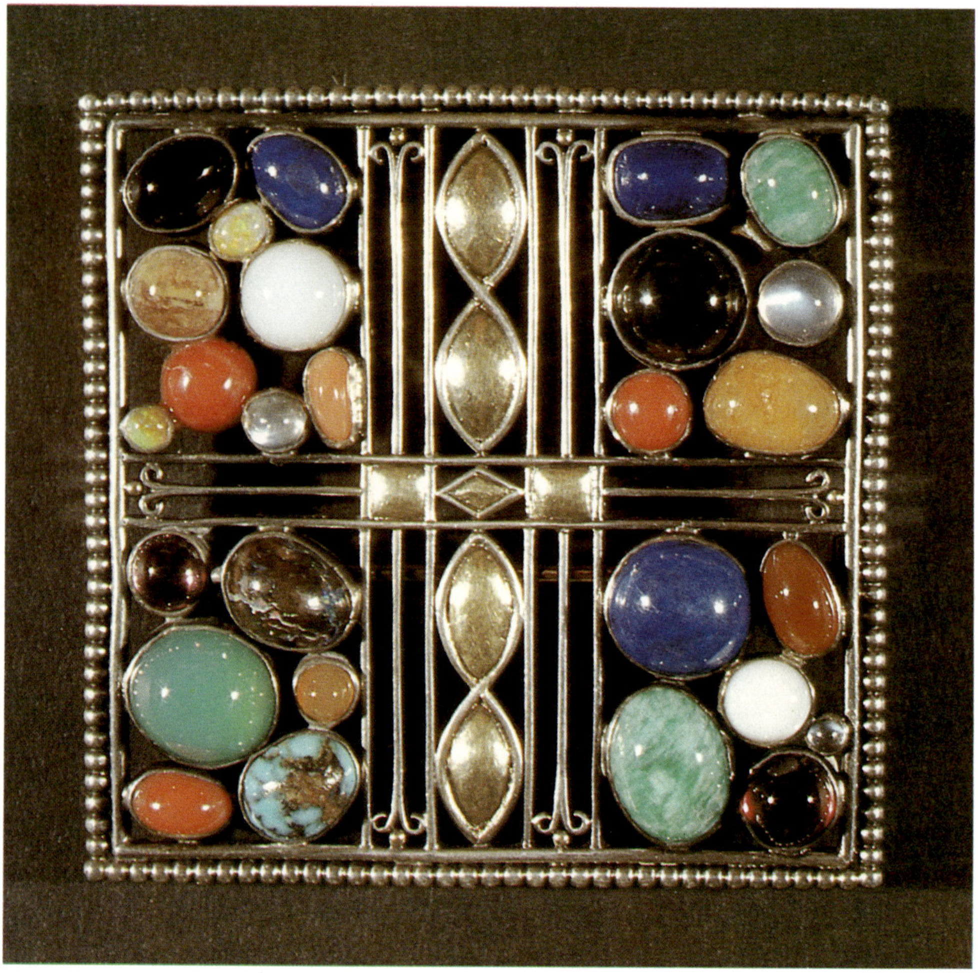

72

72
BROSCHE
Entwurf: Josef Hoffmann, 1908
Werknummer: G 1031
Material: Silber, teilweise vergoldet, Korallen, Lapislazuli, Opale, Almandine, Achate, Türkis, Chrysopras, Mondstein, Karneol
Maße: 5,5 x 5,5
Kennzeichnung: WW-Monogramm, Feingehaltspunzen (Dianakopf im Sechseck, A)
Ausführung: Kalkulation 19.6.1914, Entwurf datiert 1908
Verkaufspreis: K 280,- (Juni 1914)
Kaufkraft von K 280,- (6/1914) = S 9.926,- (6/1983)
Archivalien: WWMB 66, S. 1031; K.I. 12144/37
Wiener Privatbesitz

72
BROOCH
Design: Josef Hoffmann, 1908
Serial number: G 1031
Material(s): silver, partly gilded, coral, lapis lazuli, opals, almandine, agate, turquoise, chrysoprase, moonstone, cornelian
Dimensions: 5.5 x 5.5 cm
Marks: WW monogram, hallmarks (Diana's head in hexagon, A)
Production: calculation 19.06.14, design dated 1908
Retail price: K 280 (06/14)
Present equivalent: S 9,926 (06/83)
Records: WWMB 66, p. 1031; K.I. 12144/37
Private collection in Vienna

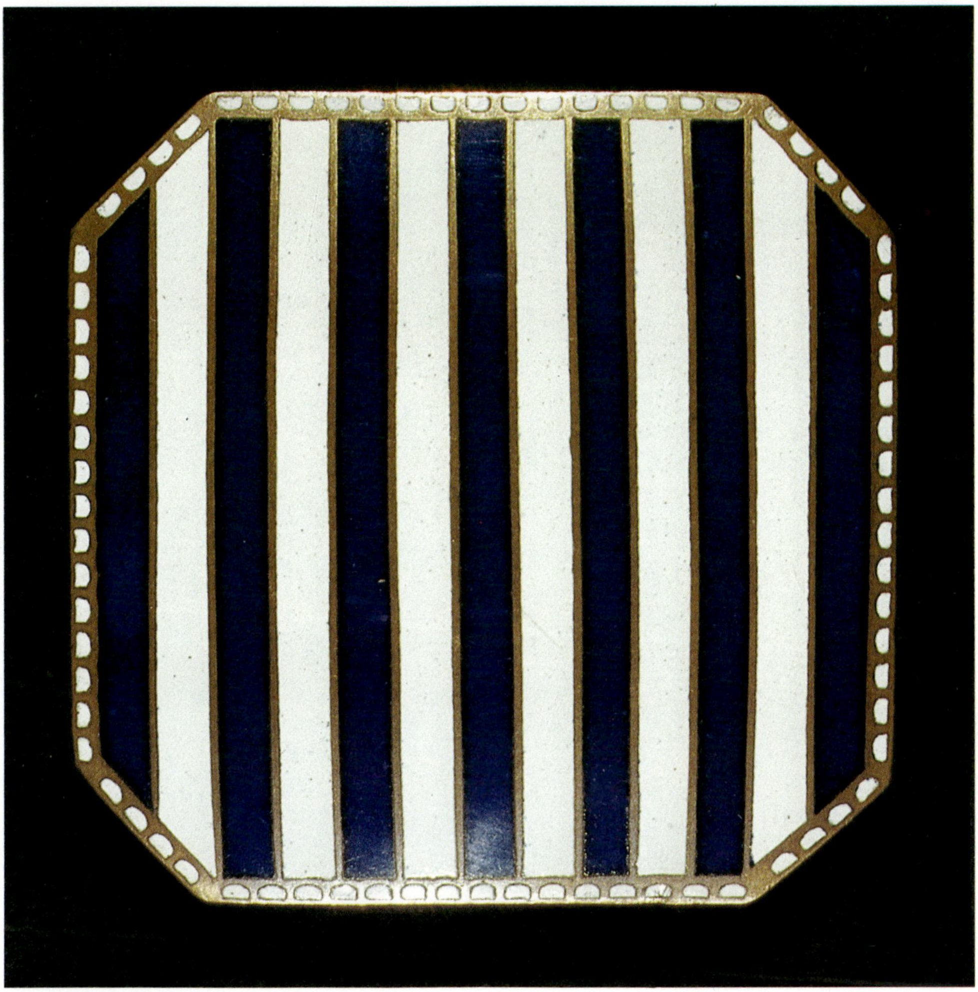

73

73
BROSCHE
Entwurf: Josef Hoffmann, um 1910
Werknummer: M 172
Material: Kupfer, Email
Maße: 4,2 x 4,2 cm
Kennzeichnung: WW-Monogramm
Ausführung: Joh. Souval für die WW, 1910-1915 (über 300 Stück)
Verkaufspreis: K 8
Kaufkraft von K 8 (12/1910) = S 304,09 (12/1983)
Archivalien: WWMB 29, S. 172; K.I. 12146/2
Ingrid Hofstätter, Wien

73
BROOCH
Design: Josef Hoffmann, around 1910
Serial number: M 172
Material(s): copper, enamel
Dimensions: 4.2 x 4.2 cm
Marks: WW monogram
Production: Joh. Souval for the WW, 1910-1915 (more than 300 copies)
Retail price: K 8 (12/10)
Present equivalent: S 304.09 (12/83)
Records: WWMB 29, p. 172; K.I. 12146/2
Ingrid Hofstätter, Vienna

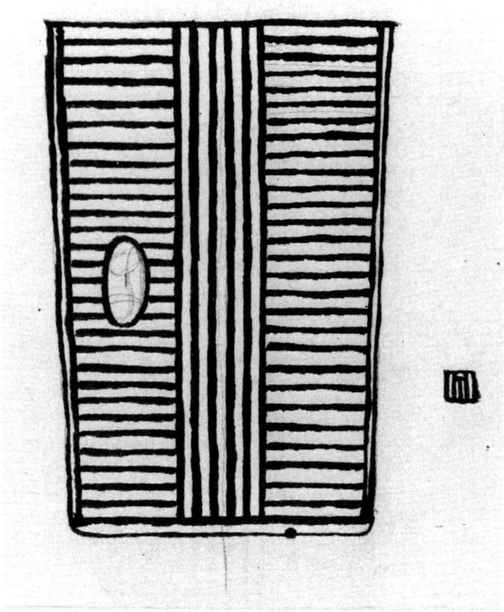

74

74
ENTWURF FÜR EINEN BECHER
Josef Hoffmann, um 1910
Material des Bechers: Glas, schwarz bemalt
Höhe (Entwurf): 10,3 cm
Kennzeichnung des Entwurfs: JH-Monogramm
Archivalien: WWMB 61, S. 479 (Becher), S. 470 (Wasserglas)
J. & L. Lobmeyr, Wien

74
DESIGN FOR A BEAKER
Josef Hoffmann, around 1910
Material(s) of the cup: glass, painted black
Height (design): 10.3 cm
Marks of design: JH monogram
Archivalien: WWMB 61, p. 479 (beaker), p. 470 (drinking glass)
J. & L. Lobmeyr, Vienna

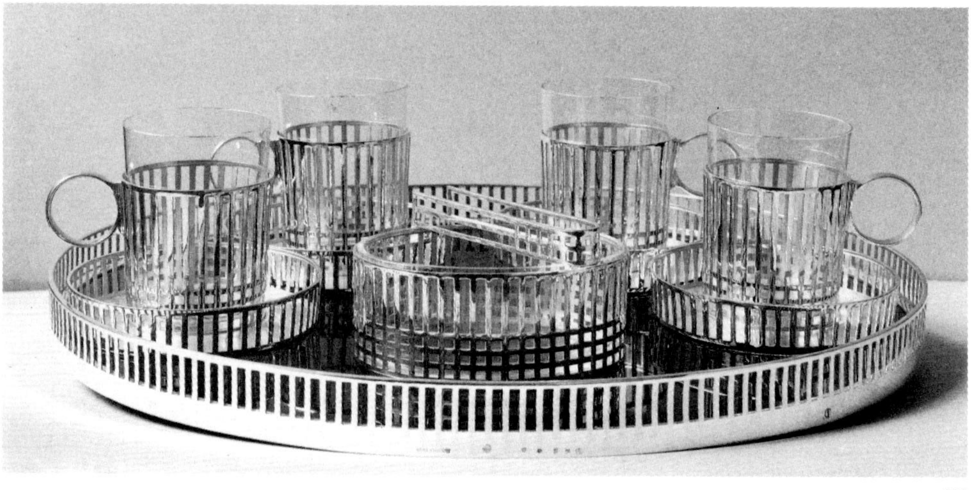

76

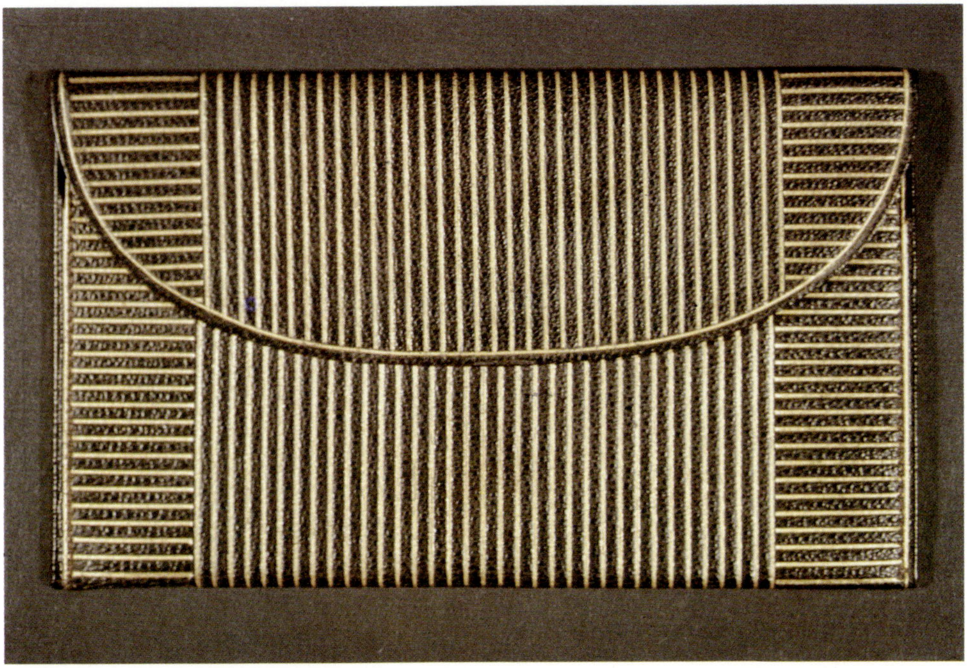

75

75
KOUVERT
Entwurf: Josef Hoffmann, um 1910/1911
Material: Leder mit Goldlinien
Maße: 7,7 x 13,2 cm
Kennzeichnung: WIENER WERK STÄTTE
ÖMAK, Inv. Le 545 a

75
WALLET
Design: Josef Hoffmann, around 1910/1911
Material(s): leather with gold lines
Dimensions: 7.7 x 13.2 cm
Marks: WIENER WERK STÄTTE
AMAA, Inv. Le 545 a

76
GARNITUR
Entwurf: Josef Hoffmann (?), 1909-10
Werknummern:
S 1828 = Teeglas
S 1946 = Tasse
S 1948 = Zuckervase
S 1949 = Zuckerzange
Material: Silber, perforiert, poliert
Ausführung: WW 1909-1913 (Teeglas), 1910 (alle anderen)
Verkaufspreis: K 160,- (?)
Kaufkraft von K 160,- (12/1910) = S 6.081,76 (12/1983)
Archivalien: WWMB 12, S. 1828, S. 1946-1949

76
TEA SET
Design: Josef Hoffmann (?), 1909/1910
Serial numbers:
S 1828 = tea glass
S 1946 = salver
S 1948 = sugar bowl
S 1949 = sugar tongs
Material(s): silver, perforated, polished
Production: WW 1909-1913 (tea glass), 1910 (all others)
Retail price: K 160 (?)
Present equivalent: S 6,081.76 (12/83)
Records: WWMB 12, p. 1828, pp. 1946-1949

Zur gleichen Garnitur gehören offensichtlich die Oberskanne (S 1738), die Teekanne (S 1733), ein Federnhalter (S 1824). Im Kalkulationsbuch ist das Entwerfermonogramm JH (für Josef Hoffmann) manchmal durchgestrichen, manchmal ist nur ein Strich anstelle des Monogramms vorzufinden. Auf dem Archivfoto hingegen ist neben allen anderen Kennzeichen auch das JH-Monogramm deutlich zu sehen (daß die Verwendung dieses Monogramms nicht unbedingt die Autorschaft garantiert, wissen wir allerdings aus anderen Beispielen).
Das Prinzip der vertikal gegliederten Oberflächen wandte Hoffmann schon sehr früh an. Der Entwurf für Salzfaß, Zahnstocherbehälter und Serviettenststreifen (S 156, 158, 160; K.I. 12029/4) ist signiert und datiert JH 1904.
Eine ähnliche Gliederung zeigt der Obstkorb (M 158 - 539), Entwurf signiert und datiert (JH 1904; K.I. 12032/12).
Zwei andere Entwürfe (K.I. 12054/2: S 1840-42 und S 1738-40. - K.I. 12054/1: S 1843, S 1733) verwenden die quadratische Perforierung.

The cream jug (S 1738), the tea pot (S 1733) and the pen holder (S 1824) apparently belong to the same set. In the calculation book the designer's monogram (JH for Josef Hoffmann) is sometimes crossed out, and sometimes there is only a line in place of a monogram. However, the JH monogram is clearly visible on the archive photograph alongside all the other marks (as we know from other examples, the use of this monogram is not necessarily a guarantee of the originator of an article). Hoffmann used the principle of vertically divided surfaces from a very early date. The design for a salt-cellar, toothpick holder and serviette rings (S 156, 158, 160; K.I. 12029/4) is signed and dated JH 1904. A similar vertical design is found in a fruit basket (M 158-539, design signed and dated JH 1904; K.I. 12032/12). Two further designs (K.I. 12054/2, S 1840-42 and S 1738-40. - K.I. 12054/1, S 1843, S 1733) make use of a square perforation.

77
WOHNHAUS EDUARD AST, WIEN
Wohnhalle
Josef Hoffmann, 1909-1911
Diesen Bau Hoffmanns behandelt Eduard F. Sekler (Josef Hoffmann, Salzburg-Wien 1982, S. 332-335) ausführlich.
Hingewiesen sei auf den dekorativen Überreichtum von Möbelstoffen und Teppich (Entwurf Hoffmann, Ausführung Backhausen, um 1910).

77
EDUARD AST'S HOUSE, VIENNA
Lounge
Josef Hoffmann, 1909-1911
This building of Hoffmann is dealt with in detail by Eduard F. Sekler (Josef Hoffmann, Salzburg-Wien 1982, pp. 332-335).
It is worth noting the excessive decoration of the furniture fabrics and carpet (designed by Hoffmann, produced by Backhausen, around 1910).

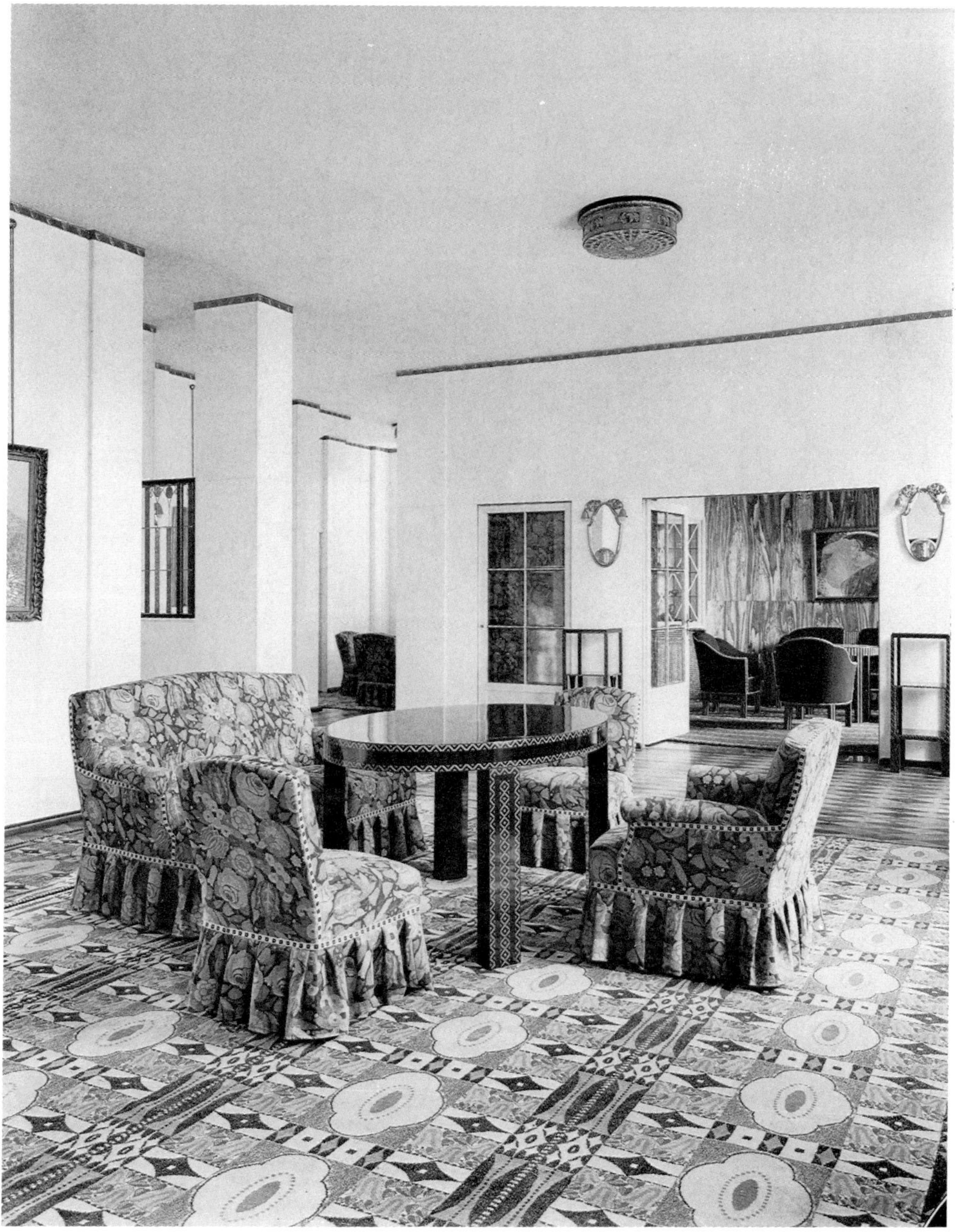

77

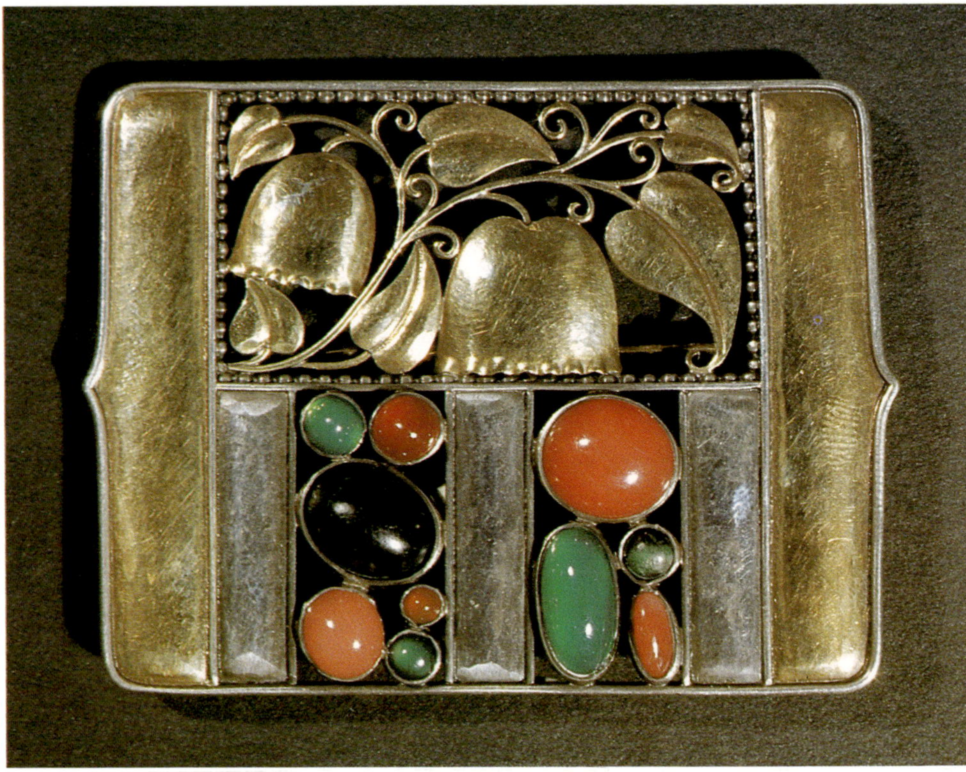

78

78
BROSCHE
Entwurf: Josef Hoffmann, um 1910/11
Werknummer: G 1297
Material: Silber, teilweise vergoldet, versch. Steine (Malachit, Korallen, Carneol etc.)
Maße: 5,2 x 4,1 cm
Kennzeichnung: Rosenmarke, WW-Monogramm, Feingehaltspunzen (Dianakopf im Sechseck, A), Monogramm JH (= Josef Hoffmann)
Ausführung: E. Pflaumer (?) für die WW (1911)
Verkaufspreis: K 300,- (Jänner 1911)
Kaufkraft von K 300,- (1/1911) = S 11.201,92 (1/1984)
Archivalien: WWMB 67, S. 1297; K.I. 12144/25
Wiener Privatbesitz

78
BROOCH
Design: Josef Hoffmann, around 1910/1911
Serial number: G 1297
Material(s): silver, partially gilded, various stones (malachite, coral, carnelian, etc.)
Dimensions: 5.2 x 4.1 cm
Marks: rose mark, WW monogram, hallmarks (Diana's head in hexagon, A), monogram JH (= Josef Hoffmann)
Production: E. Pflaumer (?) for the WW (1911)
Retail price: K 300 (01/11)
Present equivalent: S 11,201.92 (01/84)
Records: WWMB 67, p. 1297; K.I. 12144/25
Private collection in Vienna

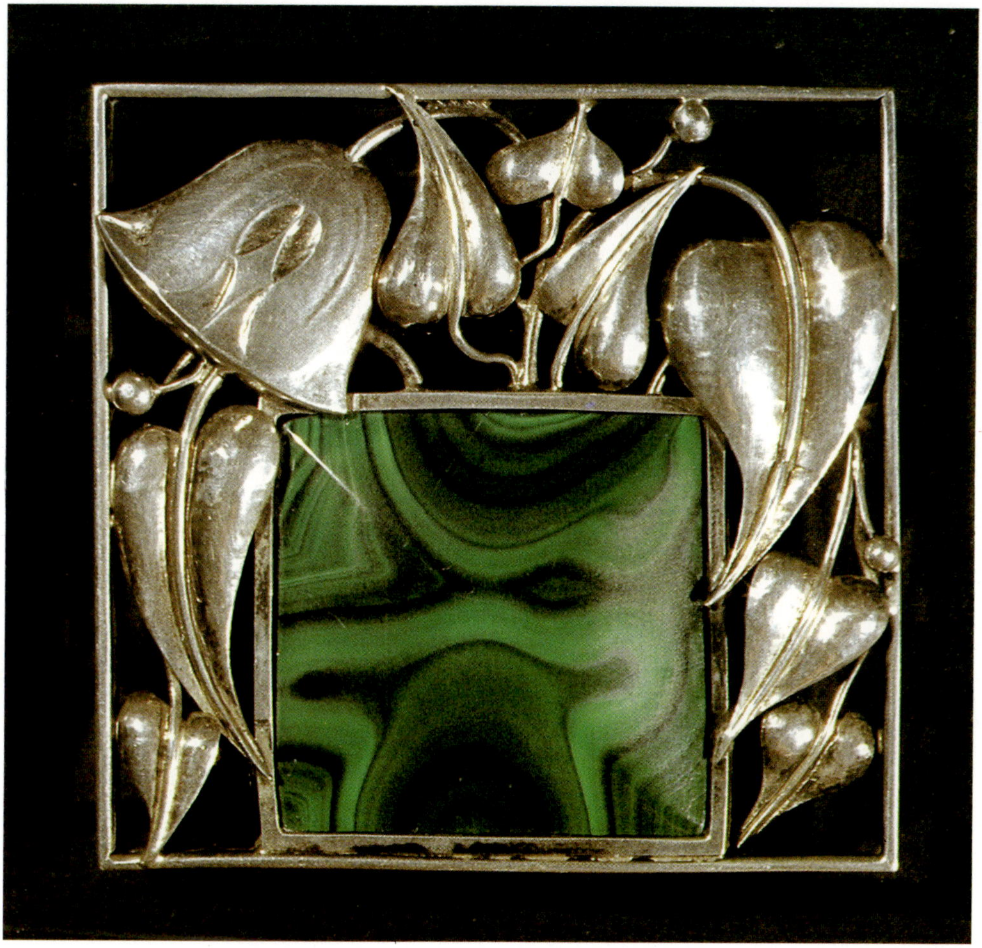

79

79
BROSCHE
Entwurf: Josef Hoffmann, um 1911/12
Werknummer: S 2451-2452
Material: Silber, getrieben, Steine (einmal Malachit, einmal Moosachat)
Maße: 5,2 x 5,2 cm
Kennzeichnung: WW-Monogramm, Feingehaltspunze (Dianakopf im Sechseck), Monogramm JH (= Josef Hoffmann)
Ausführung: WW 1912-1918
Verkaufspreis: K 54,- (Jänner 1912)
Kaufkraft von K 54,- (1/1912)
= S 1.990,34 (1/1984)
Archivalien: WWMB 14, S. 2451, 2452
Wiener Privatbesitz

79
BROOCH
Design: Josef Hoffmann, around 1911/1912
Serial number: S 2451-2452
Material(s): silver, chased, stones (once malachite, once moss agate)
Dimensions: 5.2 x 5.2 cm
Marks: WW monogram, hallmark (Diana's head in hexagon), monogram JH (= Josef Hoffmann)
Production: WW 1912-1918
Retail price: K 54 (01/12)
Present equivalent: S 1,990.34 (01/84)
Records: WWMB 14, pp. 2451, 2452
Private collection in Vienna

80
SAMOWAR AUS EINEM TEESERVICE
Entwurf: Josef Hoffmann, um 1910/11
Werknummer: M 1881, später M se 1/1
Material: Messing, poliert, glatt, innen versilbert, Holzgriffe
Höhe: 21,4 cm
Kennzeichnung: WIENER WERK STÄTTE, Rosenmarke, Monogramm JH (= Josef Hoffmann)
Ausführung: WW 1911-1920 (26 Stück), 1923 (3 Stück)
Verkaufspreis: K 75,- (1911), S 260,- (1923)
Kaufkraft von K 75,- (9/1911) = S 2.704,60 (9/1983)
Archivalien: WWMB 34, S. 1881; Karteikarte M se 1/1-7; K.I. 12019/1 (M 1881), K.I. 12051/9 (M 1881); K.I. 12051/8 (M 1882-1886); K.I. 12051/10 (M 1889)
Wiener Privatbesitz

Das ganze Teeservice besteht aus folgenden Teilen:

M 1881	M se 1/1	Samowar
M 1882	M se 1/2	Teekanne
M 1883	M se 1/3	Milchkanne
M 1884	M se 1/4	Zuckerdose
M 1885	M se 1/5	Zuckerzange
M 3546	M se 1/6	Tasse ohne Handhaben
M 3626	M se 1/7	Tasse mit Handhaben

Eine „Cakesdose" (M 1889) sowie eine weitere Tasse (M 1886) sind zwar als Zeichnung enthalten, nicht jedoch in der obigen Zusammenstellung. Der Entwurf K.I. 12019/1 für M 1881 ist von Hoffmann signiert.
Dasselbe Service wurde auch in Alpaka (Werknummer M se as 1) ausgeführt.

80
SAMOVAR FROM A TEA SERVICE
Design: Josef Hoffmann, around 1910/1911
Serial number: M 1881, subsequently M se 1/1
Material(s): brass, polished, smooth, inside silver-plated, wooden handles
Height: 21.4 cm
Marks: WIENER WERK STÄTTE, rose mark, monogram JH (= Josef Hoffmann)
Production: WW 1911-1920 (26 copies), 1923 (3 copies)
Retail price: K 75 (09/11)
Present equivalent: S 2,704.60 (09/83)
Records: WWMB 34, p. 1881; card M se 1/1-7; K.I. 12019/1 (M 1881), K.I. 12051/9 (M 1881); K.I. 12051/8 (M 1882-1886); K.I. 12051/10 (M 1889)
Private collection in Vienna

The complete tea service consists of the following parts:

M 1881	M se 1/1	samovar
M 1882	M se 1/2	teapot
M 1883	M se 1/3	milk jug
M 1884	M se 1/4	sugar bowl
M 1885	M se 1/5	sugar tongs
M 3546	M se 1/6	salver without handles
M 3626	M se 1/7	salver with handles

A drawing also contains a biscuit tin (M 1889) and another salver (M 1886), but these are not included in the above list. The design K.I. 12019/1 for M 1881 is signed by Hoffmann.
The same tea service was also produced in Alpaka (serial number M se as 1).

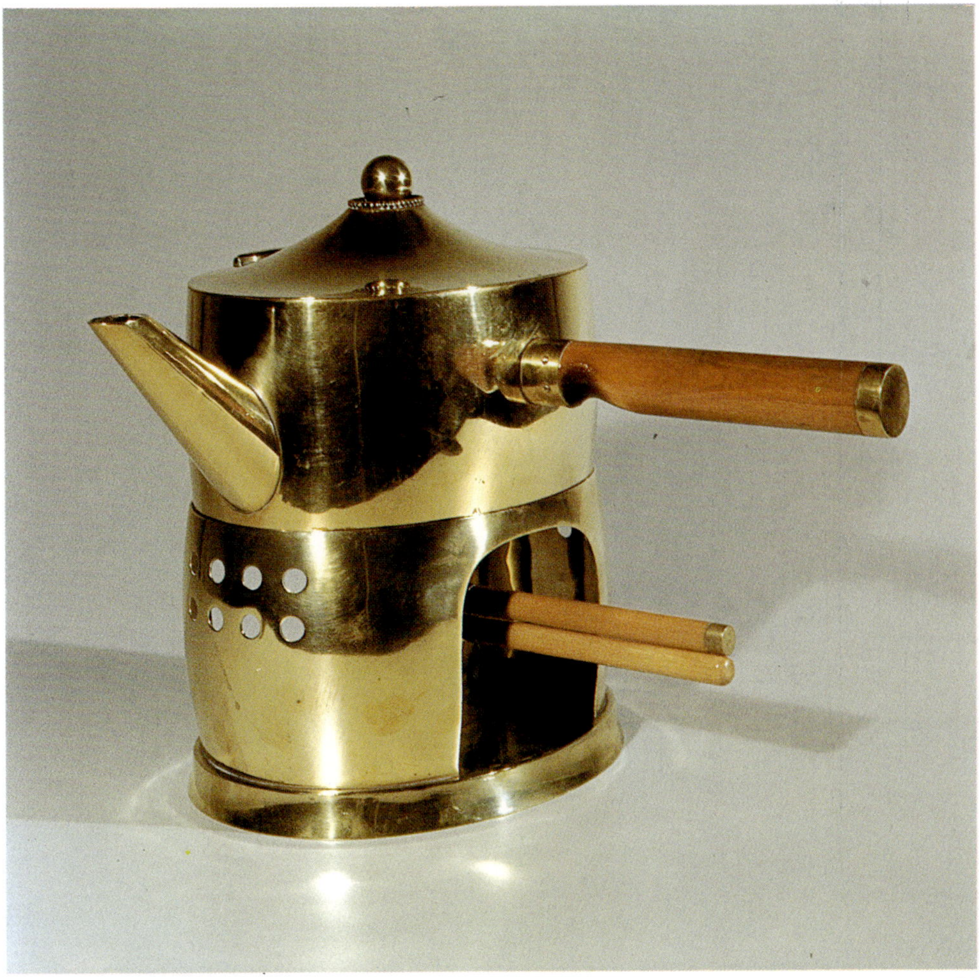

80

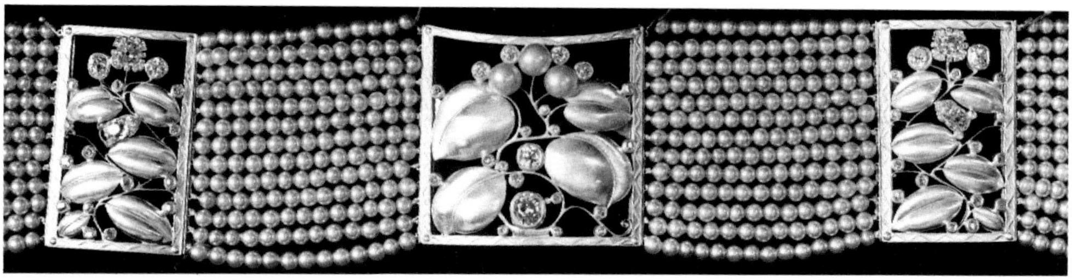

81

81
ARMBAND
Entwurf: Eduard Josef Wimmer, um 1911/12
Werknummer: G 1673
Material: Silber, Gold, Perlen, Steine
Ausführung: WW 1912 (1 Stück)
Verkaufspreis: K 340,- (Dez. 1912, „mit eigenen Steinen")
Kaufkraft von K 340,- (12/1912) = S 12.231,39 (12/1983)
Archivalien: WWMB 69, S. 1673

81
BRACELET
Design: Eduard Josef Wimmer, around 1911/1912
Serial number: G 1673
Material(s): Silver, gold, pearls, stones
Production: WW 1912 (1 copy)
Retail price: K 340 (12/12)
Present equivalent: S 12,231.39 (12/83, excluding stones)
Records: WWMB 69, p. 1673

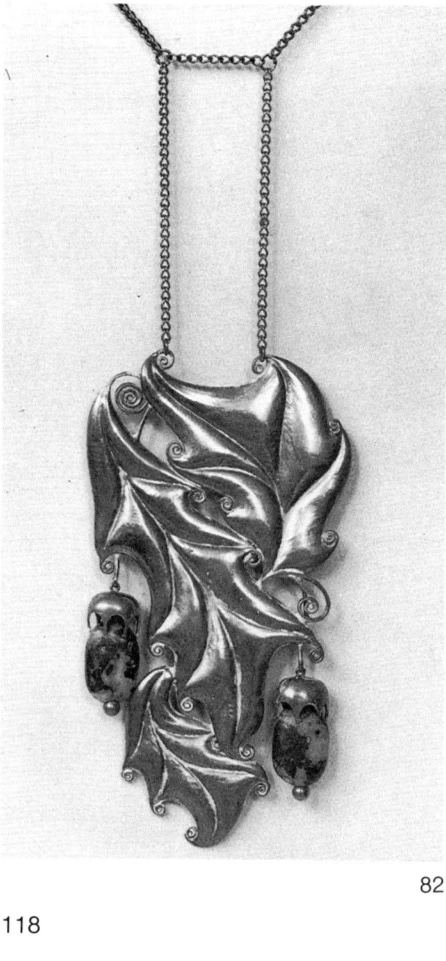

82

82
ANHÄNGER
Entwurf: Eduard Josef Wimmer, um 1910
Werknummer: G 1201
Material: Gold, Steine
Ausführung: WW 1910
Verkaufspreis: K 280,- (Juni 1910)
Kaufkraft von K 280,- (6/1910) = S 10.404,61 (6/1983)
Archivalien: WWMB 67, S. 1201

82
PENDANT
Design: Eduard Josef Wimmer, around 1910
Serial number: G 1201
Material(s): gold, stones
Production: WW 1910
Retail price: K 280 (06/10)
Present equivalent: S 10,404.61 (06/83)
Records: WWMB 67, p. 1201

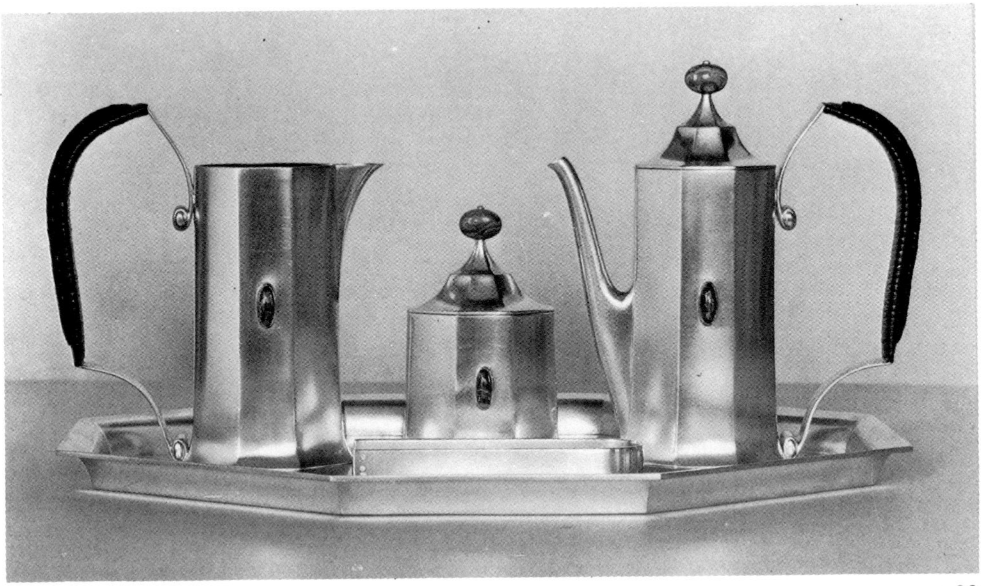

83

83
SERVICE
Entwurf: Josef Hoffmann, um 1912
Werknummern:
S 2625 = Mokkakanne
S 2705 = Tasse
S 2706 = Zuckerzange
S 2707 = Kanne
S 2708 = Zuckervase
Material: Silber, Steine
Ausführung: WW 1912
Verkaufspreis: Mokkakanne K 230,- (Juni 1912)
Kaufkraft von K 230,- (6/1912)
= S 8.088,79 (6/1983)
Archivalien: WWMB 15, S. 2625, 2705-2708; K.I. 12053/36

Ähnliche Formen begegnen auch bei anderen Objekten (K.I. 12017/8: S 2310; K.I. 12017/9: S 2314; K.I. 12017/15: S 2309). Einzelne Motive sind ebenfalls von anderen Gegenständen bekannt, so z.B. die Form des zweifach eingeschwungenen Deckels (K.I. 12054/9-12) sowie des ovalen Steins (S 644-650), der in verschiedenen Höhen der Wandungen angebracht sein kann.
Die Zeichnung der Mokkakanne (K.I. 12053/36) trägt die Notiz „Prof. Hoffmann 6/XII 12" (nicht signiert!); dies scheint im Widerspruch zu stehen mit der Ausführungsangabe Juni 1912.

83
SERVICE
Design: Josef Hoffmann, around 1912
Serial numbers:
S 2625 = coffee-pot
S 2705 = salver
S 2706 = sugar tongs
S 2707 = pot
S 2708 = sugar bowl
Material(s): silver, stones
Production: WW 1912
Retail price: K 230 (coffee-pot, 06/12)
Present equivalent: S 8,088.79 (06/83)
Records: WWMB 15, pp. 2625, 2705-2708; K.I. 12053/36

Similar forms are also found in other objects (K.I. 12017/8: S 2310; K.I. 12017/9: S 2314; K.I. 12017/15: S 2309). Individual motifs are also familiar from other articles, for example the form of the lid (K.I. 12054/9-12) and that of the oval stone (S 644-650), which can be attached to the sides at different heights. Beside the drawing of the coffee-pot (K.I. 12053/36) is the note "Prof. Hoffmann 6/XII 12" (not signed!). This appears to be inconsistent with the date of manufacture being June 1912.

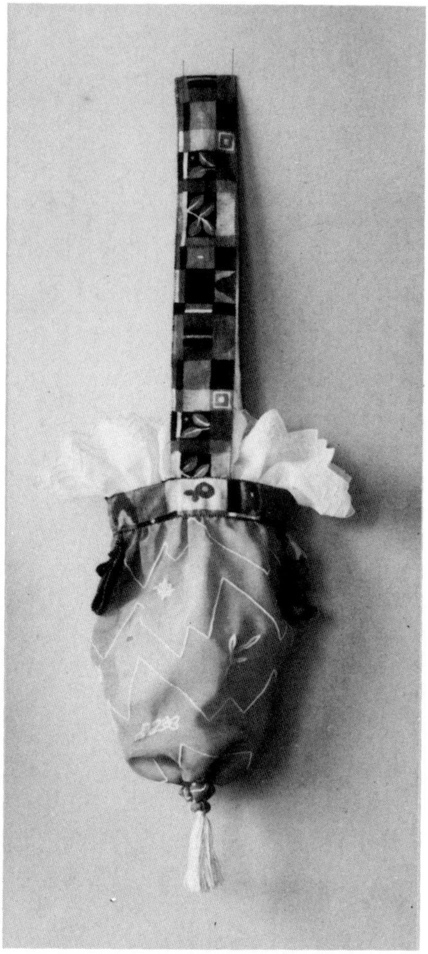

84

84
BEUTEL
Entwurf: Dagobert Peche, unter Verwendung des Dekors „Mandelkrähe“ von Wimmer für das Band
Archivalien: WWF 90, S. 67; WWMB 59, S. 292

Der Beutel ist insoferne datierbar, als er in der Deutschen Kunst und Dekoration (39/1916-17, S. 110) abgebildet ist. Im Kalkulationsband sind leider keine näheren Angaben enthalten, doch trägt die folgende Seite (S. 293) das Datum 21.3.1916.

84
BAG
Design: Dagobert Peche, using the "Mandelkrähe" (roller) design by Wimmer for the strap
Records: WWF 90, p. 67; WWMB 59, p. 292

The bag can be dated in view of the fact that it was illustrated in "Deutsche Kunst und Dekoration" (39/1916-17, p. 110). Unfortunately the calculation book does not contain any further information, but the following page (p. 293) carries the date 21.03.16.

85
STOFFMUSTER „MANDELKRÄHE“
Entwurf: Eduard Josef Wimmer, um 1911
Material: Handdruck auf Papier
Maße: 32,7 x 23,4 cm
Kennzeichnung: „Mandelkrähe, Entwurf: Wimmer, Dessin 20086, 6 Hände + Boden“
Ausführung: WW, vor 18.10.1911
Archivalien: WWMB 54, S. 564 (Polster 18.10.1911), WWMB 55, S. 634 (Tischdecke 8.11.1912)
ÖMAK, Handdruck Nr. 518

85
"MANDELKRÄHE" (ROLLER) FABRIC PATTERN
Design: Eduard Josef Wimmer, around 1911
Material(s): hand printed on paper
Dimensions: 32.7 x 23.4 cm
Marks: "Mandelkrähe, Entwurf: Wimmer, Dessin 20086, 6 Hände + Boden"
Production: WW, prior to 18.10.11
Records: WWMB 54, p. 564 (cushion 18.10.11), WWMB 55, p. 634 (tablecloth 08.11.12)
AMAA, Block print no. 518

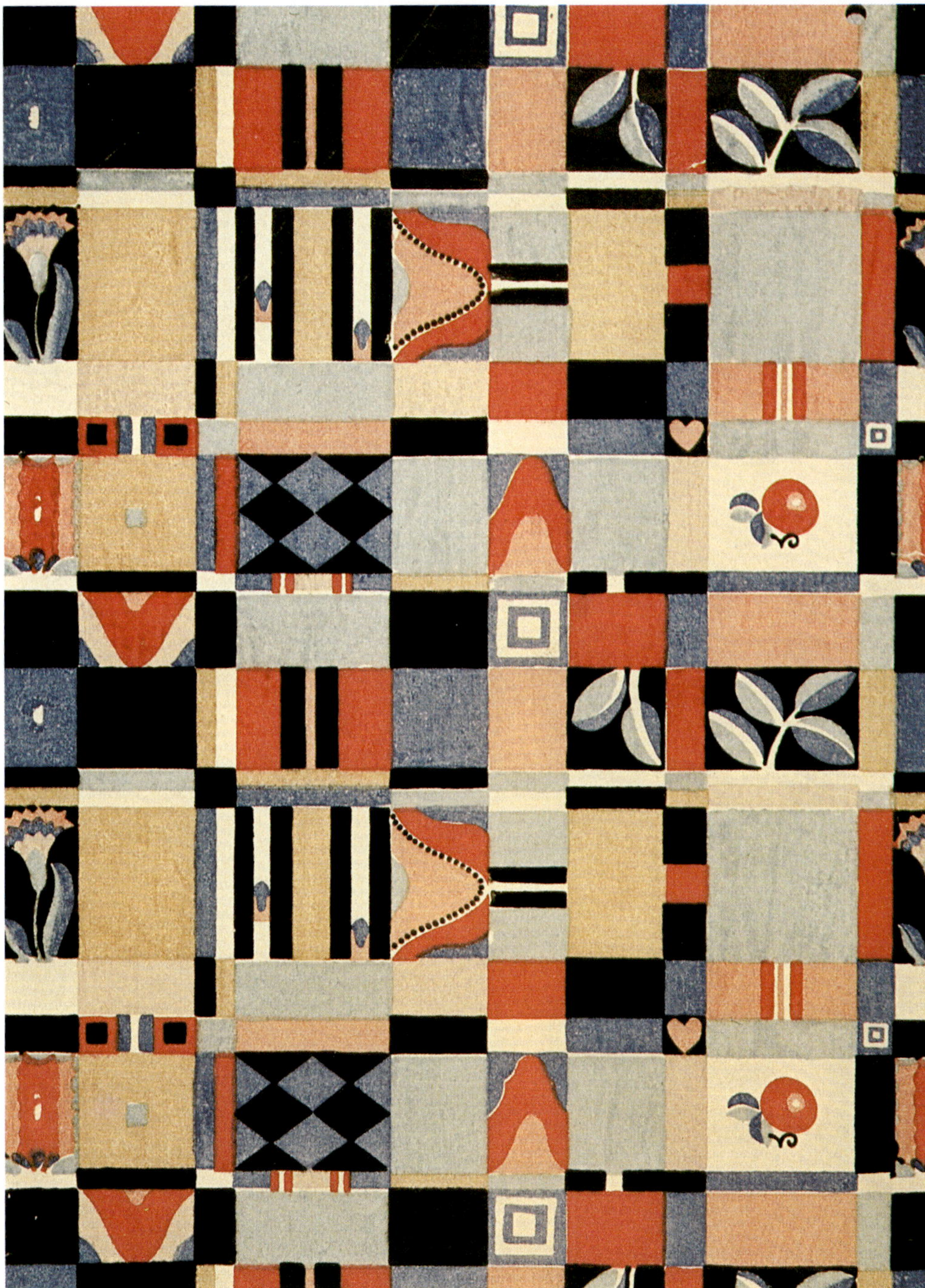

85

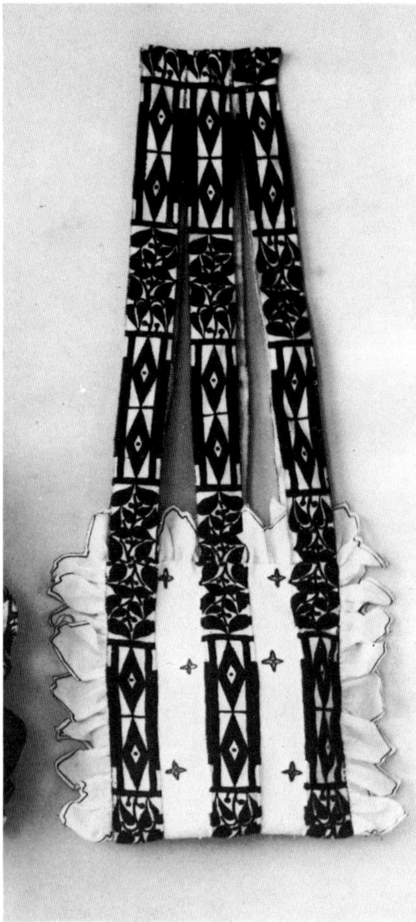

86

86
BEUTEL
Formentwerfer unbekannt; Stoff „Montezuma“ von Josef Hoffmann
Werknummer: Beutel Nr. 5
Ausführung für die WW durch Maria Händler (Rechnungen 17.12.1915, 22.7.1916)
Verkaufspreis: K 17,- (Dez. 1915)
Kaufkraft von K 17,- (10/1915)
= S 305,18 (12/1983)
Archivalien: WWMB 59, S. 9; WWF 90, S. 67

86
BAG
Design:
Form: unknown
"Montezuma" fabric by Josef Hoffmann
Serial number: bag no. 5
Production: produced for the WW by Maria Händler (consignments dated 17.12.15 and 22.06.16)
Retail price: K 17 (10/15)
Present equivalent: S 305.18 (12/83)
Records: WWMB 59, p. 9; WWF 90, p. 67

87
STOFFMUSTER „MONTEZUMA“
Entwurf: Josef Hoffmann, um 1911 (vor 1913)
Material: Seide, bedruckt
Maße des Ausschnitts: 20,2 x 13,4 cm
Kennzeichnung: Klebeetikett mit WW-Marke
Ausführung: vor 1913 bis 1930
Archivalien: WWMB 55, S. 616 (Sonnenschirm 8.3.1913) sowie Kartei (1924-30)
ÖMAK, Stoffmuster Mappe 36

Der Stoff „Montezuma“ von Josef Hoffmann gehört mit Sicherheit zu den ältesten Stoffentwürfen der WW. Durch die Verwendung für einen Sonnenschirm am 8.3.1913 ist ein terminus ante quem gegeben, laut Kartei wurde der Stoff bis mindestens 1930 erzeugt.

87
"MONTEZUMA" FABRIC PATTERN
Design: Josef Hoffmann, around 1911 (prior to 1913)
Material(s): silk, printed
Dimensions of sample: 20.2 x 13.4 cm
Marks: adhesive label with WW symbol
Production: prior to 1913 till 1930
Records: WWMB 55, p. 616 (parasol 08.03.13) and card index (1924-30)
AMAA, Fabric pattern folder 36

The "Montezuma" fabric by Josef Hoffmann is certainly one of the WW's oldest fabric patterns. Records show that the fabric was used as early as 08.03.13, and according to the card index it was produced until at least 1930.

87

88
BECHER
Entwurf: Josef Hoffmann, um 1910/11
Material: Glas, Gold- und Bronzitdekor
Höhe: 10,4 cm
Kennzeichnung: unbezeichnet
Ausführung: im Auftrag der WW über Lobmeyr, Wien, in Böhmen
ÖMAK, Inv. W.I. 1031

88
BEAKER
Design: Josef Hoffmann, around 1910/1911
Material(s): glass, gold and Bronzit decoration
Height: 10.4 cm
Marks: not marked
Production: produced in Bohemia by mediation of Lobmeyr, Vienna, on behalf of the WW
AMAA, Inv. W.I. 1031

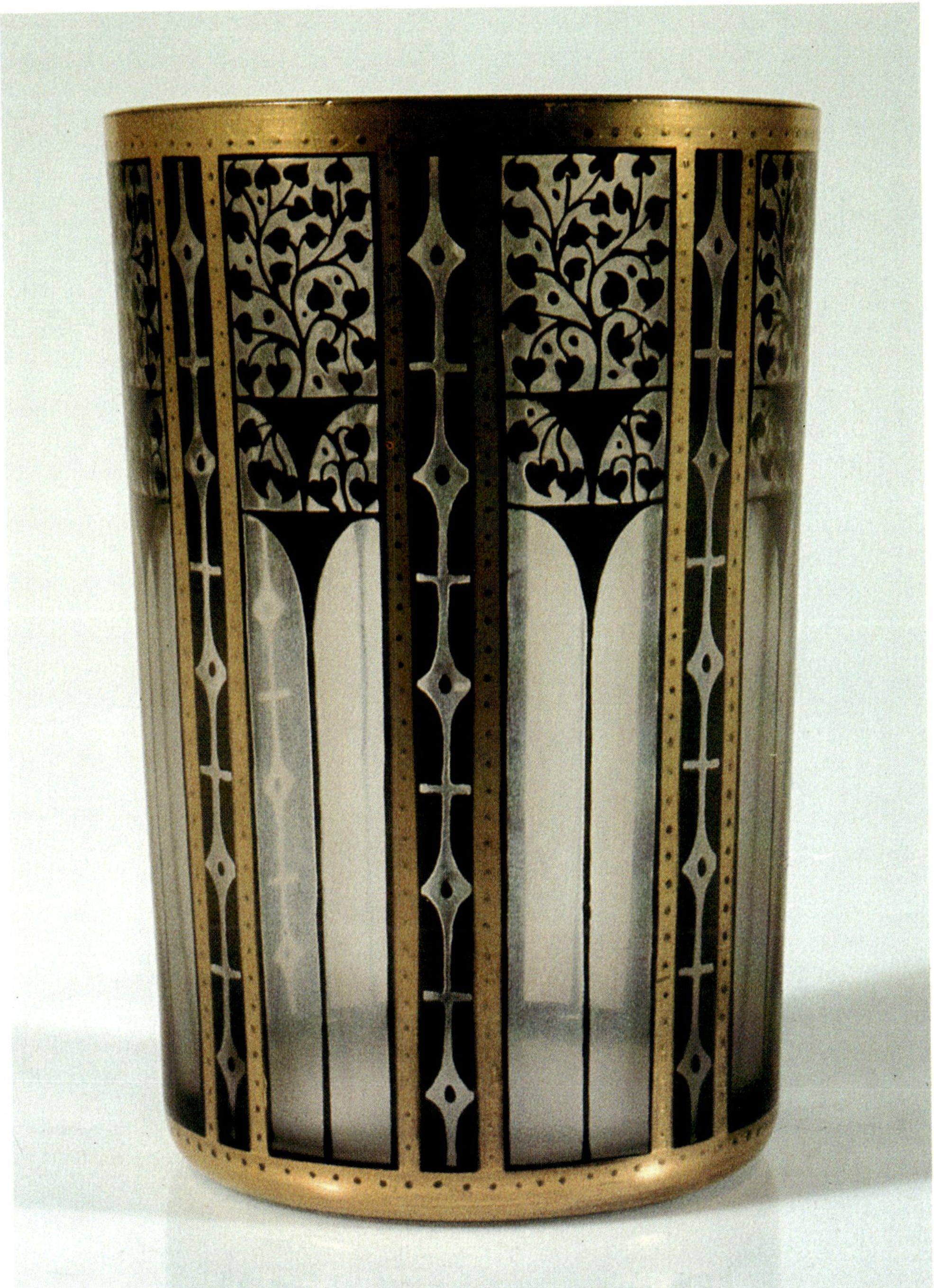

88

89
TEEKANNE
Entwurf: Josef Hoffmann (Form „Merkur"), um 1910/11, Josef Emanuel Margold (Dekor)
Material: Porzellan, dekoriert in Grün und Blaugrau
Höhe: 17,3 cm
Kennzeichnung: WIENER WERK STÄTTE, Rundstempel von Jos. Böck, Wien (W.P.M., GESETZLICH GESCHÜTZT), Firmenstempel Pfeiffer & Löwenstein, Schlackenwerth (PLS)
Ausführung: im Auftrag der WW über Vermittlung von Böck Ausführung in Schlackenwerth, Dekor vielleicht wieder bei Böck
ÖMAK, Inv. W.I. 927

89
TEAPOT
Design: Josef Hoffmann ("Merkur" form), around 1910/1911, Josef Emanuel Margold (decoration)
Material(s): porcelain, decorated in green and blue-grey
Height: 17.3 cm
Marks: WIENER WERK STÄTTE, circular stamp of Jos. Böck, Vienna (W.P.M., GESETZLICH GESCHÜTZT), company stamp of Pfeiffer & Löwenstein, Schlackenwerth (PLS)
Production: commissioned by the WW through the mediation of Böck. Produced in Schlackenwerth, decoration possibly by Böck
AMAA, Inv. W.I. 927

90
STOFFMUSTER „GAZELLE"
Entwurf: Franz Fochler, um 1911/12
Material: Handdruck auf Papier
Maße des Ausschnitts: 34,7 x 25 cm
Kennzeichnung: „20070 41 B, Gazelle 317, Entwurf Fochler"
ÖMAK, Handdruck Nr. 317

90
"GAZELLE" FABRIC PATTERN
Design: Franz Fochler, around 1911/1912
Material(s): hand printed on paper
Dimensions of sample: 34.7 x 25 cm
Marks: "20070 41 B, Gazelle 317, Entwurf Fochler"
AMAA, Block print no. 317

91
POSTKARTE
Entwurf: Mela Köhler, um 1911/12
Karte Nr. 323
Material: Druck auf Büttenpapier
Maße: 13,7 x 9 cm
Kennzeichnung: Monogramm K (Vorderseite), WW-Signet (Rückseite)
ÖMAK Inv. K.I. 13953/4

91
POSTCARD
Design: Mela Köhler, around 1911/1912
Serial number: card no. 323
Material(s): printed on hand-made paper
Dimensions: 13.7 x 9 cm
Marks: monogram K (front), WW mark (back)
AMAA, Inv. K.I. 13953/4

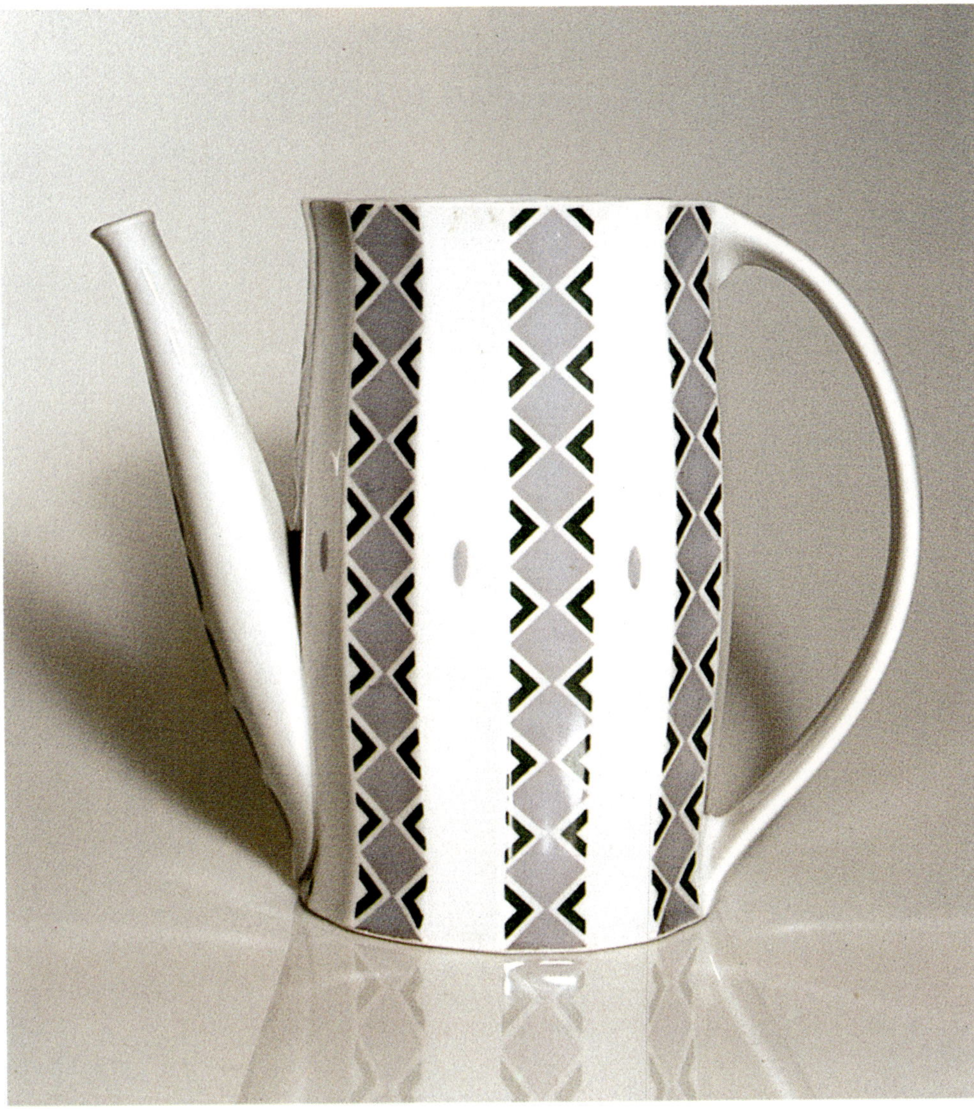

89

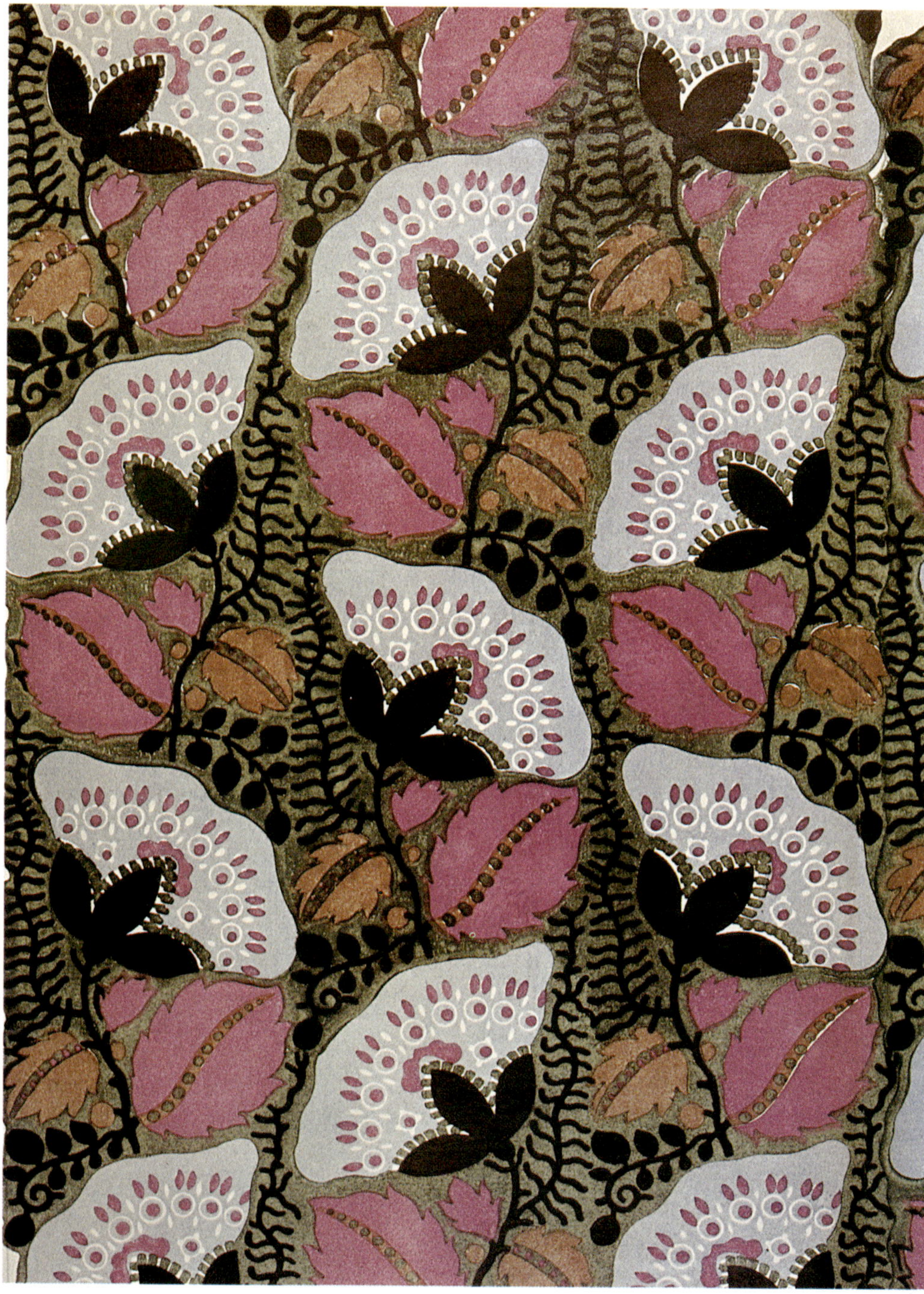

90

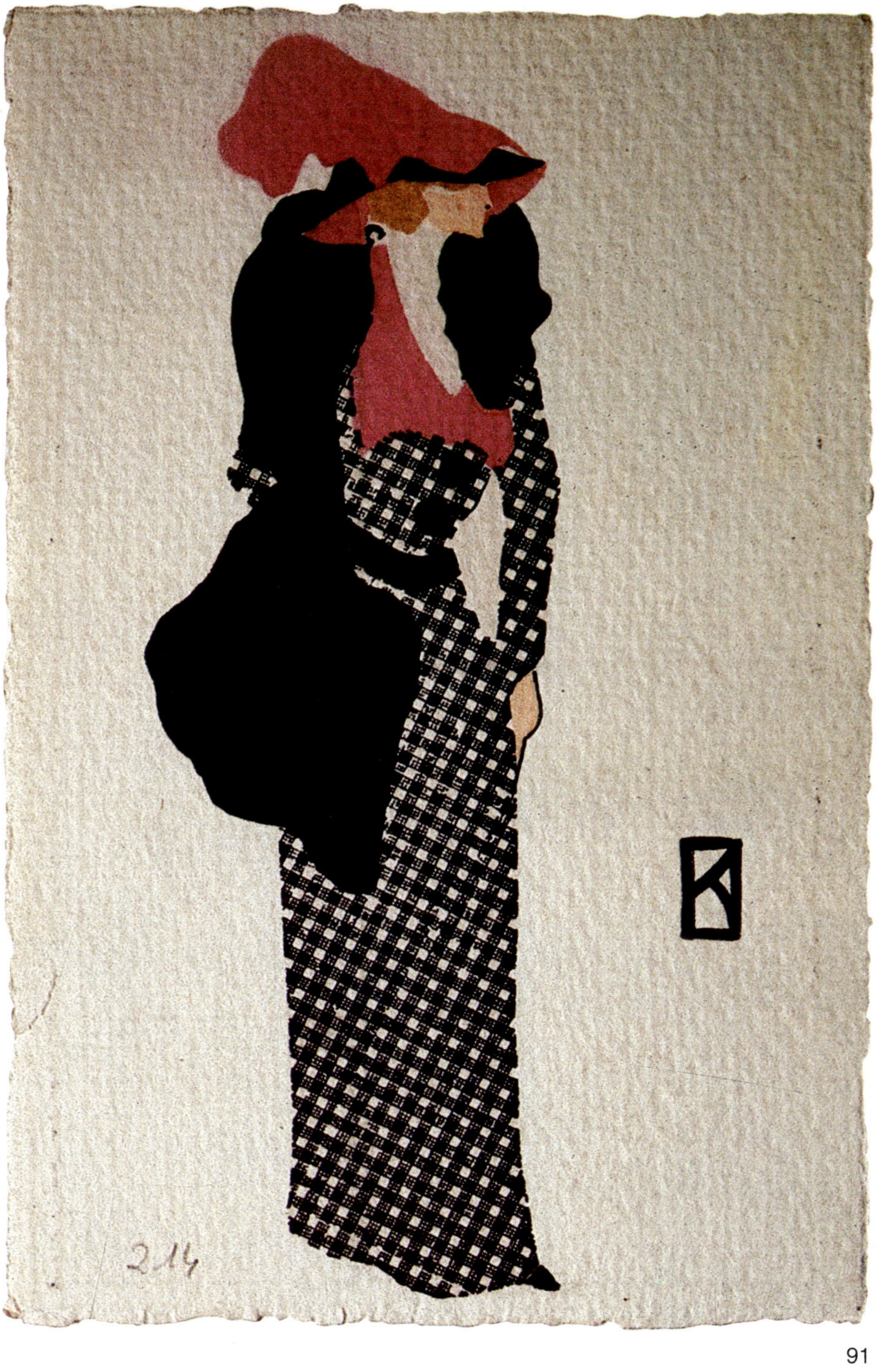

91

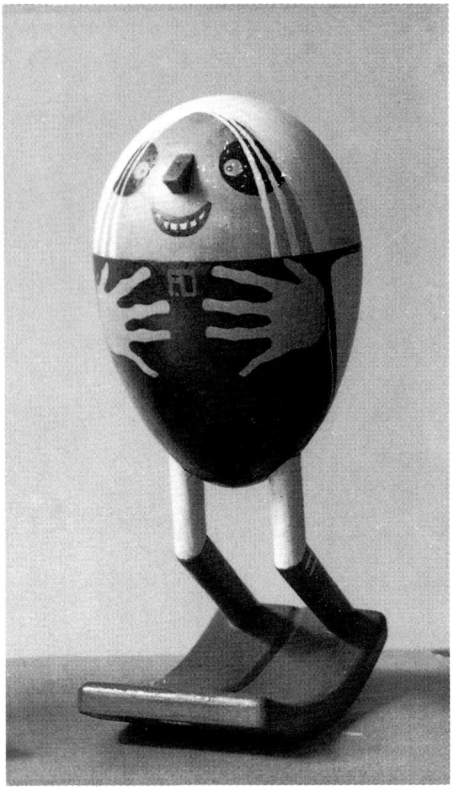

92

92
OSTEREI
Entwurf: Kolo Moser, 1906
Werknummer: BI 395
Material: Holz, bemalt
Ausführung: WW 1906 (18 Stück)
Verkaufspreis: K 20,- (April 1906)
Kaufkraft von K 20,- (4/1906)
= S 863,09 (4/1984)
Archivalien: WWMB 42, S. 395; K.I. 12585

Einige solcher „Schaukeleier" wurden von Kolo Moser entworfen. Als Abnehmer des abgebildeten Ostereies werden Fritz Waerndorfer (1 Stück), Hermann Bahr (2 Stück) und K. Wittgenstein (2 Stück) angegeben.

92
EASTER EGG
Design: Kolo Moser, 1906
Serial number: BI 395
Material(s): wood, painted
Production: WW 1906 (18 copies)
Retail price: K 20 (04/06)
Present equivalent: S 863.09 (04/84)
Records: WWMB 42, p. 395; K.I. 12585

Kolo Moser designed several such "rocking eggs". Fritz Waerndorfer (1 egg), Hermann Bahr (2 eggs) and K. Wittgenstein (2 eggs) are mentioned as buyers of the egg illustrated here.

93
POSTKARTE
Entwurf: Arnold Nechansky, um 1911/12
Karte Nr. 796
Maße: 14 x 9 cm
Kennzeichnung: ANECH (Vorderseite), WW-Signet (Rückseite)
Architekt Mag. Conny Nechansky, Wien

Dieselbe Karte im ÖMAK (WWPK 842/2) trägt auf der Rückseite die Notiz „1900. Stck".

93
POSTCARD
Design: Arnold Nechansky, around 1911/1912
Serial number: card no. 796
Dimensions: 14 x 9 cm
Marks: ANECH (front), WW mark (back)
Architekt Mag. Conny Nechansky, Vienna

The same card in the AMAA (WWPK 842/2) bears the note "1900. copies" on the back.

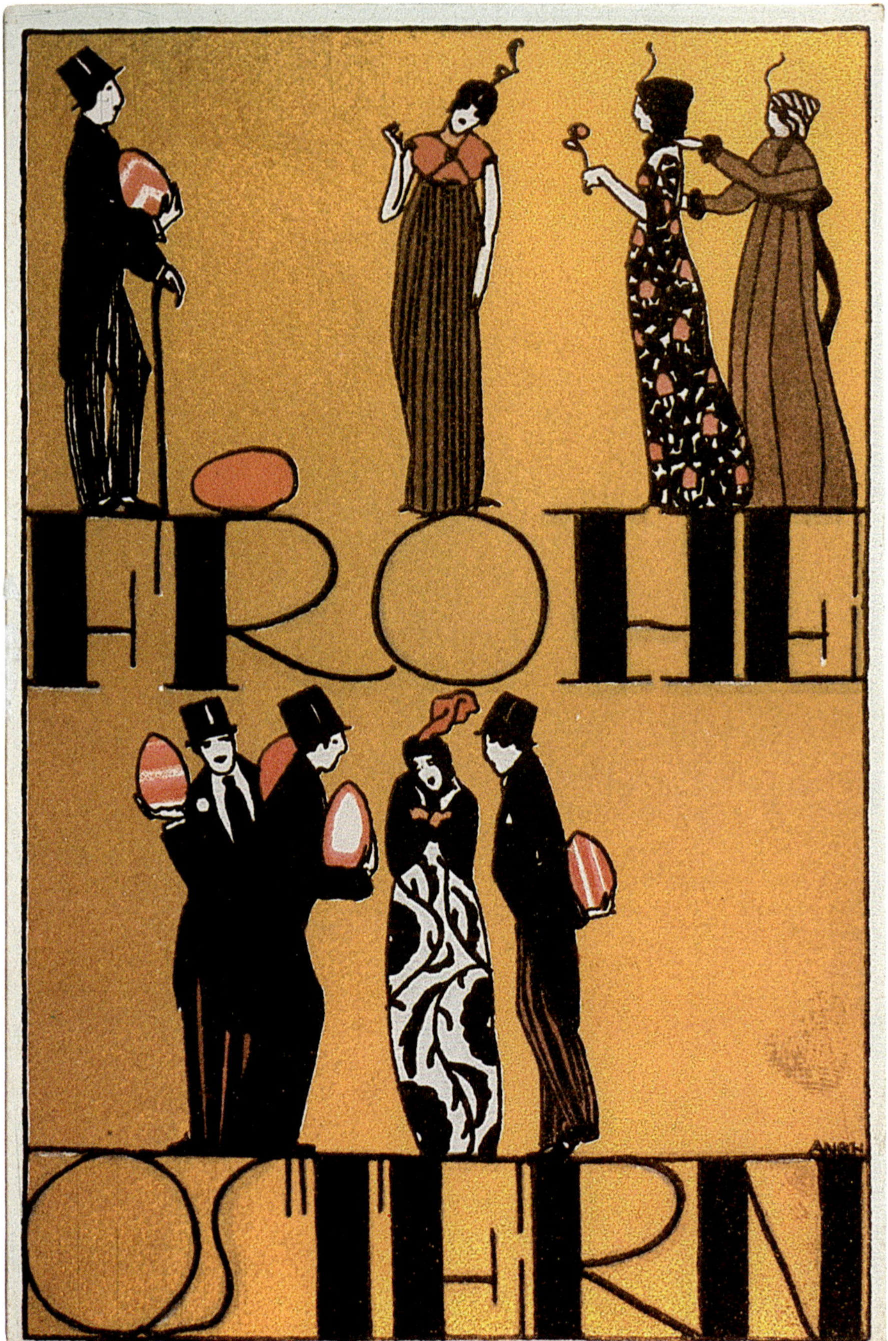

93

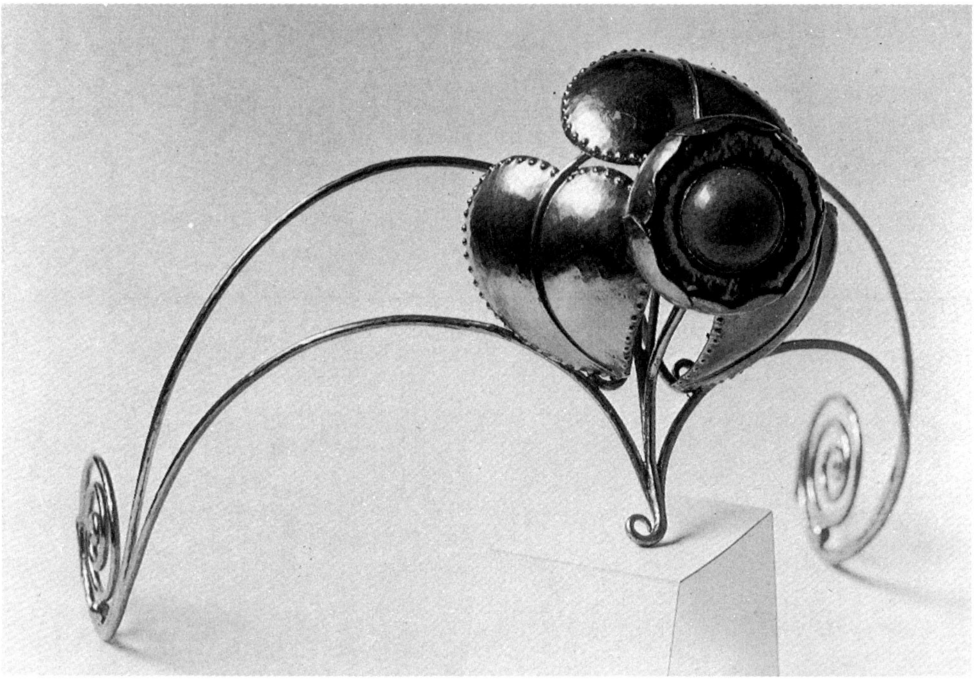

94

94
KOPFSCHMUCK
Entwurf: Josef Hoffmann, um 1909
Werknummer: S 1911
Material: Silber verg., Lapis
Ausführung: WW, 1910 (1 Stück)
Verkaufspreis: K 120,- (Jänner 1910)
Kaufkraft von K 120,- (1/1910)
= S 4.673,34 (1/1984)
Archivalien: WWMB 12, S. 1911;
K.I. 12147/6

94
DIADEM
Design: Josef Hoffmann, around 1909
Serial number: S 1911
Material(s): silver, gilded, lapis lazuli
Production: WW 1910 (1 copy)
Retail price: K 120 (01/10)
Present equivalent: S 4,673.34 (01/84)
Records: WWMB 12, p. 1911; K.I. 12147/6

95
POSTKARTE
Entwurf: Otto Lendecke, um 1911/12
Karte Nr. 853
Maße: 13.9 x 9 cm
Kennzeichnung: „Lendecke" (Vorderseite),
WW-Signet (Rückseite)
ÖMAK, Inv. K.I. 8875/64

95
POSTCARD
Design: Otto Lendecke, around 1911/1912
Serial number: card no. 853
Dimensions: 13.9 x 9 cm
Marks: "Lendecke" (front), WW mark
(back)
AMAA, Inv. K.I. 8875/64

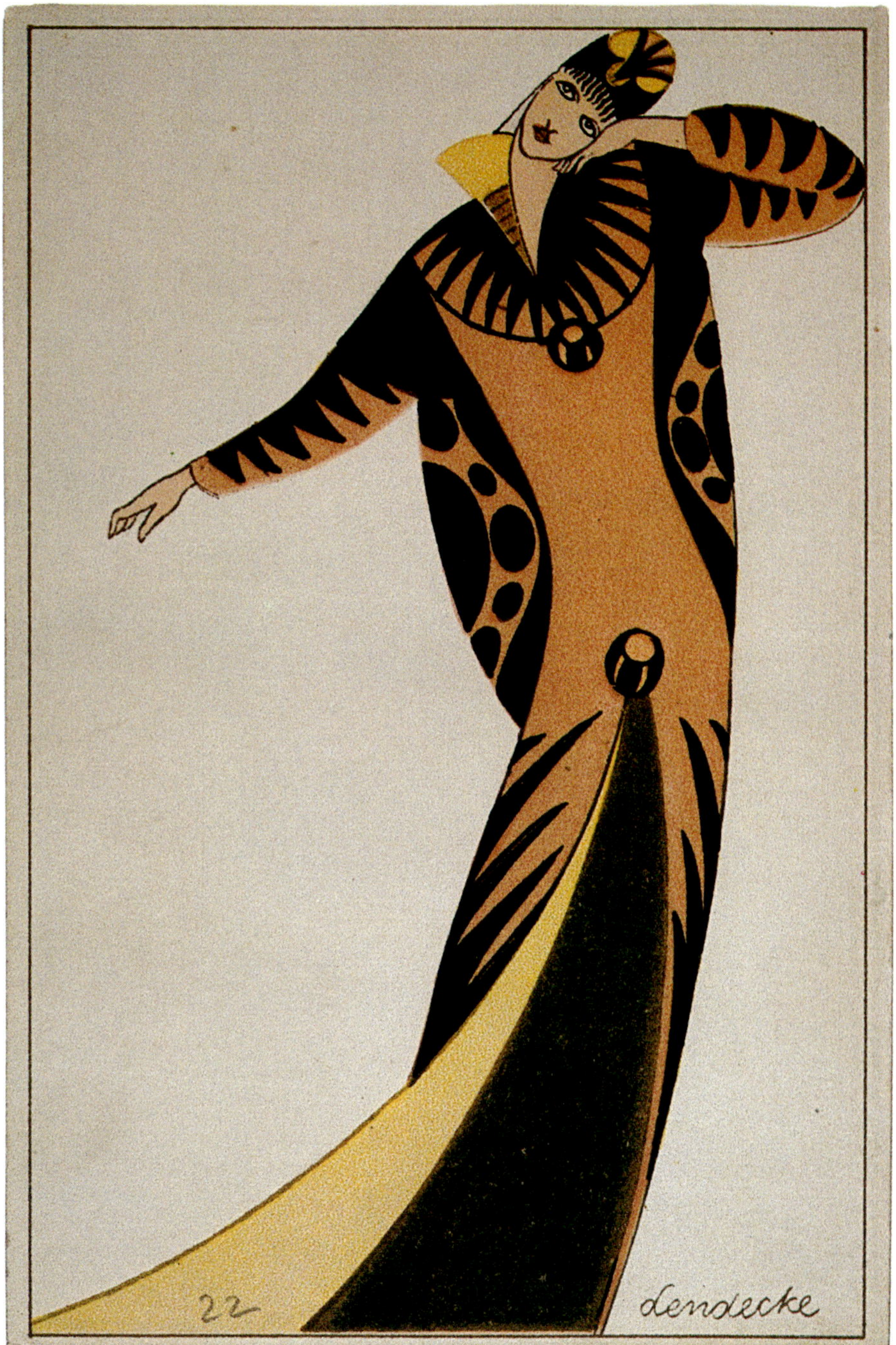

95

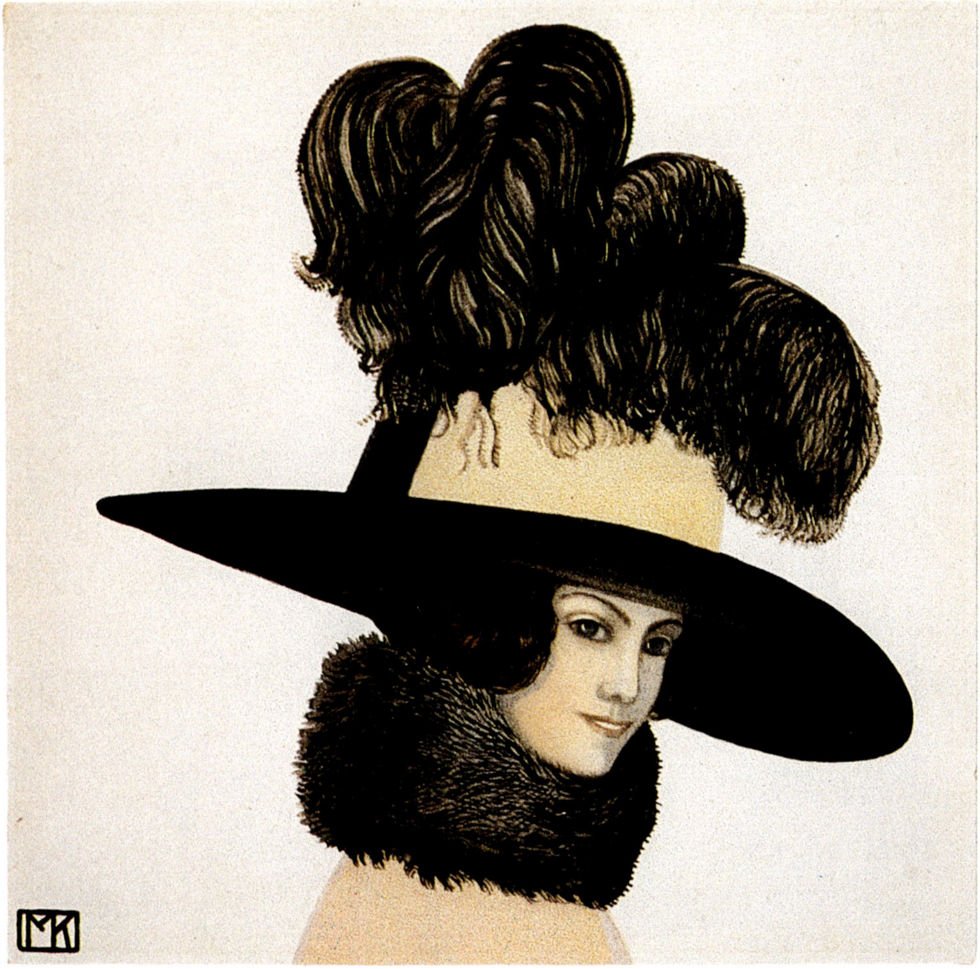

96

96
KARTE
Entwurf: Mela Köhler, um 1911/12
Karte Nr. 370
Maße: 15,3 x 15,4 cm
Kennzeichnung: monogrammiert MK (Vorderseite), WW-Signet (Rückseite)
ÖMAK, Inv. 9121/8

Im Kalkulationsband (WWMB 46, S. 1650) sind Lieferungen von „Ansichtskarten“ durch die Firmen A. Berger (Juli 1912) und Rosenbaum verzeichnet. Eine zusätzliche Bleistiftnotiz „WeWe Hüte Mela Köhler“ weist auf das Thema hin. Unsere Karte könnte in diesem Zusammenhang gesehen werden.

97
KARTE
Entwurf: Mela Köhler, um 1911
Karte Nr. 425
Maße: 24,1 x 15,6 cm
Kennzeichnung: „MELA KOEHLER“ (Vorderseite), Rückseite unbezeichnet
ÖMAK, Inv. K.I. 9121/15

Einer der wenigen Hinweise, die der Identifizierung einer ganz bestimmten Postkarte dienen, findet sich in einem Kalkulationsband (WWMB 46, S. 1657): „Modekarten, gross“, mit den Nummern 420, 421, 422, 424, 425 und 426. Es steht außer Frage, daß die obige Karte (Nr. 425) zu dieser Serie gehört. Zu welchen der vier ange-

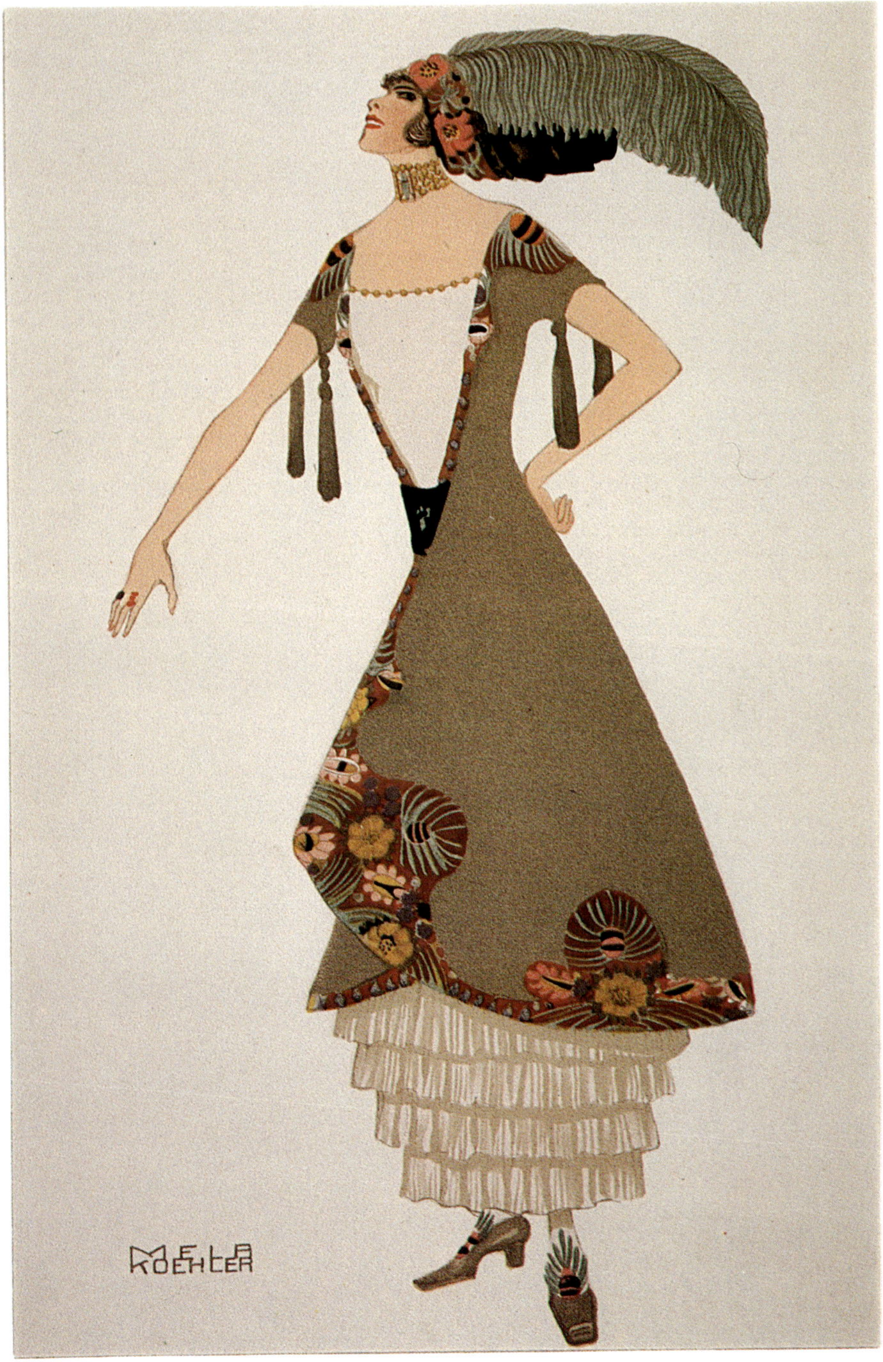

97

führten Lieferungen der Firma Berger (vom 6. bis 14.11.1911) die Karte allerdings zählt, kann man nicht sagen. Diese Lieferungen umfaßten eine Gesamtstückzahl von 9.129 Karten, als Verkaufspreise wurden -,80 Kronen kalkuliert (dies entspricht im Kaufkraftvergleich Nov. 1911 - Nov. 1983 einem Betrag von S 29,05).

96
CARD
Design: Mela Köhler, around 1911/1912
Serial number: card no. 370
Dimensions: 15.3 x 15.4 cm
Marks: monogrammed MK (front), WW mark (back)
AMAA, Inv. 9121/8

The calculation book (WWMB 46, p. 1650) mentions deliveries of "picture cards" by the firms of A. Berger (July 1912) and Rosenbaum. An additional note in pencil "WeWe hats Mela Köhler" refers to the subject. This postcard may be considered in this context.

97
CARD
Design: Mela Köhler, around 1911
Serial number: card no. 425
Dimensions: 24.1 x 15.6 cm
Marks: "MELA KOEHLER" (front), back unmarked
AMAA, Inv. K.I. 9121/15

A calculation book (WWMB 46, p. 1657) contains one of the few references that help us to identify a specific postcard: "Modekarten gross", with the numbers 420, 421, 422, 424, 425 and 426. There can be no doubt that the above card (no. 425) belongs to this series. However, it is impossible to tell which of the four consignments from Berger (6th - 14th November 1911) the card was in. These consignments comprised a total of 9,129 cards, the retail price of which was calculated in November 1911 as 0.80 crowns (this corresponds to S 29,05 today - November 1983).

98
STOFFMUSTER „ERLENZEISIG"
Entwurf: Josef Hoffmann, vor 15.4.1911
Material: Handdruck auf Papier
Höhe des Motivs: 6,3 cm
Kennzeichnung: „Erlenzeisig / Desin 20186 / 1 Schwarz, 1 Blau, 1 Rot, 1 Gelb / 4 Modell"
Ausführung: 15.4.1911 Verwendung des Stoffes
Archivalien: WWMB 54, S. 522 ÖMAK, Handdruck Nr. 290

In den Unterlagen der WW konnte ich den Stoff „Erlenzeisig" in frühester Verwendung finden - als zweites den Stoff „Heimchen" (WWMB 54, S. 524: 24.4. 1911 Heimchen 1S/1)

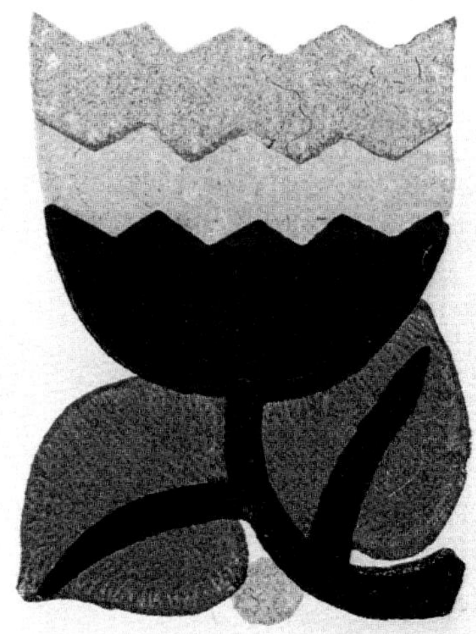

98

98
"ERLENZEISIG" FABRIC PATTERN
Design: Josef Hoffmann, prior to 15.04.11
Material(s): hand printed on paper
Height of motif: 6.3 cm
Marks: "Erlenzeisig / Desin 20186 / 1 Schwarz, 1 Blau, 1 Rot, 1 Gelb / 4 Model"
Production: 15.04.11, use of the fabric
Records: WWMB 54, p. 522
AMAA, Block print no. 290

The "Erlenzeisig" (siskin) fabric is the first fabric mentioned in the records of the WW: the second is the "Heimchen" (cricket) pattern (WWMB 54, p. 524: 24.04.11 Heimchen 1S/1).

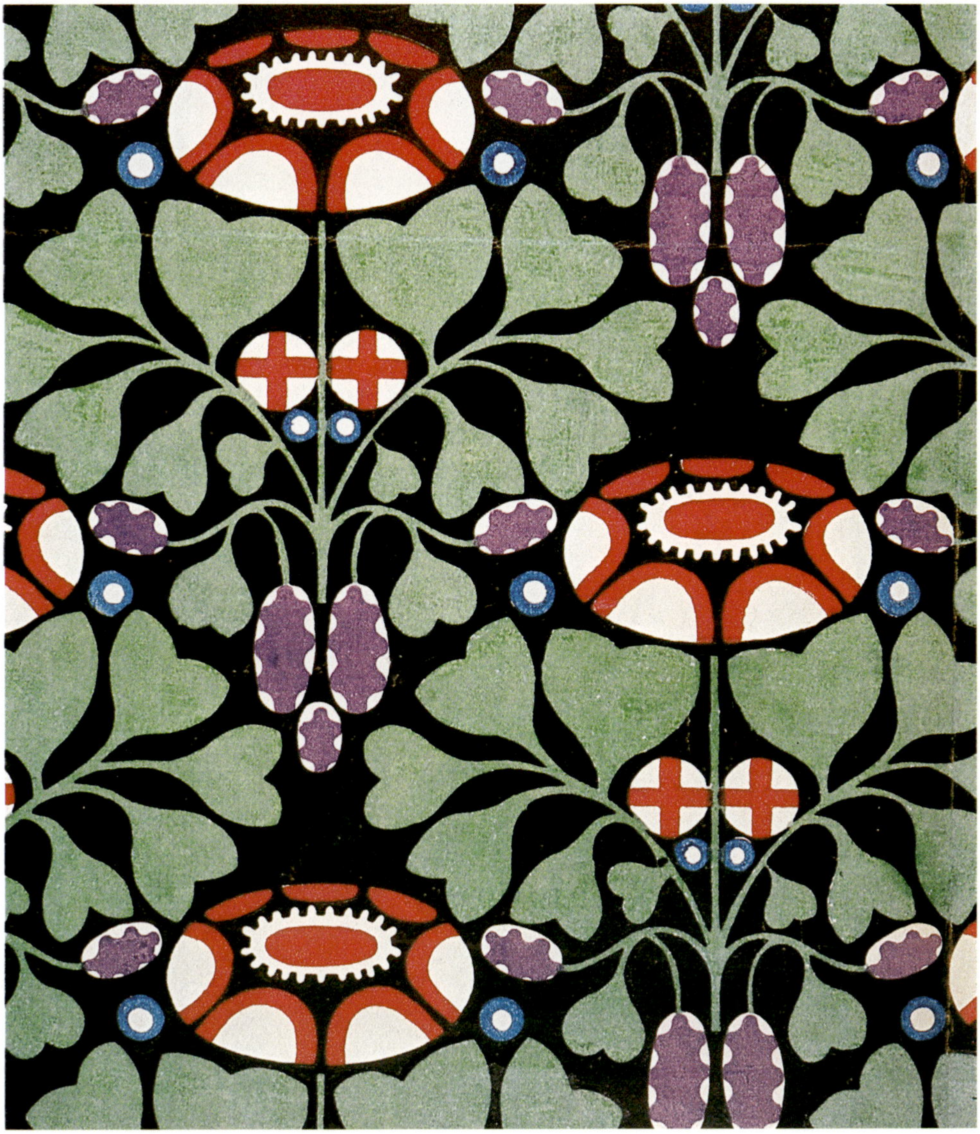

99

99
STOFFMUSTER „VORGARTEN“
Entwurf: Jonasch, vor 9.5.1912
Material: Handdruck auf Papier
Maße des Ausschnitts: 32,3 x 23
Kennzeichnung: „Vorgarten 521, Entwurf Jonasch, Dessin 20112, 4 Hdg + Boden“
Ausführung: WW
Archivalien: WWMB 55, S. 612 (Sonnenschirm, 9.5.1912)
ÖMAK, Handdruck Nr. 521

99
"VORGARTEN" FABRIC PATTERN
Design: Jonasch, prior to 09.05.12
Material(s): hand printed on paper
Dimensions of the sample: 32.3 x 23 cm
Marks: "Vorgarten 521, Entwurf Jonasch, Dessin 20112, 4 Hdg + Boden"
Records: WWMB 55, p. 612 (parasol, 09.05.12)
AMAA, Block print no. 521

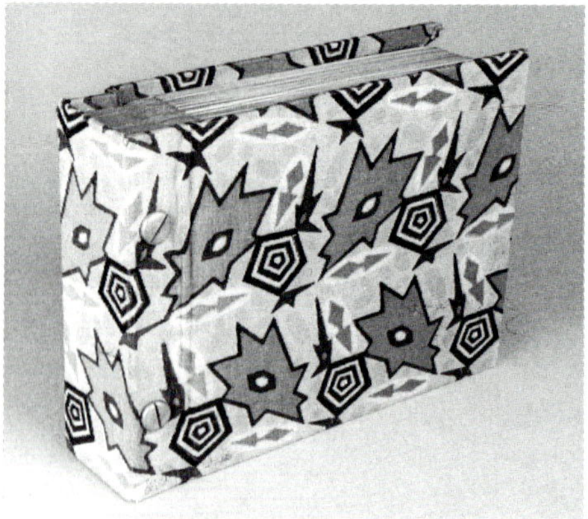

100

100
ALBUM MIT LEINENEINBAND „GRANATE“
Entwurf des Stoffmusters: Carl Krenek, um 1912
Maße: 17 x 22 cm
Kennzeichnung: WIENER WERK STÄTTE
Wiener Privatbesitz

100
ALBUM WITH CLOTH BINDING, "GRANATE" PATTERN
Design of fabric pattern: Carl Krenek, around 1912
Dimensions: 17 x 22 cm
Marks: WIENER WERK STÄTTE
Private collection in Vienna

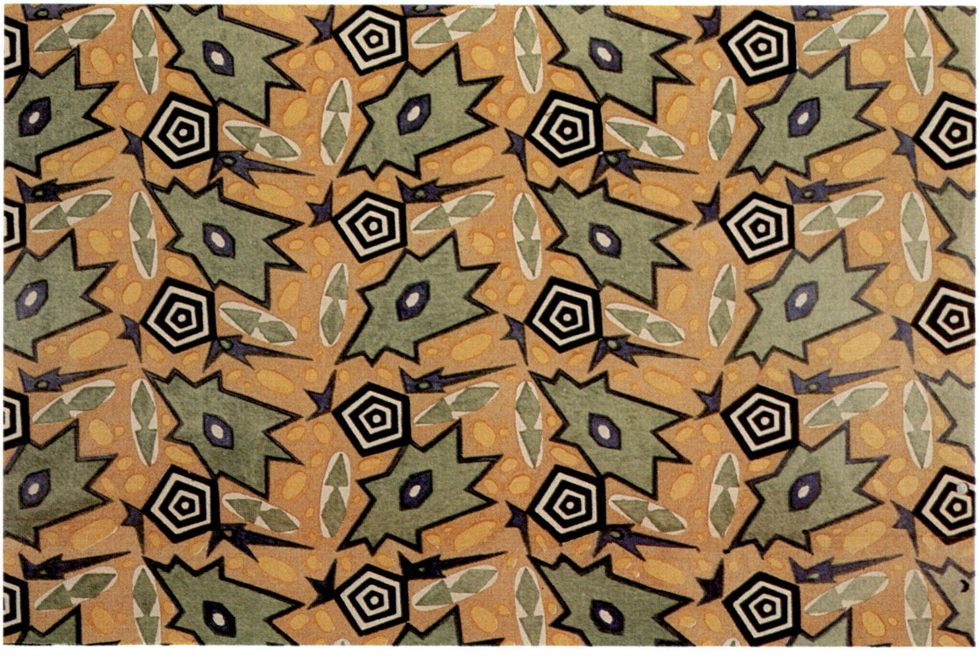

101

101
STOFFMUSTER „GRANATE“
Entwurf: Carl Krenek, um 1912
Material: Handdruck auf Papier
Maße: 27,2 x 40,2 cm
ÖMAK, Handdruck Nr. 323

101
"GRANATE"FABRIC PATTERN
Design: Carl Krenek, around 1912
Material(s): hand printed on paper
Dimensions: 27.2 x 40.2 cm
AMAA, Block print no. 323

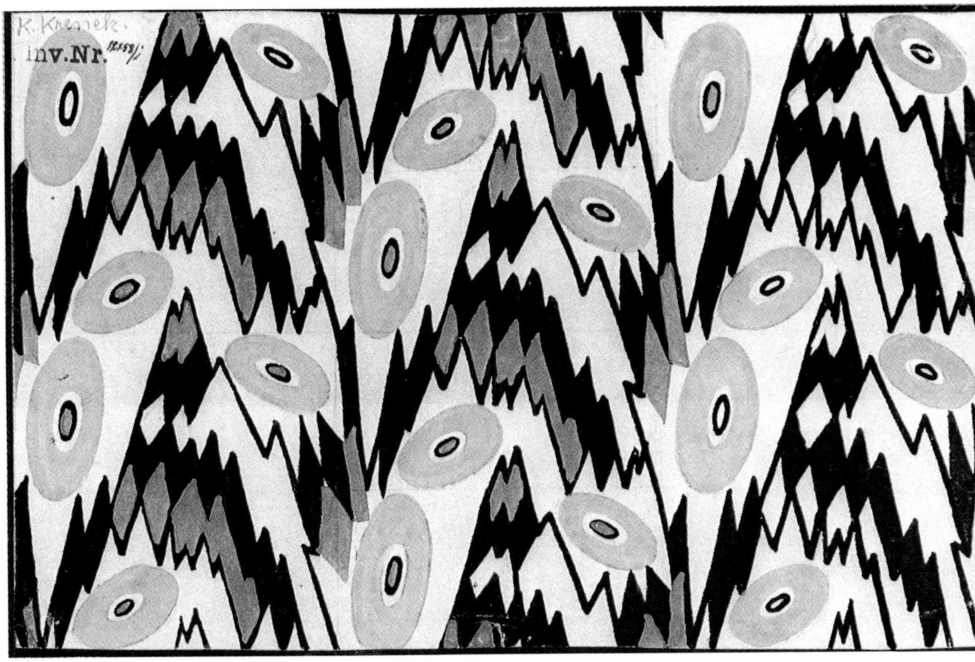

102

102
ENTWURF FÜR STOFFMUSTER „BLITZ"
Entwurf: Carl Krenek, um 1912
Maße: 15,8 x 23,6 cm
Kennzeichnung: „K. Krenek", „Blitz No 7. Krenek"
Archivalien: WWMB 48, S. 2271
ÖMAK, Inv. K.I. 12258/1

Durch die Verwendung für ein Damenportemonnaie ist das Stoffmuster „Blitz" vor Februar 1914 zu datieren. Der Entwurf dürfte zu einer Gruppe von Mustern gehören, die Krenek offenbar im Jahre 1912 an die WW übergab; einige von ihnen tragen den Eingangsstempel „... April 1912". Zu dieser Serie zählt auch der Entwurf „Granate".

102
DESIGN FOR "BLITZ" FABRIC PATTERN
Design: Carl Krenek, around 1912
Dimensions: 15.8 x 23.6 cm
Marks: "K. Krenek.", "Blitz No 7. Krenek"
Records: WWMB 48, p. 2271
AMAA, Inv. K.I. 12258/1

The "Blitz" (lightning) fabric pattern can be dated to February 1914 by its use for a lady's purse. The design may have been one of a series of patterns which Krenek obviously did for WW in 1912. Several of these designs are stamped " . . . April 1912". The series also includes the design of the "Granate" (grenade) fabric pattern.

103
KRIEGSBECHER
Entwurf: Josef Hoffmann oder Dagobert Peche (?), 1915
Werknummer: A I 502
Material: Glas mit Emailfarben
Höhe: 10 cm
Unbezeichnet
Ausführung: Oertel/Haida für die WW (Mai 1915 - Febr. 1917, mindestens 24 Stück)
Verkaufspreis: K 5,- (Mai 1915), K 9,50 (Febr. 1917)
Kaufkraft von K 5,- (4/1915)
= S 113,05 (5/1983)
Archivalien: WWMB 61, S. 502
ÖMAK, Inv. Gl. W.I. 1421

Im Kalkulationsbuch sind mit Bleistift die Initialen J.H. notiert; als weitere Bezeichnung: „Becher No 37" (durchgestrichen), daneben: „Nr. 13".

103
WAR BEAKER
Design: Josef Hoffmann or Dagobert Peche (?), 1915
Serial number: A I 502
Material(s): glass with enamel colours
Height: 10 cm
Marks: Unmarked
Production: Oertel/Haida for the WW (May 1915 - Febr. 1917, at least 24 copies)
Retail price: K 5 (04/15), K 9.50 (02/17)
Present equivalent: S 113.05 (05/83)
Records: WWMB 61, p. 502
AMAA, Inv. W.I. 1421

The initials J.H. are noted in pencil in the calculation book. One also finds the remark "Becher No 37" (crossed out), and beside it "Nr. 13."

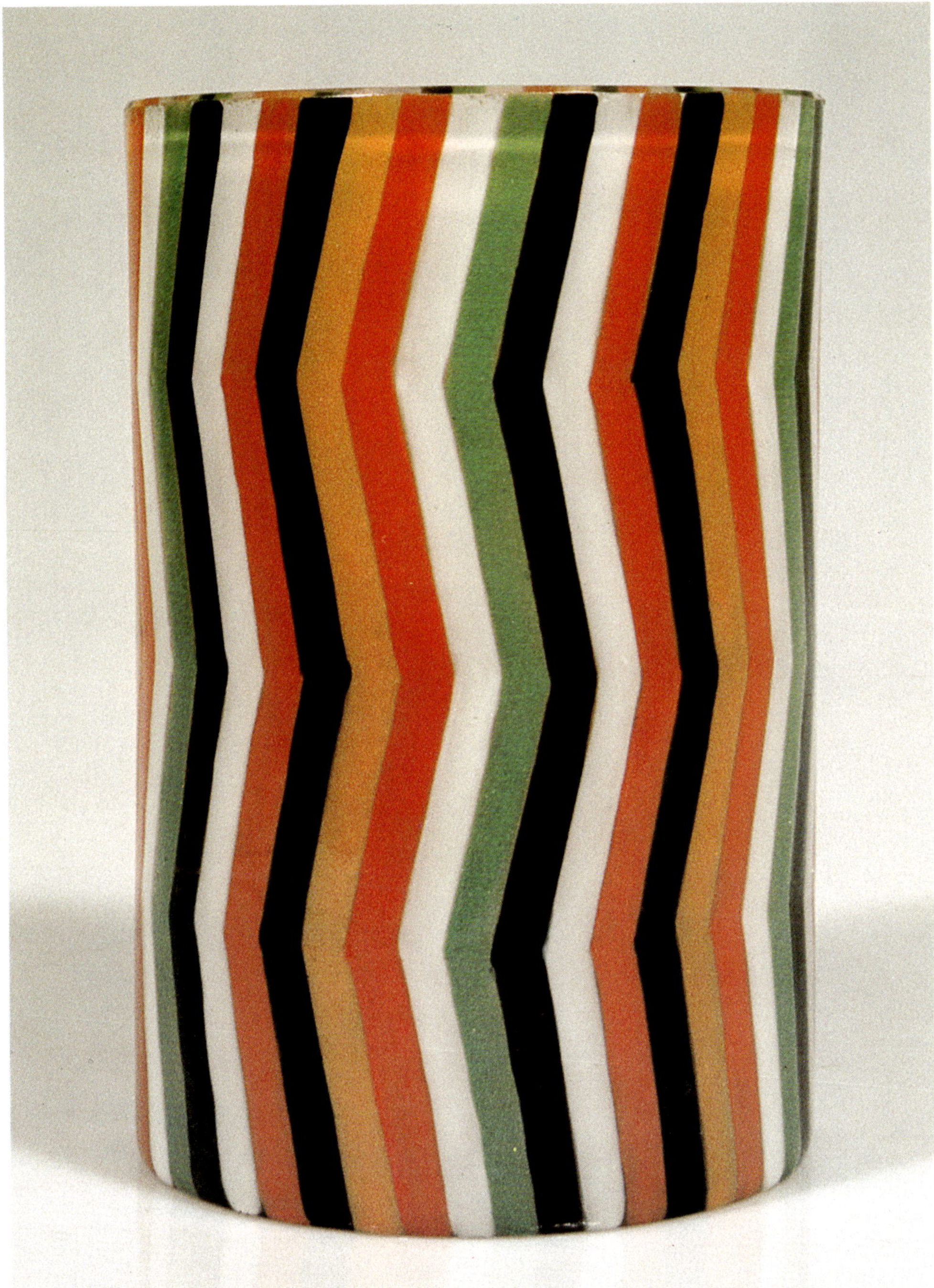

103

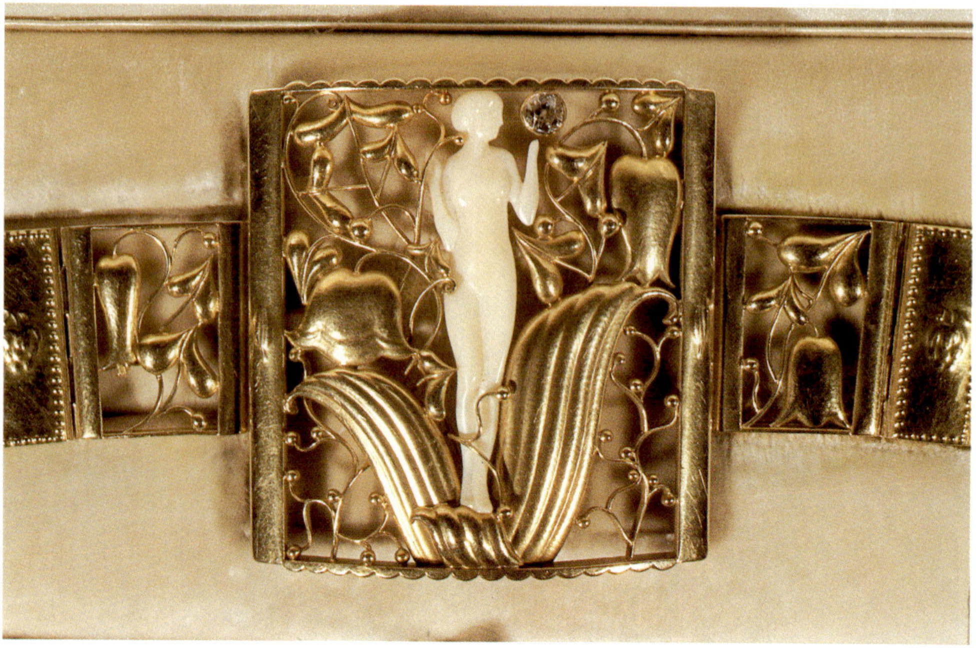

104

104
ARMBAND
Entwurf: Josef Hoffmann, um 1914
Werknummer: G 1868
Material: Gold, getrieben, Steine, Elfenbein
Maße des Mittelstücks: 4,7 x 4,5 cm, Gesamtlänge 20,9 cm
Kennzeichnung: Rosenmarke, WW-Monogramm, Feingehaltspunzen (Fuchskopf, A), Monogramm JH
Ausführung: WW 1914 (für Primavesi)
Verkaufspreis: K 1520,- (Dez. 1914)
Kaufkraft von K 1520,- (12/1914)
= S 55.118,95 (12/1983)
Archivalien: WWMB 69, S. 1868
Wiener Privatbesitz

105
ANHÄNGER
Entwurf: Josef Hoffmann, um 1915
Werknummer: G 1871
Material: Gold, getrieben, Opale
Höhe des Anhängers: 7 cm, Gesamtlänge: 39 cm
Kennzeichnung: WW-Monogramm, Feingehaltspunze A
Ausführung: WW 1915
Verkaufspreis: K 600,- (Okt. 1915)
Kaufkraft von K 600, (10/1915)
= S 10.718,39 (10/1983)
Archivalien: WWMB 69, S. 1871;
K.I. 12140/19
Wiener Privatbesitz

104
BRACELET
Design: Josef Hoffmann, around 1914
Serial number: G 1868
Material(s): gold, chased, stones, ivory
Dimensions of centre-piece: 4.7 x 4.5 cm, whole length: 20.9 cm
Marks: rose mark, WW monogram, hallmarks (fox's head, A), monogram JH
Production: WW 1914 (for Primavesi)
Retail price: K 1,520 (12/14)
Present equivalent: S 55,118.95 (12/83)
Records: WWMB 69, p. 1868
Private collection in Vienna

105
PENDANT
Design: Josef Hoffmann, around 1915
Serial number: G 1871
Material(s): gold, chased, opals
Height of pendant: 7 cm
Overall length: 39 cm
Marks: WW monogram, hallmark A
Production: WW 1915
Retail price: K 600 (10/15)
Present equivalent: S 10,718.39 (10/83)
Records: WWMB 69, p. 1871;
K.I. 12140/19
Private collection in Vienna

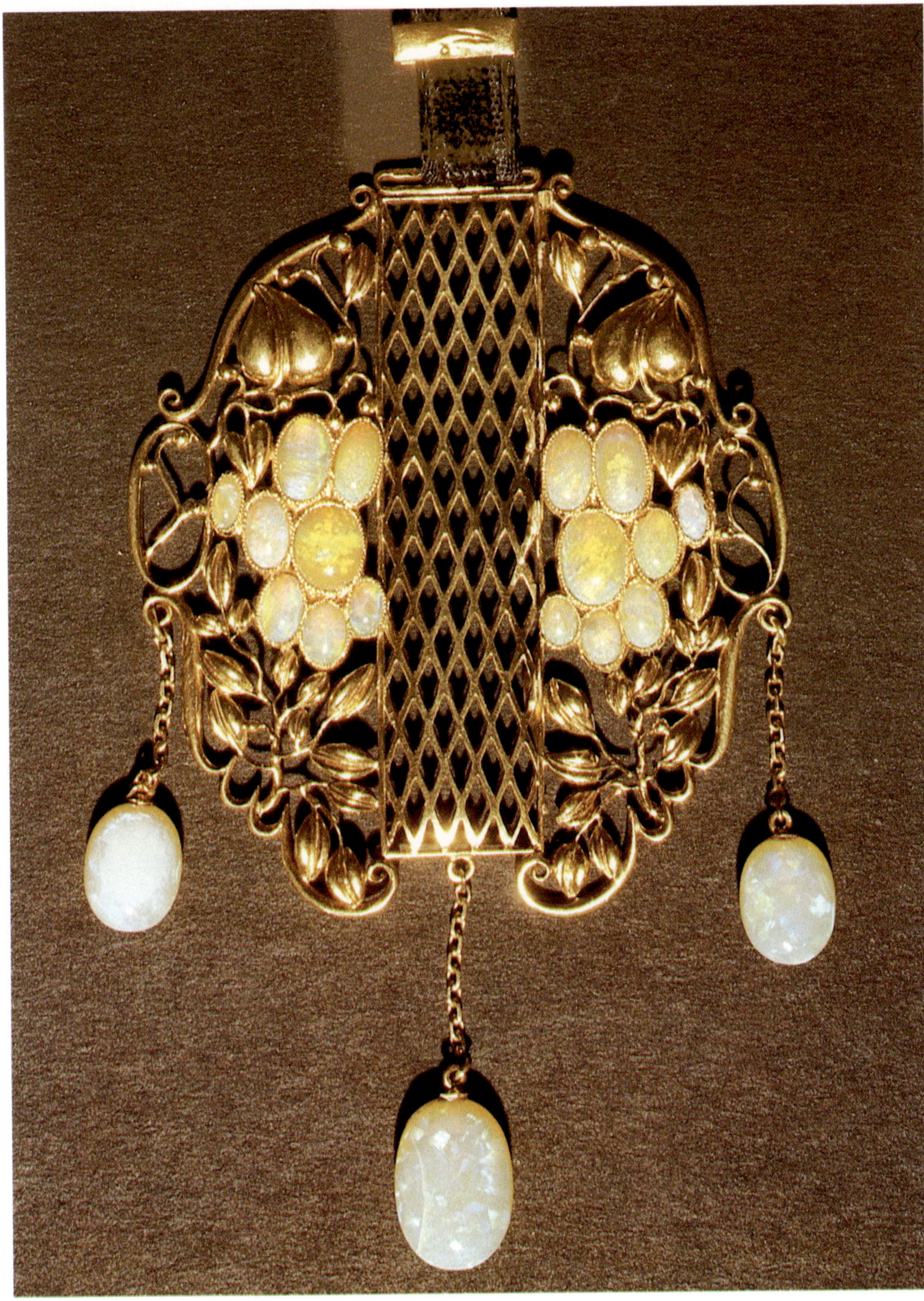

105

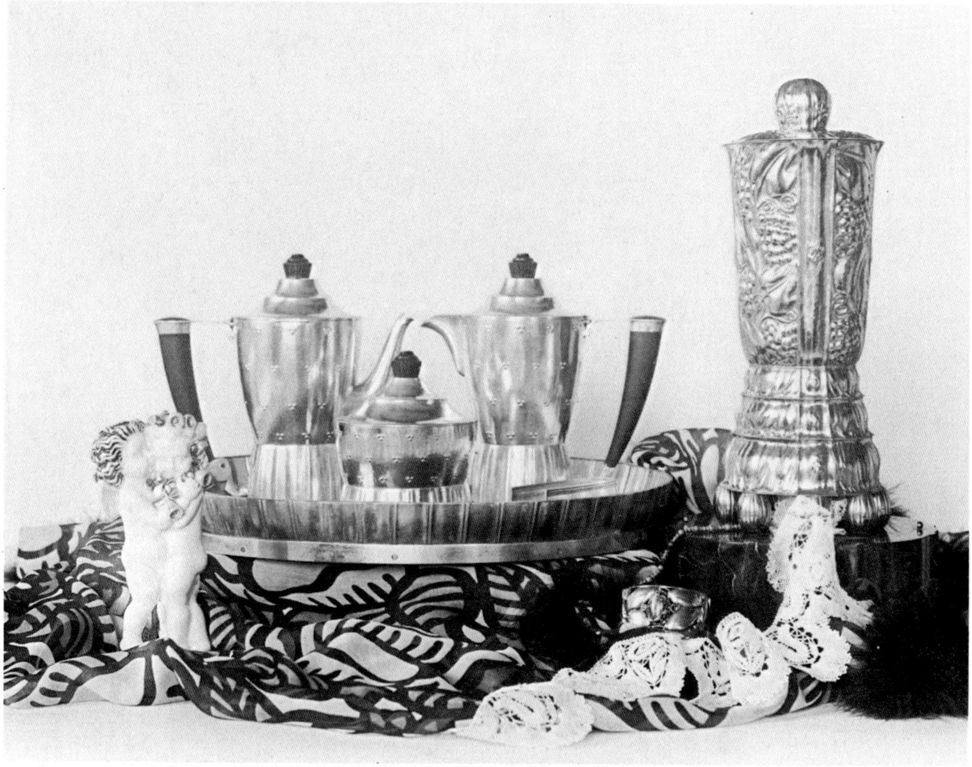

106

106
ARRANGEMENT
bestehend u.a. aus dem Service (Kat. Nr. 107), einer Gruppe „Amor und Psyche" der „Wiener Keramik" (oder Vereinigte Wiener und Gmundner Keramik) und einem Deckelpokal von Josef Hoffmann

POKAL
Entwurf: Josef Hoffmann
Werknummer: S 3035
Material: Silber vergoldet mit Perlrand und Marmorsockel
Höhe: 32 cm
Ausführung: WW 1913 und 1918 ?
Verkaufspreis: K 1.100,- (März 1913)
K 2.860,- (Sept. 1918)
Kaufkraft von K 1.100,- (3/1913)
= S 40.715,11 (3/1984)
Archivalien: WWMB 16, S. 3035; WWE 29/3-6

106
ARRANGEMENT
including a service (cat. no. 107), a group "Amor and Psyche" by the Wiener Keramik (or Vereinigte Wiener und Gmundner Keramik) and a lidded goblet by Josef Hoffmann.

GOBLET
Design: Josef Hoffmann
Serial number: S 3035
Material(s): silver, gilded, with pearl border and marble base
Height: 32 cm
Production: WW 1913 and 1918 ?
Retail price: K 1,100 (03/13); K 2,860 (09/18)
Present equivalent: S 40,715.11 (K 1.100, 03/84)
Records: WWMB 16, p. 3035; WWE 29/3-6

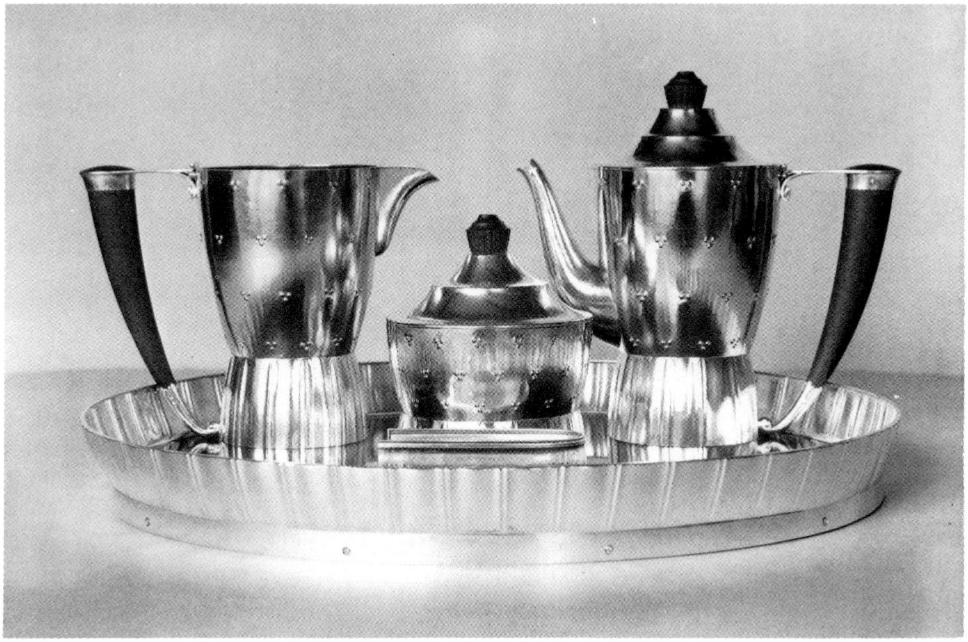

107

107
KAFFEESERVICE
Entwurf: Josef Hoffmann, um 1914
Werknummern:
S 3383 = Kaffeekanne
S 3384 = Milchkanne mit Deckel
S 3385 = Zuckervase
S 3386 = Tasse
S 3387 = Zuckerzange
Material: Silber mit Ebenholzgriffen und -knäufen
Ausführung: WW 1915
Verkaufspreis: Kaffeekanne K 470,- (Jänner 1915)
Kaufkraft von K 470,- (1/1915) = S 12.472,80 (1/1984)
Archivalien: WWMB 17, S. 3383-3387; K.I. 12053/19 (S 3383-3387)

Vergleichbare Formen sind bereits bei einem etwas älteren Service vorzufinden (vgl. WWMB 17, S. 3289-3293, 7.5.1914, S XXXVI). Einige Entwürfe dazu sind erhalten (S 3292-93: K.I. 12053/20,21; S 3289, niedere Kanne = K.I. 12017/16).

107
COFFEE SERVICE
Design: Josef Hoffmann, around 1914
Serial numbers:
S 3383 = coffee-pot
S 3384 = milk jug with lid
S 3385 = sugar bowl
S 3386 = salver
S 3387 = sugar tongs
Material(s): silver with ebony handles and knobs
Production: WW 1915
Retail price: K 470 (coffee-pot, 01/15)
Present equivalent: S 12,472.80 (01/84)
Records: WWMB 17, pp. 3383-3387; K.I. 12053/19 (S 3383-3387)

Similar forms can be found in a somewhat earler service (cf. WWMB 17, pp. 3289-3293, 07.05.14, S XXXVI). Several of the designs for this service still exist (S 3292-93: K.I. 12053/20,21; S 3289, low jug = K.I. 12017/16).

108
VASE
Entwurf: Josef Hoffmann, um 1914/15
Werknummer: A I 516 (und A I 531), A ja 43
Material: Violettes Glas
Höhe: 12,5
Unbezeichnet
Ausführung: Meyr's Neffe und Oertel/Haida für WW (1915-1919, mindestens 132 Stück), 1923-1926: 26 Stück (ausführende Firma nicht genannt)
Verkaufspreis: K 23 (Juli 1915, Kristall)
Kaufkraft von K 23,- (7/1915) = S 473,66 (7/1983)
Archivalien: WWMB 61, S. 516, 531; Karteikarte ja 43
ÖMAK, Inv. Gl 3111

Dieses Modell wurde in Kristallglas und in verschiedenfarbigem Glas ausgeführt: dunkelgrün, grün, blau, violett und gelb. Manchmal ist nur der Hinweis „farbig" angegeben. Das Modell wurde 1915 zum Musterschutz angemeldet.

108
VASE
Design: Josef Hoffmann, around 1914/1915
Serial number: A I 516 (and A I 531), A ja 43
Material(s): violet glass
Height: 12.5 cm
Marks: Unmarked
Production: Meyr's Neffe and Oertel/Haida for WW (1915-1919, at least 132 copies); 1923-1926: 26 copies (manufacturer not specified)
Retail price: K 23 (07/15, crystal glass)
Present equivalent: S 473.66 (07/83)
Records: WWMB 61, pp. 516, 531; filing card ja 43
AMAA, Inv. Gl 3111

This model was produced in crystal glass and glass of various colours: dark green, green, blue, violet and yellow. Sometimes only the reference "coloured" is given. The model was patented in 1915.

109
STOFFMUSTER „GRADO"
Entwurf: Leo Blonder, 1916 oder vorher
Material: Handdruck auf Papier
Höhe: 33 x 23,8 cm
Kennzeichnung: „Entwurf: Blonder, Grado 327, 20130 6 + B"
Archivalien: WWMB 72, Nr. 666; Karteikarte Dessin 327
ÖMAK, Handdruck Nr. 327

Die Datierung eines Sofapolsters von Perlmutter (WWMB 72, Nr. 666) enthält keine Jahreszahl, nur die Angabe 21. XII., doch läßt sich aufgrund der Reihung im Kalkulationsbuch und anderer Kriterien auf das Jahr 1916 schließen. Laut Kartei wäre das Muster bis 1928 erzeugt worden (1924-27, ausgeschieden 1928). Es vereint wolkenartige Formen mit solchen, die durchaus in die Kategorie der „Zickzackmotive" (style zigzag) des Art déco gehören. Dasselbe Muster wurde mehrfach für Lampenschirme verwendet: Stehlampe M la 25 von Josef Hoffmann, Lampenschirm Mf 2 (1922), Karteikarte M la 25

109
"GRADO" FABRIC PATTERN
Design: Leo Blonder, 1916 or earlier
Material(s): hand printed on paper
Dimensions: 33 x 23.8 cm
Marks: "Entwurf: Blonder, Grado 327, 20130 6 + B"
Records: WWMB 72, no. 666; filing card Dessin 327
AMAA, Block print no. 327

The date given for a sofa cushion by Perlmutter (WWMB 72, no. 666) does not specify a year, noting only 21.XII. However, its position in the calculation book and other criteria point to the year being 1916. The filing index shows that the pattern was produced until 1928 (1924-27, eliminated 1928). It combines cloud-like forms with shapes similar to those of the "style zigzag" of art deco. The same pattern was frequently used for lamp shades: table lamp M la 25 by Josef Hoffmann, lamp shade Mf 2 (1922), filing card M la 25.

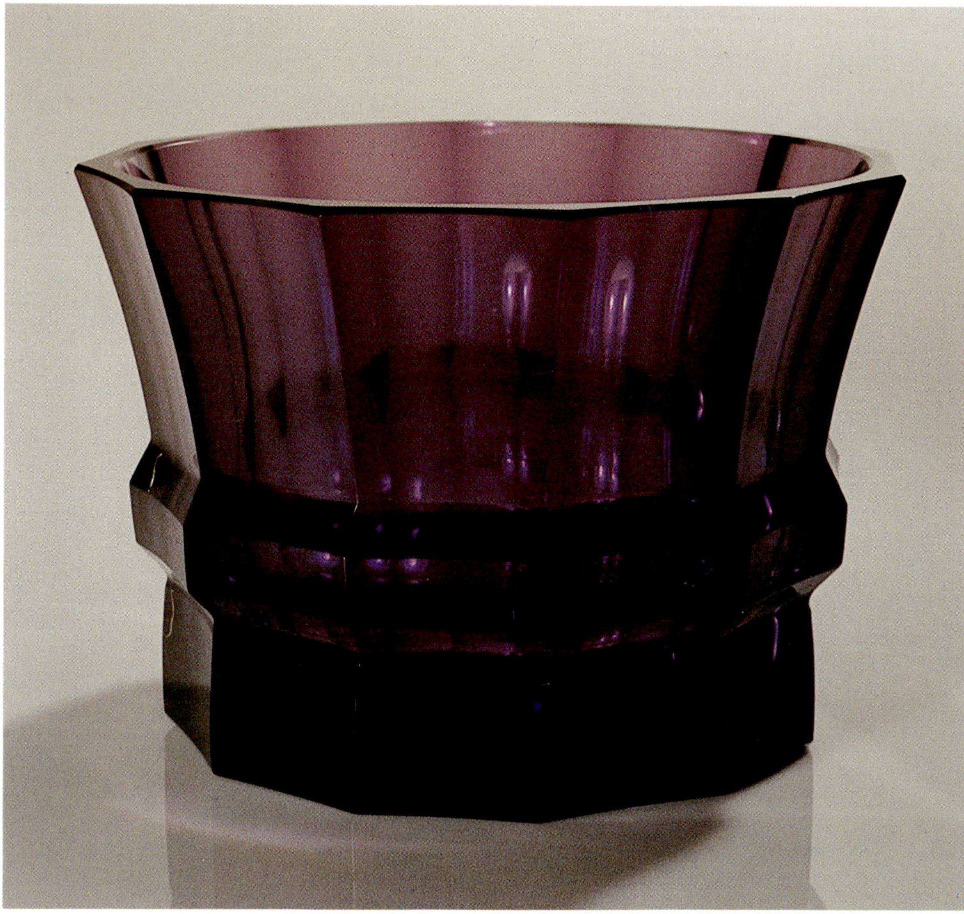

108

110
STOFFMUSTER „SPINNE"
Entwurf: Dagobert Peche, vor 1923
Material: Handdruck auf Papier
Maße: 26 x 18,5 cm
Kennzeichnung: „Dessin 20239 / 3 Hdg + Boden / Spinne No 403"
Archivalien: Karteikarte
ÖMAK, Handdruck Nr. 403

110
"SPINNE" FABRIC PATTERN
Design: Dagobert Peche, prior to 1923
Material(s): hand printed on paper
Dimensions: 26 x 18.5 cm
Marks: "Dessin 20239 / 3 Hdg + Boden / Spinne No 403"
Records: filing card
AMAA, Block print no. 403

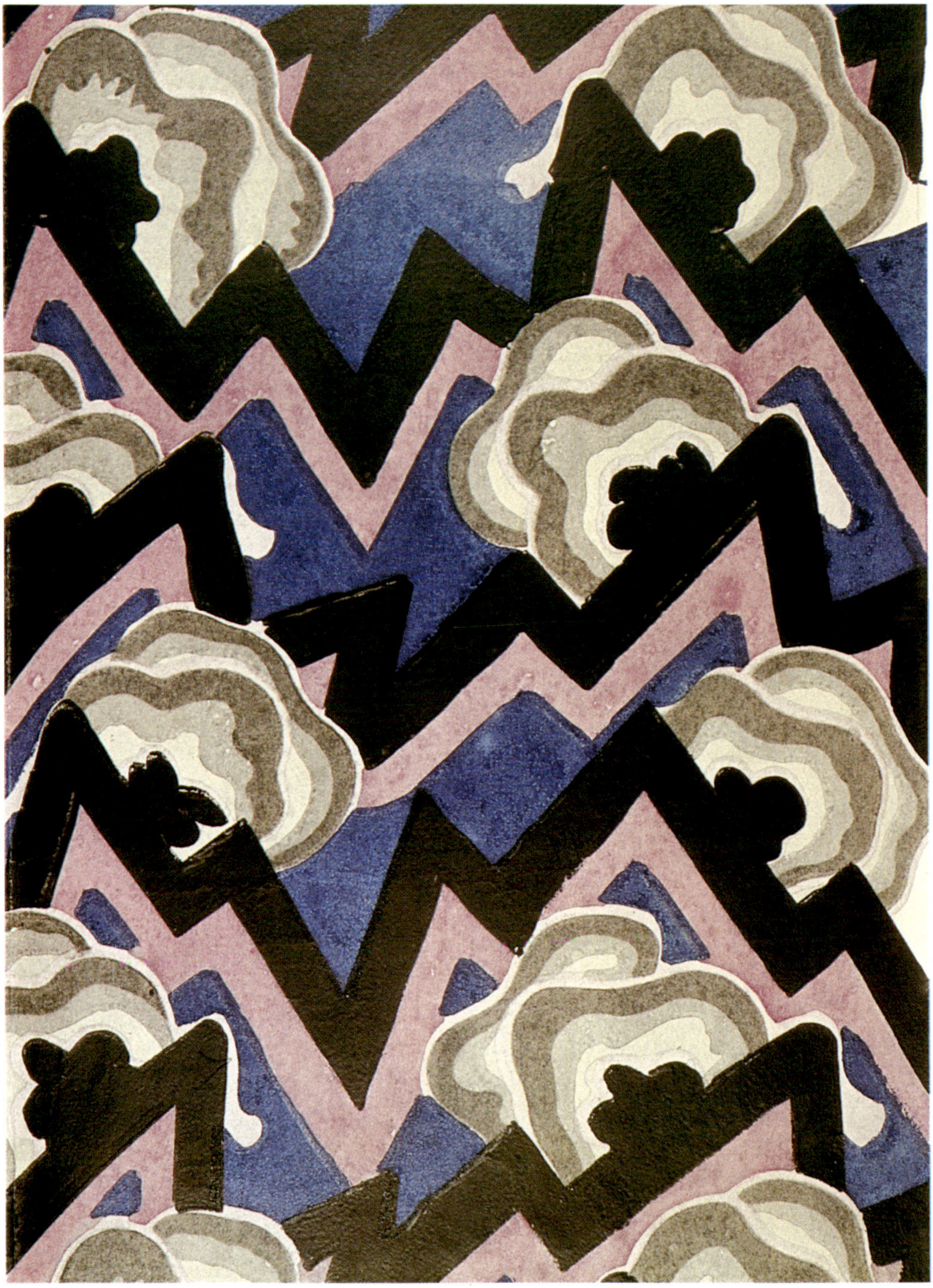

109

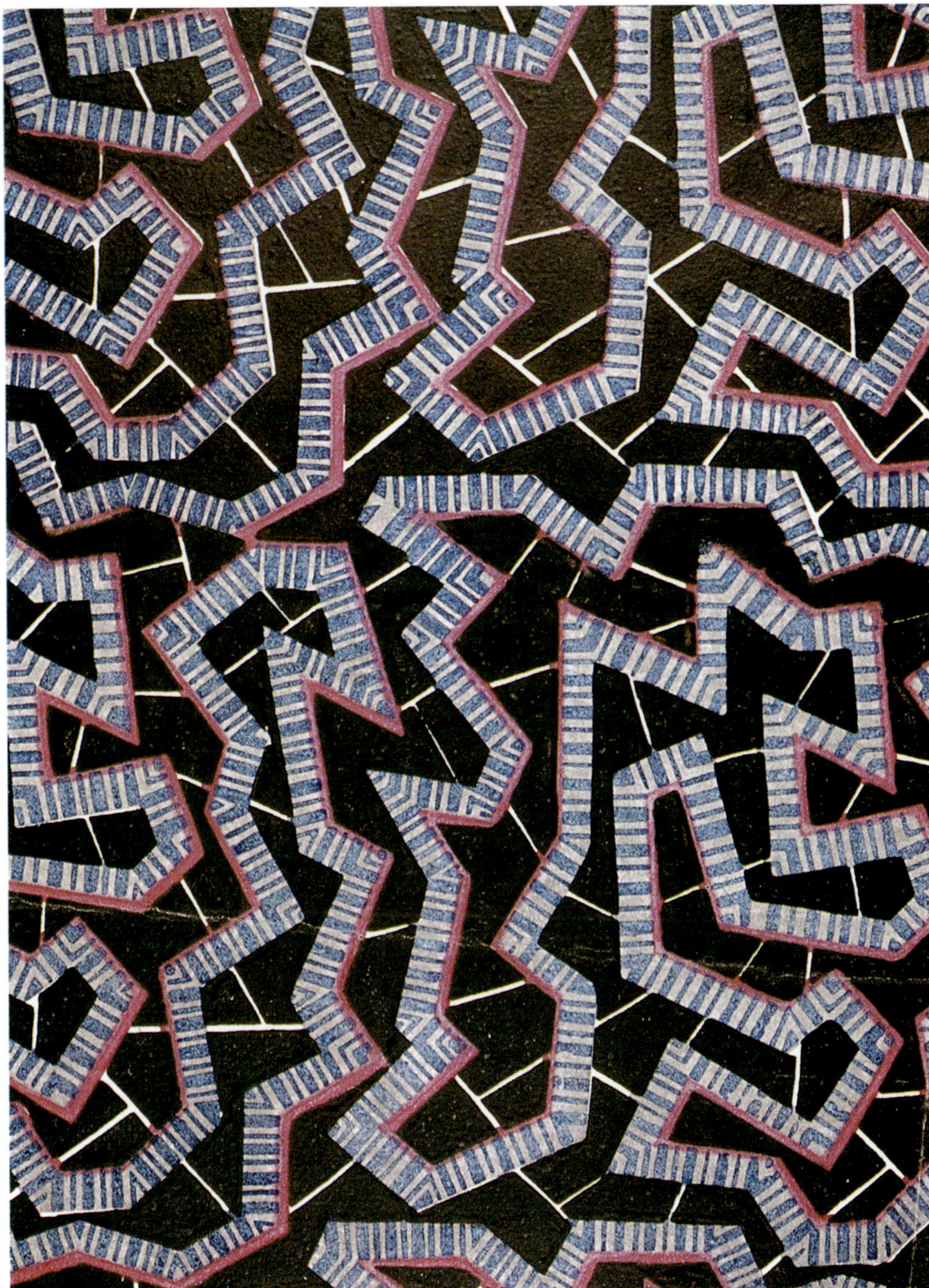

110

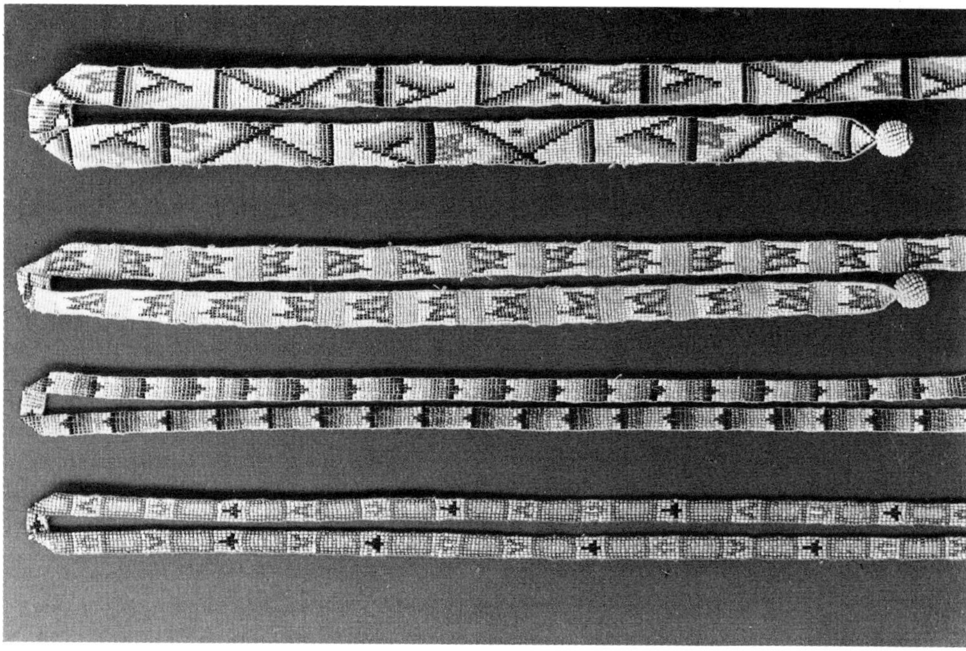

111

111
VIER PERLBÄNDER
Entwurf: Dagobert Peche, 1916
Werknummern von oben nach unten:
KW 185 (= P 62), KW 197 (= P 13), KW 283 (= P 70), KW 186 (= P 57)
Material: Perlbänder mit und ohne Kugeln
Ausführung: 1917-1919 (KW 185, 186, 197, 283); 1919-1921 (P 13, 57, 62); 1920-21 (P 70), spätere Erzeugung möglich
Verkaufspreis: K 18,- (KW 185, Juni 1917, später erhöht auf K 23,-)
Kaufkraft von K 18,- (4/1917) = S 96,10 (6/1983)
Archivalien: WWMB 71, Nr. 185, 186, 197, 283; WWMB 58, S. 13, 57, 62, 70; WWF 109, S. 18; K.I. 12756/15

Der Entwurf für das Band KW 185 (K.I. 12756/15) ist signiert und datiert: „DP 16". Die Bänder selbst wurden in den Jahren 1917-1918 (KW 186) bzw. 1917-1919 (alle anderen) ausgeführt. Die im Kalkulationsband angeführten P-Nummern sind die späteren Modellnummern.
Bei zahlreichen Bändern ist der Ausführungshinweis „Hausindustrie" angegeben.

111
FOUR BELTS OF GLASS BEADS
Design: Dagobert Peche, 1916
Serial numbers from top to bottom:
KW 185 (= P 62), KW 197 (= P 13), KW 83 (= P 70), KW 186 (= P 57)
Material(s): belts of glass beads with and without pommels
Production: 1917-1919 (KW 185, 186, 197, 283); 1919-1921 (P 13, 57, 62); 1920-21 (P 70), possibly also produced later
Retail price: K 18 (KW 185, 04/17, later raised to K 23)
Present equivalent: S 96.10 (K 18, 06/83)
Records: WWMB 71, no. 185, 186, 197, 283; WWMB 58, pp. 13, 57, 62, 70; WWF 109, p. 18; K.I. 12756/15

The design for belt KW 185 (K.I. 12756/15) is signed and dated: "DP 16". The belts themselves produced in the years 1917-1918 (KW 186) and 1917-1919 (all the others). The P numbers listed in the calculation book are the subsequent serial numbers. "Hausindustrie" is noted in connection with the production of any of the belts.

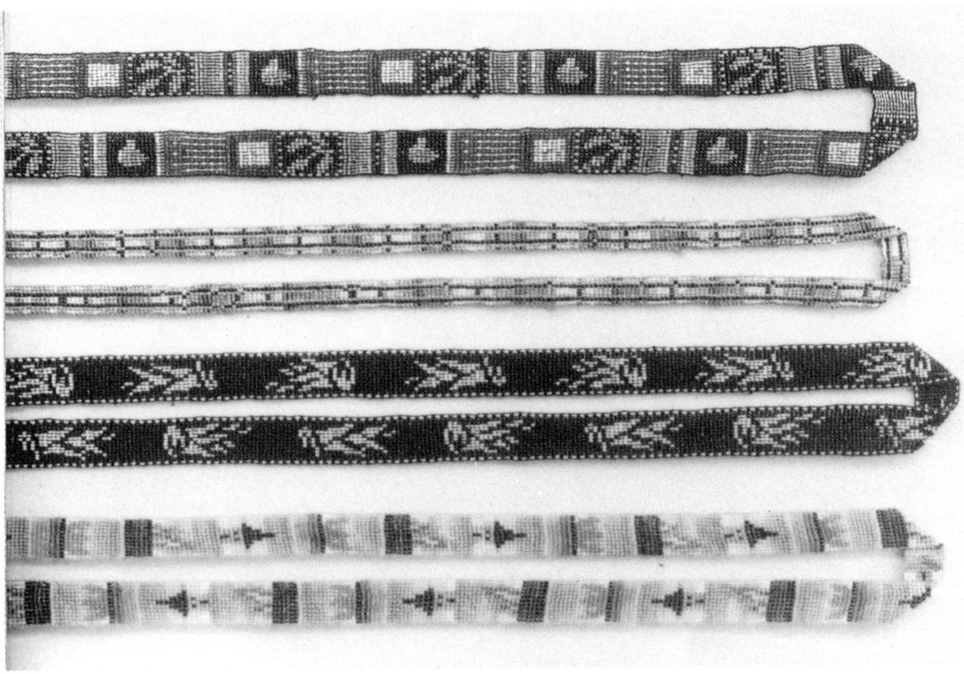

112

112
VIER PERLBÄNDER
Entwurf: Dagobert Peche und Jacobsen (KW 511 b), um 1916
Werknummern von oben nach unten: KW 485 (= P 68), KW 511 b (= P 66), KW 699 (= P 137), KW 285 (= P 61)
Material: Perlbänder mit und ohne Kugeln
Ausführung: 1916-1918 (KW 485, 511, 694), 1917-1919 (KW 285); 1919-21 (P 61, 66, 68), 1920 (P 137)
Verkaufspreis: K 26,- (KW 694, Febr. 1918)
Kaufkraft von K 26,- (1/1918) = S 130,29 (2/1984)
Archivalien: WWMB 71, S. 285 (KW 285); WWMB 72, S. 485, 511, 694 (KW 485, 511, 694); WWMB 58, S. 61, 66, 68, 137 (P 61, P 66, P 68, P 137); WWF 109, S. 18

Bei zahlreichen Bändern findet sich wieder die Ausführungsangabe „Hausindustrie".

112
FOUR BELTS OF GLASS BEADS
Design: Dagobert Peche und Jacobsen (KW 511 b), around 1916
Serial numbers from top to bottom: KW 485 (= P 68), KW 511 b (= P 66), KW 699 (= P 137), KW 285 (= P 61)
Material(s)s: belts of glass beads with and without pommels
Production: 1916-1918 (KW 485, 511, 694), 1917-1919 (KW 285); 1919-21 (P 61, 66, 68), 1920 (P 137)
Retail price: K 26 (KW 694, 01/18)
Present equivalent: S 130.29 (02/84)
Records: WWMB 71, p. 285 (KW 285); WWMB 72, pp. 485, 511, 694 (KW 485, 511, 694); WWMB 58, pp. 61, 66, 68, 137 (P 61, P 66, P 68, P 137); WWF 109, p. 18

"Hausindustrie" is noted in connection with the production of any of the belts.

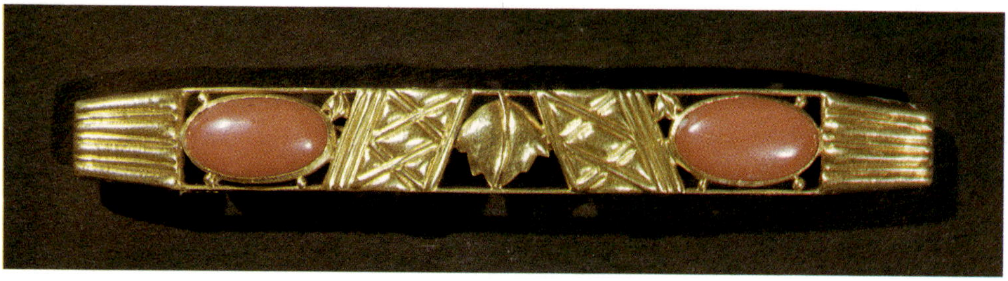

113

113
BROSCHE
Entwurf: Eduard Josef Wimmer, um 1917
Werknummer: G 1925
Material: Gold getrieben, mit Steinen
Länge: 8,5 cm
Kennzeichnung: Feingehaltspunzen (Gamskopf, A), WW-Monogramm
Ausführung: WW 1918
Verkaufspreis: K 985,- (Febr. 1918)
Kaufkraft von K 985,- (1/1918)
= S 4.935,81 (2/1984)
Archivalien: WWMB 69, Nr. 1925
Wiener Privatbesitz

113
BROOCH
Design: Eduard Josef Wimmer, around 1917
Serial number: G 1925
Material(s): gold, chased, with stones
Length: 8.5 cm
Marks: hallmarks (chamois head, A), WW monogram
Production: WW 1918
Retail price: K 985 (01/18)
Present equivalent: S 4,935.81 (02/84)
Records: WWMB 69, no. 1925
Private collection in Vienna

114
KARTE MIT STOFFMUSTER „STAKETTE“
Entwurf: Dagobert Peche
Maße: 14 x 9 cm
Kennzeichnung: „ARCH. DAGOBERT PECHE“
ÖMAK, Inv. K.I. 13742/13

Das Stoffmuster „Stakette“ nach Entwurf von Dagobert Peche entstand vermutlich 1914-1916 (Nr. 495).
Offenbar zur Werbezwecken wurden Karten mit Stoffmustern der WW gedruckt (je zwei von Dagobert Peche und Leo Blonder). Die Karten tragen auf der Rückseite den Firmennamen der WW mit dem Wortlaut „Betriebsgesellschaft . . .“ eingedruckt, sind daher zwischen 1914 und 1921 datierbar (K.I. 13742/13-16)

114
CARD WITH "STAKETTE" FABRIC PATTERN
Design: Dagobert Peche
Dimensions: 14 x 9 cm
Marked: "ARCH. DAGOBERT PECHE"
AMAA, Inv. K.I. 13742/13

The "Stakette" (batten) fabric pattern to a design of Dagobert Peche was probably produced in 1914-1916 (no. 495). Cards were printed with fabric patterns by the WW, apparently for advertising purposes (two each by Dagobert Peche and Leo Blonder). The name of the WW with wording "Betriebsgesellschaft ..." is printed on the back of some cards, enabling them to be dated between 1914 and 1921 (K.I. 13742/13-16).

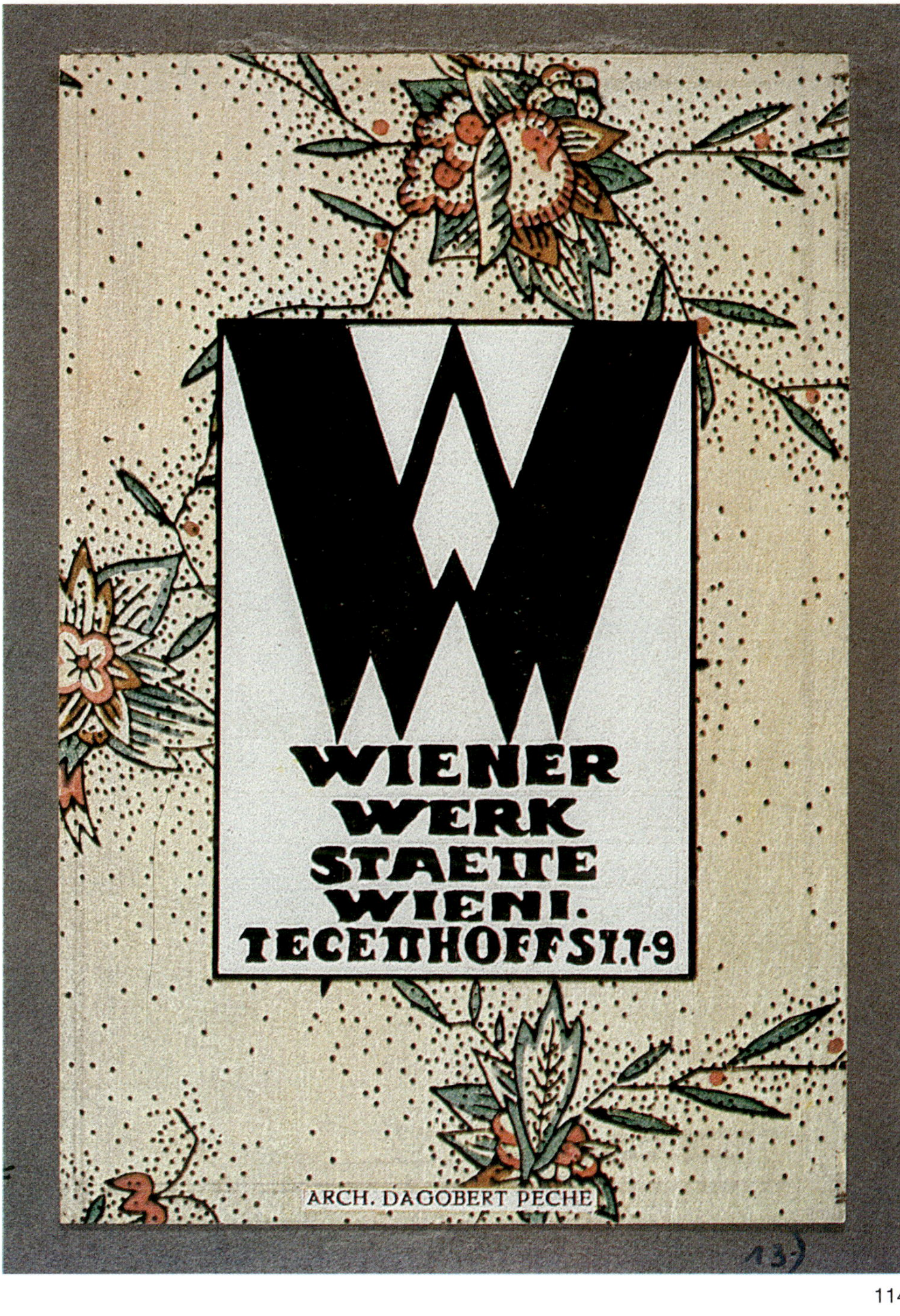
WIENER
WERK
STAETTE
WIEN I.
TEGETTHOFFST. 7-9
ARCH. DAGOBERT PECHE
13.)

114

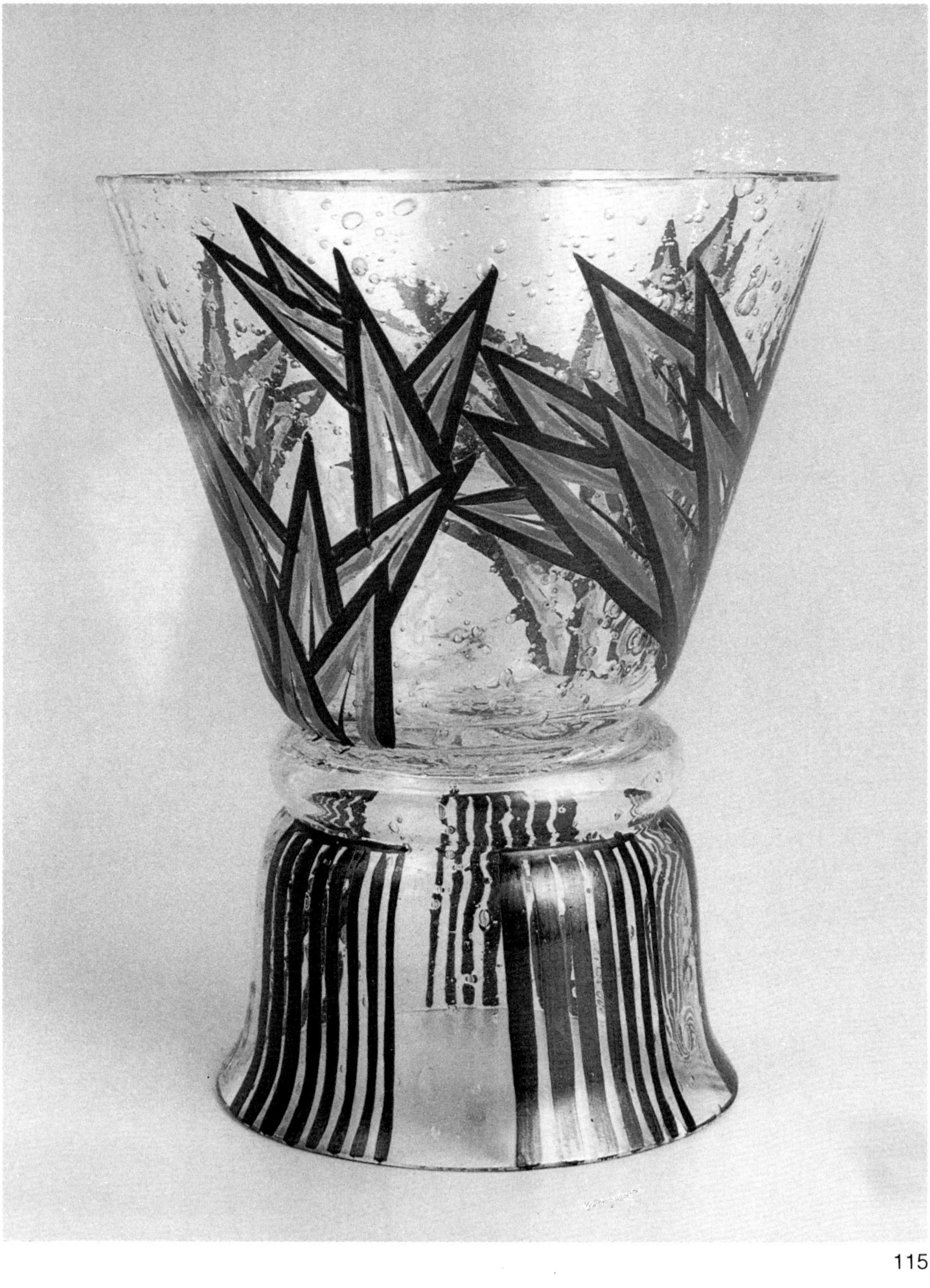

115

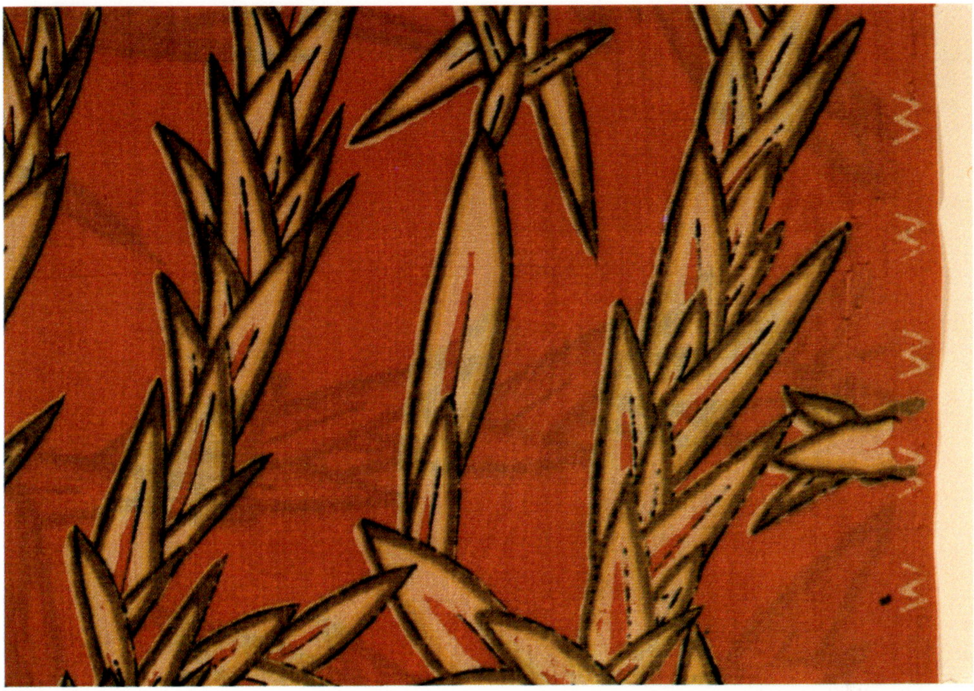

116

115
VASE
Entwurf: Form vermutlich Fritzi Löw, Dekor: Dagobert Peche, um 1915
Werknummer: A I 504/38
Material: Blasenglas, schwarz und grau bemalt
Höhe: 14,8 cm
Kennzeichnung: unbezeichnet
Ausführung: Oertel/Haida für WW (Form 1915-1919, versch. Dekore); Glas 504/38 Sept. 1916 bis Sept. 1917 nachweisbar (mindestens 21 Stück)
Verkaufspreis: K 9,- (Sept. 1916)
Kaufkraf von K 9,- (7/1916)
= S 87,99 (9/1983)
Archivalien: WWMB 61, S. 504
Wiener Privatbesitz

Das spitzzackige Motiv der Glasmalerei scheint dem Stoffmuster „Irrgarten“ von Dagobert Peche zu entsprechen.
Zwei Entwürfe (K.I. 12537/14, 17) signiert Fritzi Löw, einer davon datiert 1917, dürfte sich auf eine verwandte Form beziehen (K.I. 12537/17 = A I 734, Vase; K.I. 12537/14 = 102/120).

116
STOFFMUSTER „IRRGARTEN“
Entwurf: Dagobert Peche, vor 1917
Material: Druck auf Seide
Maße des Details: 12 x 15,5 cm
Kennzeichnung: W (an der Kante)
ÖMAK, Stoffmuster Mappe 25

vgl. auch Perlband P 63 (WWMB 58, S. 63), KW 200 sowie 193, ab 1917 (WWMB 71, S. 193, 200)

116
"IRRGARTEN" FABRIC PATTERN
Design: Dagobert Peche, prior to 1917
Material(s): printed on silk
Dimensions of sample: 12 x 15.5 cm
Marks: W (along the edge)
AMAA, Fabric pattern folder 25

see also the belts of glass beads (P 63, WWMB 58, p. 63), KW 200 and 193, from 1917 on (WWMB 71, pp. 193, 200)

115
VASE
Design: form probably by Fritzi Löw, decoration by Dagobert Peche, around 1915
Serial number: A I 504/38
Material(s): bubble glass, painted black and grey
Height: 14.8 cm
Marks: Unmarked
Production: Oertel/Haida for WW (form 1915-1919, various decorations); glass 504/38 Sept. 1916 to Sept. 1917 (at least 21 copies)
Retail price: K 9 (07/16)
Present equivalent: S 87.99 (09/83)
Records: WWMB 61, p. 504
Private collection in Vienna

The sharp zig-zag motif of the glass painting seems to have its counterpart in Dagobert Peche's "Irrgarten" (maze) fabric pattern. Two designs (K.I. 12537/14, 17) signed by Fritzi Löw, one of them dated 1917, probably relate to a similar form (K.I. 12537/17 = A I 734, vase; K.I. 12537/14 = 102/120).

117
GLAS
Entwurf: Mathilde Flögl (Dekor), um 1918
Werknummer: A I 619/75
Material: Glas mit Malerei in Blau und Weiß
Höhe: 12,5 cm
Kennzeichnung: unbezeichnet
Ausführung: Oertel/Haida (1918-1919) für die WW (72 Stück)
Verkaufspreis: K 15.80 (März 1919)
Kaufkraft von K 15,80 (1/1919) = S 24,- (3/1984)
Archivalien: WWMB 62, S. 619; WWF 90, S. 89
Galerie bei der Albertina (Christa Zetter), Wien

Die Form des Glases in „Crystall" ist bereits durch eine Lieferung Oertels vom 20.12.1916 dokumentiert.

117
GLASS
Design: Mathilde Flögl (decoration), around 1918
Serial number: A 619/75
Material(s): glass with blue and white painting
Height: 12.5 cm
Marks: Unmarked
Production: Oertel/Haida (1918-1919) for the WW (72 copies)
Retail price: K 15.80 (03/19)
Present equivalent: S 24 (03/84)
Records: WWMB 62, p. 619; WWF 90, p. 89
Galerie bei der Albertina (Christa Zetter), Vienna

The form of the glass in "Crystall" is documented in a consignment from Oertel dated 20.12.16.

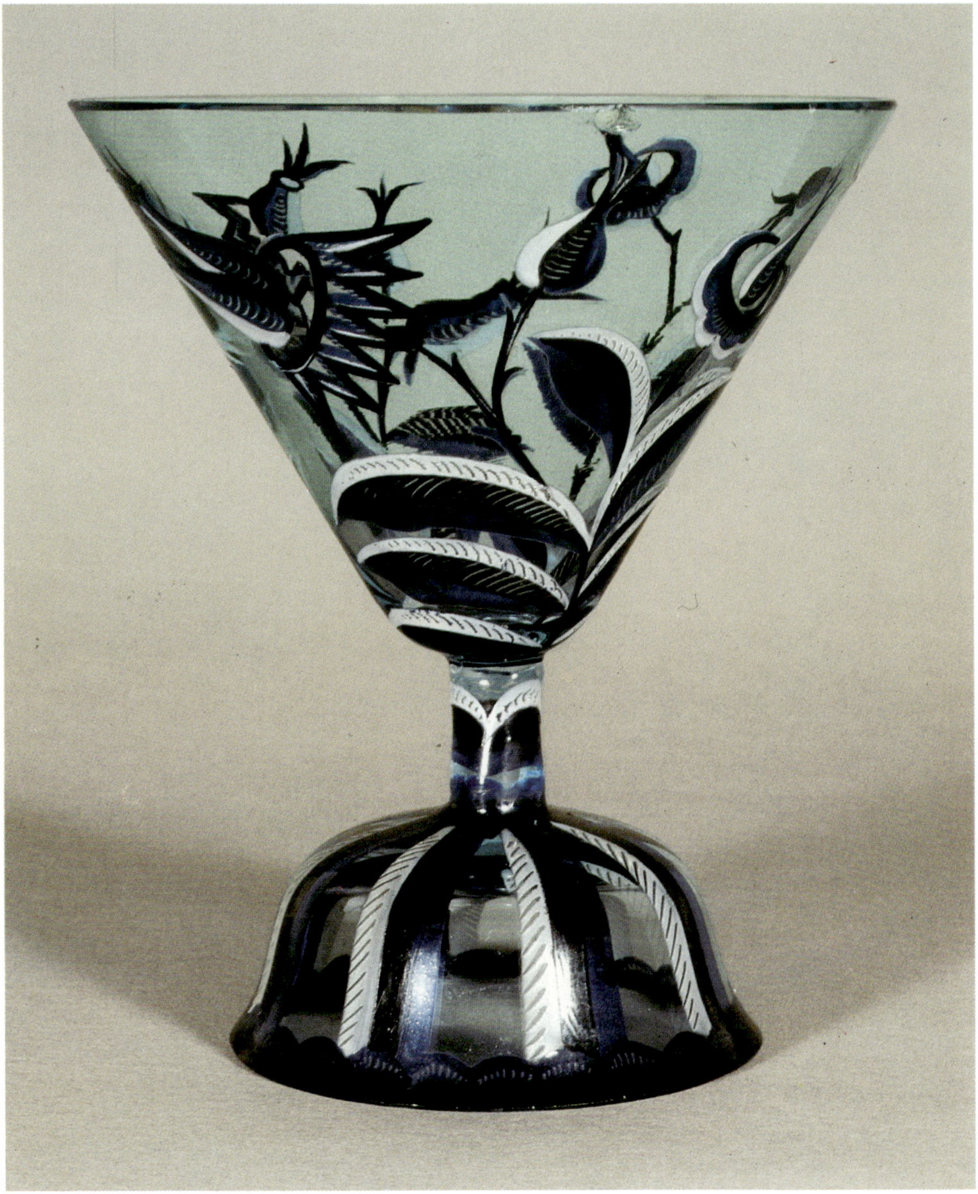

117

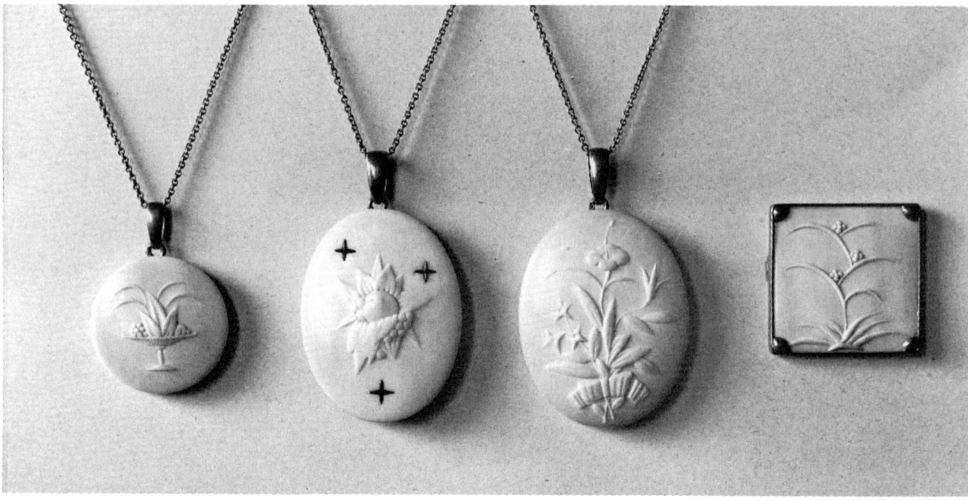

118

118
VIER ANHÄNGER
Entwurf: Dagobert Peche, um 1916
Werknummern von links nach rechts:
G 1905, G 1904, G 1902, G 1906
Material: Elfenbein, in Gold gefaßt
Ausführung: WW 1916
Verkaufspreis: K 400,- (G 1902, Nov. 1916)
Kaufkraft von K 400,- (10/1916)
= S 3011,36 (11/1983)
Archivalien: WWMB 69, S. 1902-1906

Die Anhänger wurden bereits in der Deutschen Kunst und Dekoration (39/1916-17, S. 345) abgebildet. Der Verkaufspreis von 400 Kronen wurde später auf 630 Kronen erhöht.

118
FOUR PENDANTS
Design: Dagobert Peche, around 1916
Serial numbers (from left to right):
G 1905, G 1904, G 1902, G 1906
Material(s): ivory, set in gold
Production: WW 1916
Retail price: K 400 (G 1902, 11/16)
Present equivalent: S 3,011.36 (11/83)
Records: WWMB 69, pp. 1902-1906

The pendants were illustrated in "Deutsche Kunst und Dekoration" (39/1916-17, p. 345). The retail price of 400 crowns was subsequently raised to 630 crowns.

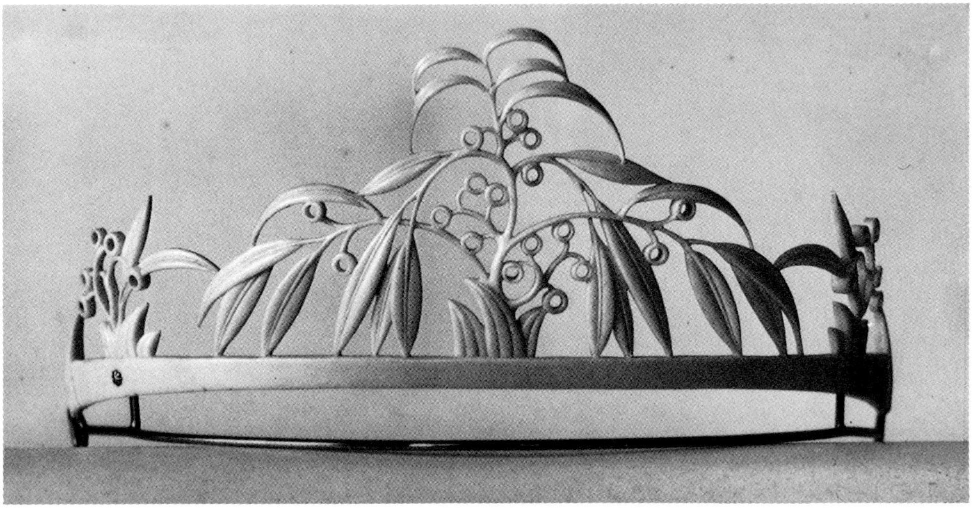

119

119
DIADEM
Entwurf: Dagobert Peche, um 1916
Werknummer: KW 1104
Material: Elfenbein, geschnitzt, mit Gold
Ausführung: WW 1916
Verkaufspreis: K 400,- (Nov. 1916)
Kaufkraft von K 400,- (10/1916)
= S 3011,36 (11/1983)
Archivalien: WWMB 57, S. 1104

Der Preis des in der Deutschen Kunst und Dekoration (39/1916-17, S. 352) abgebildete Diadems wurde später auf 500 Kronen erhöht.

119
DIADEM
Design: Dagobert Peche, around 1916
Serial number: KW 1104
Material(s): ivory, carved, with gold
Production: WW 1916
Retail price: K 400 (11/16)
Present equivalent: S 3,011.36 (11/83)
Records: WWMB 57, p. 1104

The price of the diadem illustrated in "Deutsche Kunst und Dekoration" (39/1916-17, p. 352) was later raised to 500 crowns.

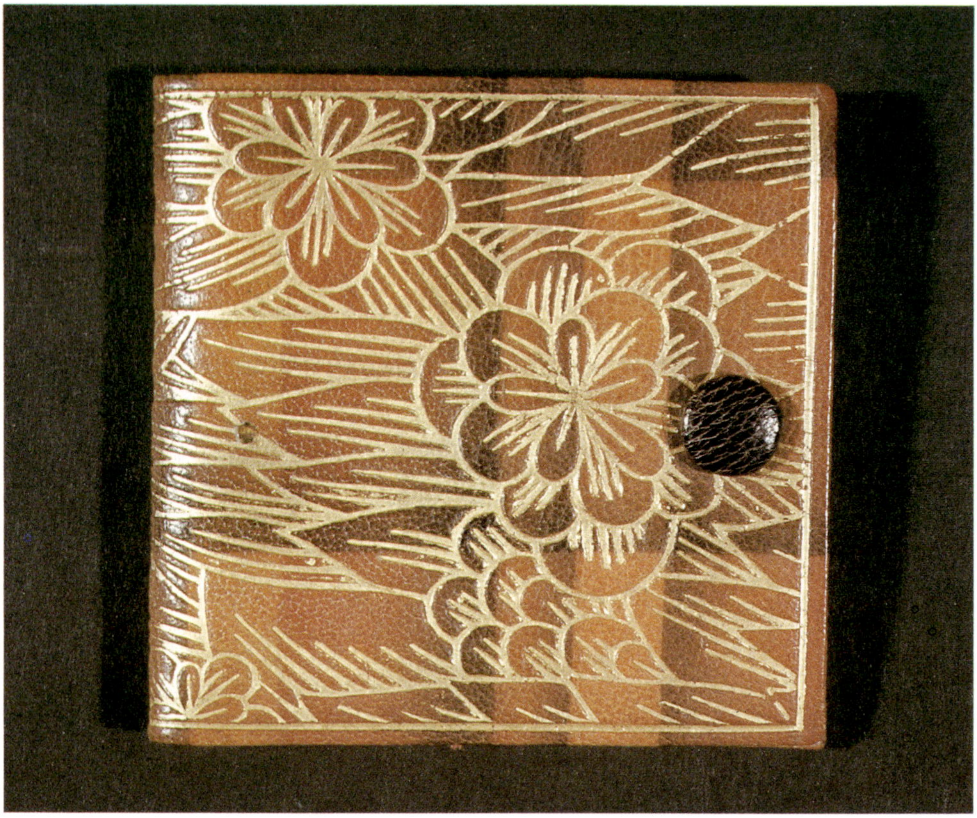

120

120
ZÜNDERTÄSCHCHEN
Entwurf: Josef Hoffmann (Form?), Dagobert Peche (Dekor 1922)
Material: Leder mit Golddruck
Maße: 5,8 x 5,8 cm
Kennzeichnung: WIENER WERK STÄTTE
ÖMAK, Inv. Le 542 d

Viele der mit diesem Dekor geschmückten Lederwaren werden Josef Hoffmann zugeschrieben, der in diesen Fällen jedoch nur für den Formentwurf verantwortlich ist. Originalentwurf und Pausen des Peche-Dekors sind erhalten (vgl. Kat. Nr. 121)

120
MATCHBOX HOLDER
Design: Josef Hoffmann (form?), Dagobert Peche (decoration 1922)
Material(s): leather with gold embossing
Dimensions: 5.8 x 5.8 cm
Marks: WIENER WERK STÄTTE
ÖMAK, Inv. Le 542 d

Many of the leather articles with this decoration are attributed to Josef Hoffmann; however, in this instance he was responsible only for designing the form. The original design and copies of Peche's decoration have been preserved (cf. cat. no. 121).

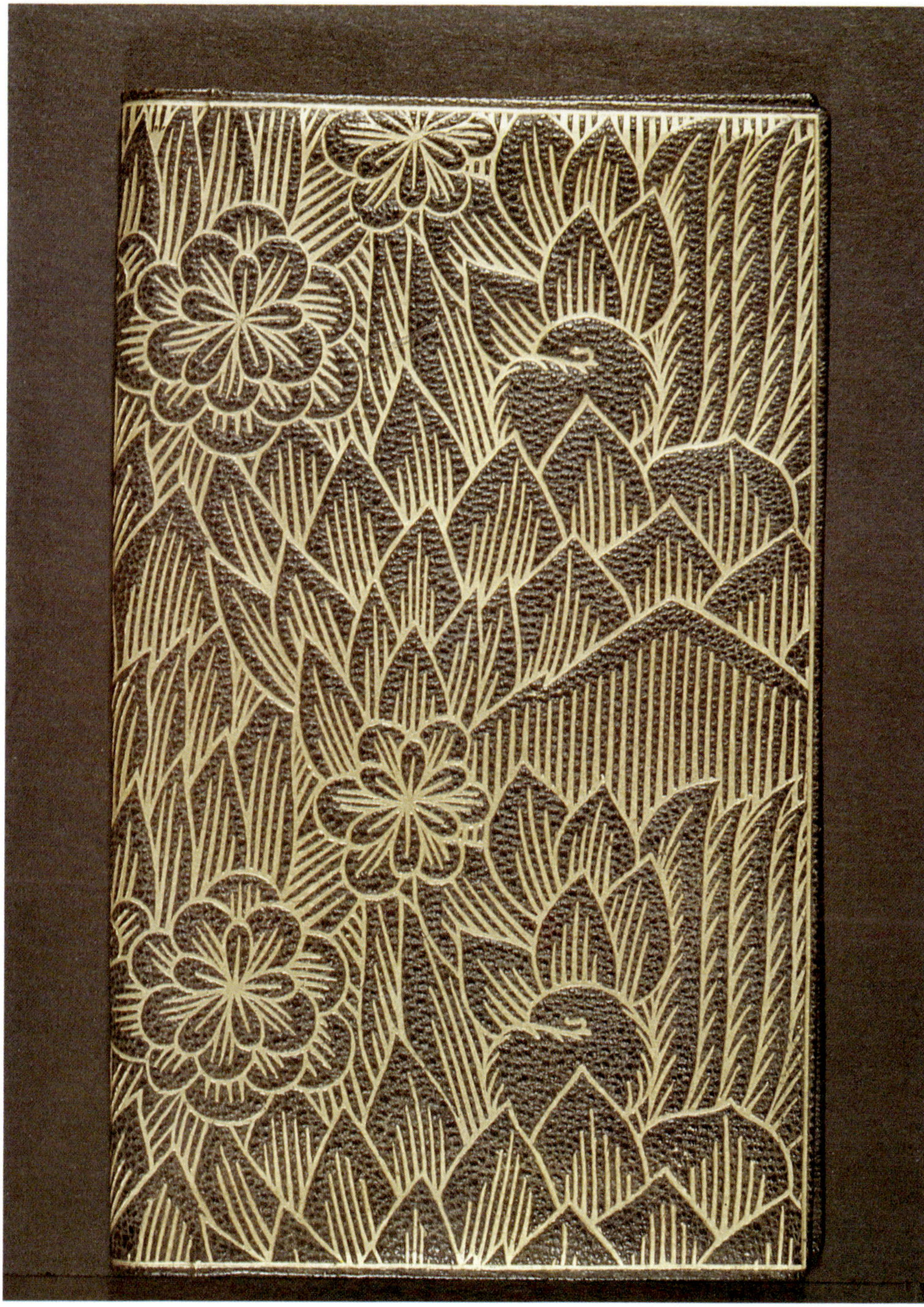

121

121
BRIEFTASCHE
Entwurf: Josef Hoffmann (Form?), Dagobert Peche (Dekor 1922)
Material: Leder mit Golddruck
Maße: 14 x 8,3 cm
Kennzeichnung: WIENER WERK STÄTTE
ÖMAK, Inv. Le 542 b

Die Dekoration dieser Brieftasche ist besonders gut dokumentiert: vom Entwurf Dagobert Peches (K.I. 12708/1), signiert und datiert „P 22", bis zu Skizzen und Werkzeichnungen der Stanze (K.I. 12708/2-5) und zahlreichen Lederobjekten mit diesem Dekor (Notizbücher Lg 3044, Sommertaschen L 2975, Lg 2975 und L 4054, Kouverts L 3056, Lg 2787 und andere).
Der Entwurf Peches ist außerdem folgendermaßen bezeichnet: „MUSTER FÜR GOLDDRUCK, SOLL SO TIEF GEMACHT WERDEN DASS MAN ES AUCH FÜR BLINDPRESSUNG VERWENDEN KANN. / Größe der Stanze 46 1/2 x 32 1/2 cm". Häusler hat diesen Entwurf mit seinem Monogramm und dem Datum 29. VIII. 22. abgezeichnet.

121
WALLET
Design: Josef Hoffmann (form?), Dagobert Peche (decoration 1922)
Material(s): leather with gold embossing
Dimensions: 14 x 8.3 cm
Marks: WIENER WERK STÄTTE
ÖMAK, Inv. Le 542 b

The decoration of this wallet is particularly well documented, from the design by Dagobert Peche (K.I. 12708/1), signed and dated "P 22", to sketches and drawings for the stamp (K.I. 12708/2-5) and numerous leather items with the same decoration (note books Lg 3044, summer wallets L 2975, Lg 2975 and L 4054, notecases L 3056, Lg 2787 and others). Peche's design is also marked:
"MUSTER FÜR GOLDDRUCK, SOLL SO TIEF GEMACHT WERDEN DASS MAN ES AUCH FÜR BLINDPRESSUNG VERWENDEN KANN. / Größe der Stanze 46 1/2 x 32 1/2 cm". Häusler signed this design with his monogram and the date 29.08.22.

122
STOFFMUSTER „FLORA"
Entwurf: Leo Blonder, vor 1917
Material: Handdruck auf Papier
Maße des Ausschnitts: 38,5 x 27,5 cm
Kennzeichnung: „Flora 308, 20127, 7. H. = 6 + Boden, Flora"
Archivalien: WWMB 71, S. 248; Karteikarte ÖMAK, Handdruck Nr. 308

Durch die Verwendung für einen Nähkorb ist das Muster „Flora" von Leo Blonder mit 1917 als terminus ante quem fixiert.

122
"FLORA" FABRIC PATTERN
Design: Leo Blonder, prior to 1917
Material(s): hand printed on paper
Dimensions of the detail: 38.5 x 27.5 cm
Marks: "Flora 308, 20127, 7. H. = 6 + Boden, Flora"
Records: WWMB 71, p. 248; filing card AMAA, Block print no. 308

The use of Leo Blonder's "Flora" design for a sewing basket makes it possible to date this pattern prior to 1917.

122

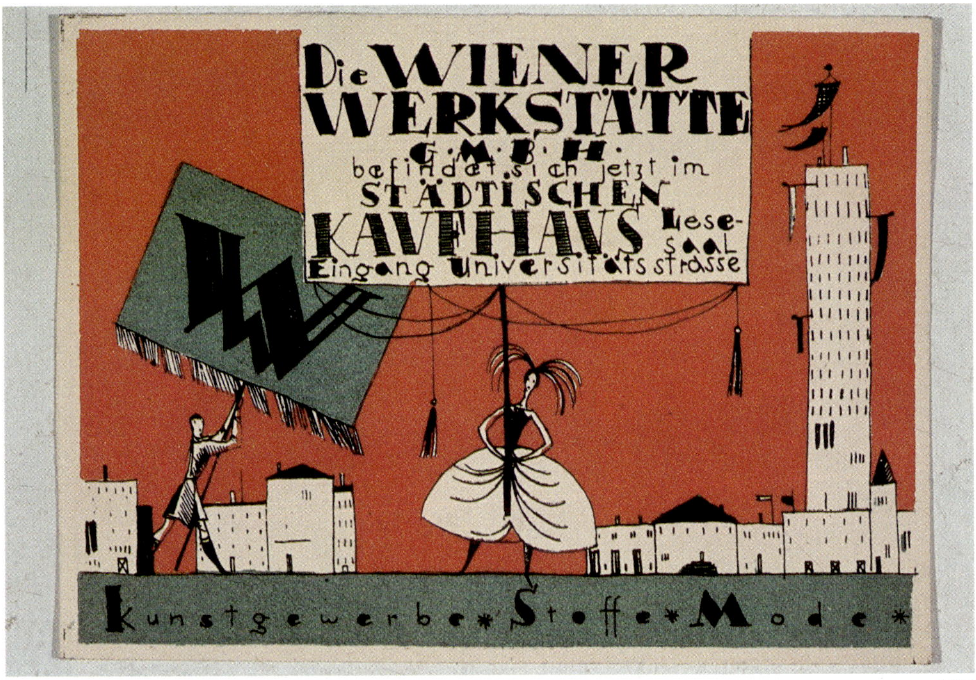

123

123
REKLAMEKARTE
Entwurf: wohl Fritzi Löw, nach 1921
Maße: 8,4 x 11,1 cm
ÖMAK, Archiv WW

123
ADVERTISING CARD
Design: probably Fritzi Löw, after 1921
Dimensions: 8.4 x 11.1 cm
AMAA, WW archives

124
EXGLAS
Entwurf: Josef Hoffmann (Form?), Hilde Jesser (Dekor), um 1918/19
Werknummer: A I 847/288
Material: Glas, bunt bemalt
Höhe: 25,8 cm
Ausführung: Oertel/Haida für WW (1 Stück 1919)
Verkaufspreis: nicht angegeben
Archivalien: WWMB 62, Nr. 847; WWF 90, S. 81
Galerie bei der Albertina (Christa Zetter), Wien

124
"SINGLE-DRAUGHT" GLASS
Design: Josef Hoffmann (form?), Hilde Jesser (decoration), around 1918/1919
Serial number: A I 847/288
Material(s): glass, coloured paint
Height: 25.8 cm
Production: Oertel/Haida for WW (1 copy 1919)
Retail price: not specified
Records: WWMB 62, no. 847; WWF 90, p. 81
Galerie bei der Albertina (Christa Zetter), Vienna

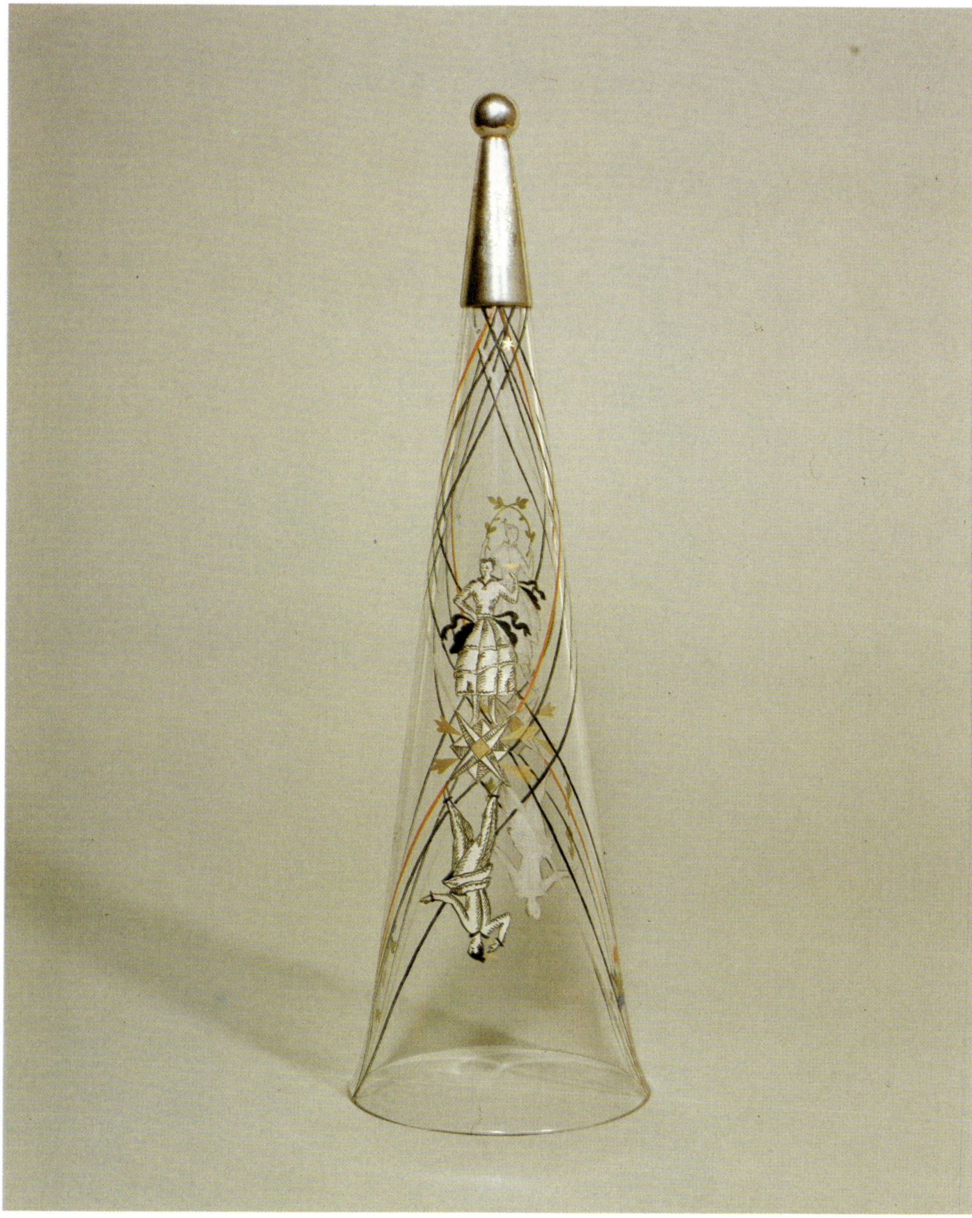

124

125
VASE
Entwurf: Josef Hoffmann (Form?), um 1918, Dekorentwerfer unbekannt
Werknummer: vermutlich A I 775/236
Material: Schwarzes Glas, in Rotabstufungen bemalt
Höhe: 15,4 cm
Kennzeichnung: WW-Monogramm, L K.
Ausführung: Oertel/Haida (Okt. 1918) für die WW
Verkaufspreis: K 50, 110 (Dez. 1918), 90 (1919)
Kaufkraft von K 110,- (10/1918)
= S 281,90 (12/1983)
Archivalien: WWMB 62, S. 775
ÖMAK, Inv. Gl 3227

125
VASE
Design: Josef Hoffmann (form?), around 1918, designer of decoration unknown
Serial number: probably A I 775/236
Material(s): black glass, painted in shades of red
Height: 15.4 cm
Marks: WW monogram, LK.
Production: Oertel/Haida (Oct. 1918) for the WW
Retail price: K 50, 110 (12/18), 90 (1919)
Present equivalent: S 281.90 (12/83)
Records: WWMB 62, p. 775
AMAA, Inv. Gl 3227

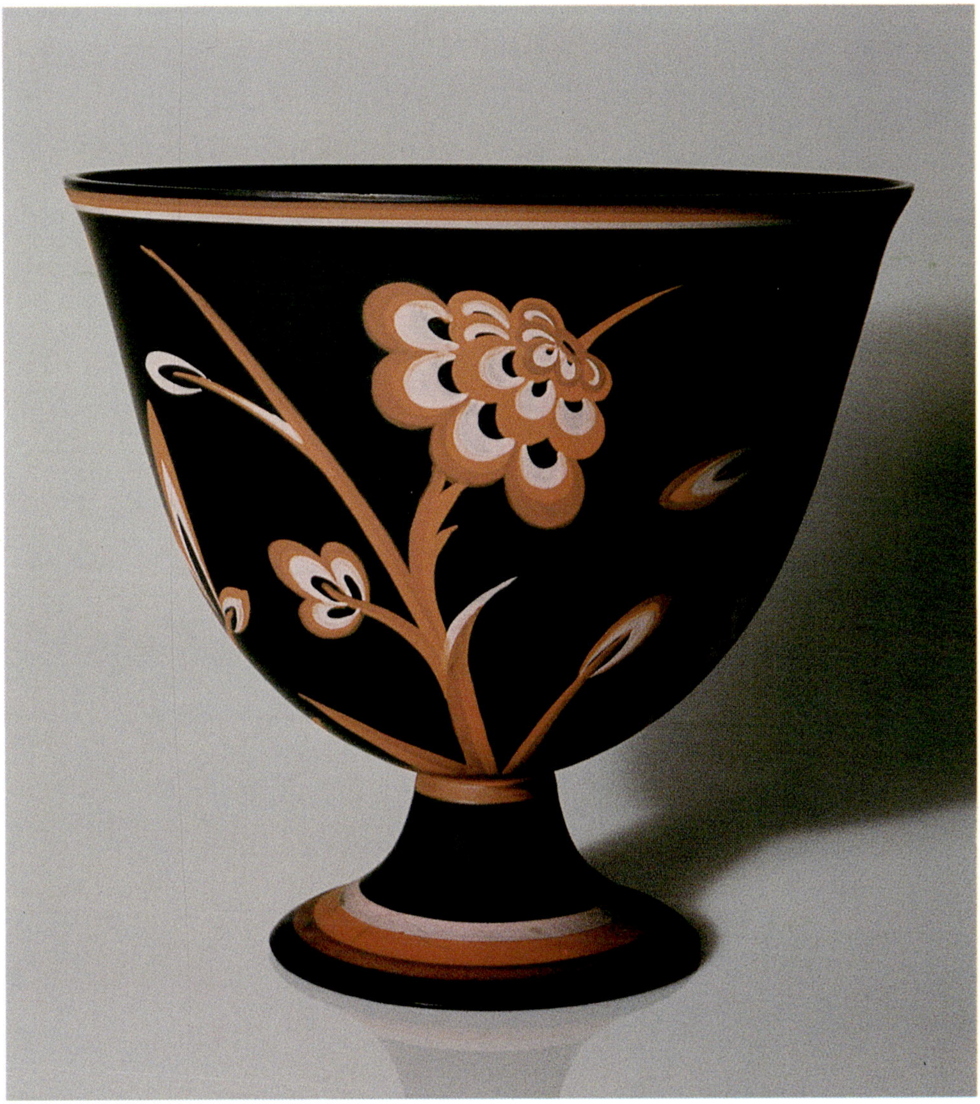

125

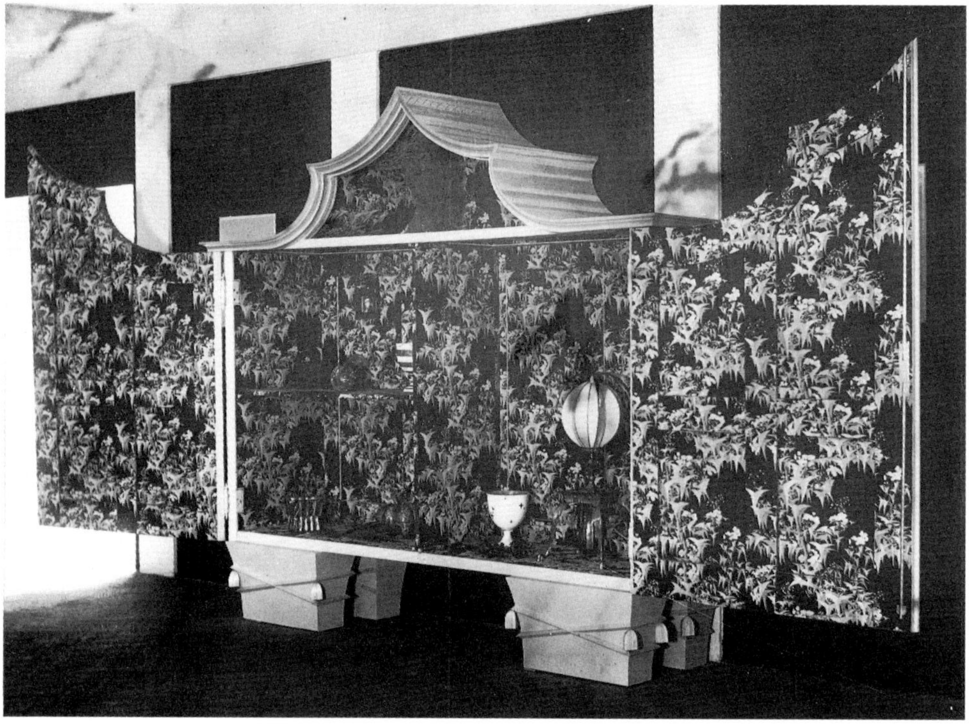

126

126
SCHAUKASTEN
Dagobert Peche, um 1920

Der mit der Tapete „Laube" (Ausführung: Max Schmidt, Wien) ausgekleidete Kasten von Dagobert Peche war auf der Kunstschau 1920 zu sehen. Er enthält u.a. auch zwei Peche-Vasen.

126
DISPLAY CASE
Dagobert Peche, around 1920

This cupboard, designed by Dagobert Peche and lined with "Laube" (arbour) wallpaper (produced by Max Schmidt, Vienna), was exhibited at the 1920 art show ("Kunstschau 1920"). It contains, amongst other things, two vases of Peche.

127
VASE
Entwurf: Dagobert Peche, um 1918/19
Werknummer: A I 787/143
Material: Violettes Glas, weiß überfangen, eingeschnittene Sterne
Höhe der Entwürfe: 23,8 bzw. 23,3 cm, Höhe des ausgeführten Glases: 22,6 cm
Unbezeichnet
Ausführung: Oertel/Haida (1919-1920, 11 Stück) für die WW
Archivalien: WWMB 62, S. 787; K.I. 12782/21, 28
Wiener Privatbesitz

Ein vergleichbarer Dekor mit Sternen ist bereits auf einer Bonbonnière (Werknummer S 3455) aus dem Jahre 1915 (WWMB 18, S. 3455) nachzuweisen. Bemerkenswert ist, daß Peche auf seinem Entwurf ausdrücklich vermerkte: „Ich bin froh wenn das Glas sonst ganz weiß bleibt", und die lapidare Notiz von anderer Hand: „bekam Sternchen" (K.I. 12782/21). Von Peche waren nur Nodus und Fuß in Lila angegeben.
Andere Dekorvariante (ebenfalls A I 787/143) mit braunen, einander kreuzenden Streifen mit wenigen eingeschlossenen Blattmotiven (K.I. 12782/28).

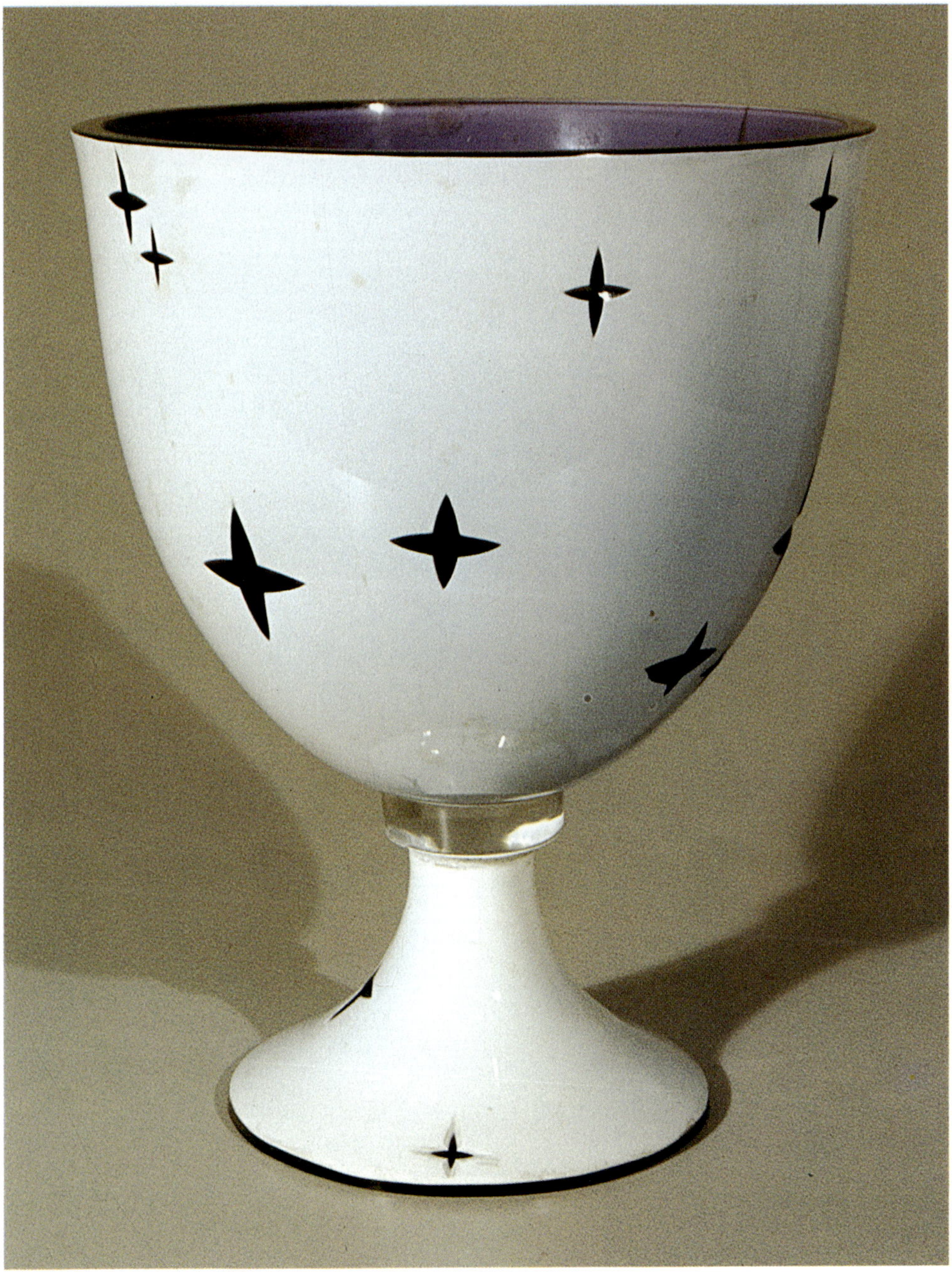

127

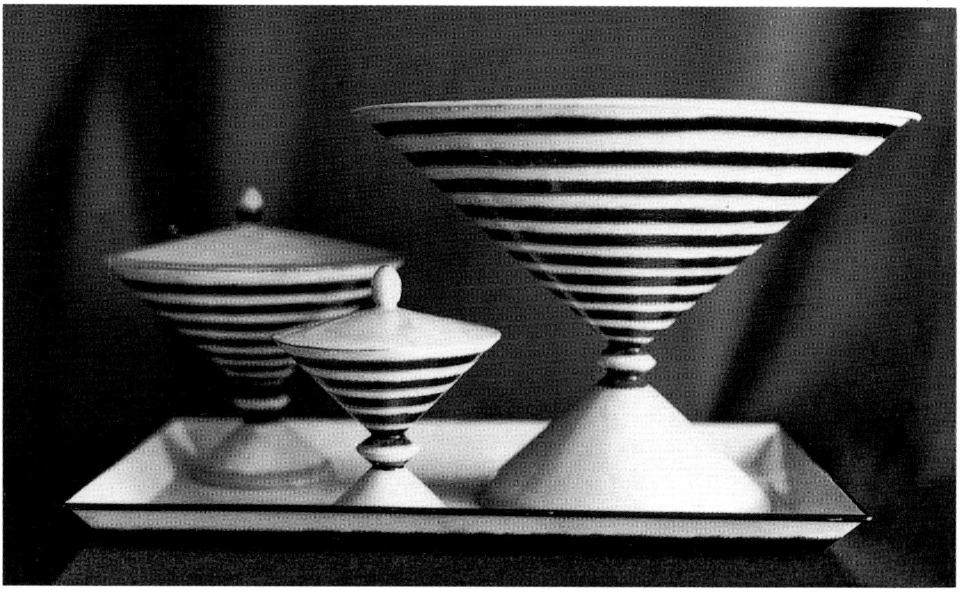

128

127
VASE
Design: Dagobert Peche, around 1918/1919
Serial number: A I 787/143
Material(s): violet glass, white overlay, engraved stars
Height of the design: 23.8 and 23.3 cm, height of actual glass: 22.6 cm
Marks: Unmarked
Production: Oertel/Haida (1919-1920, 11 copies) for the WW
Records: WWMB 62, p. 787; K.I. 12782/21, 28
Privato collection in Vienna

A similar decoration with stars was used earlier for a confectionery bowl (serial number S 3455) dating from 1915 (WWMB 18, p. 3455). It is interesting that Peche actually noted on his design: "I shall be glad if the glass otherwise remains quite white", this is followed by the terse comment in another hand "got stars" (K.I. 12782/21). Peche only specified that the nodus and base should be lilac. Another variation of this decoration (also A I 787/143) had brown interlacing stripes enclosing occasional leaf motivs (K.I. 12782/28).

128
OBSTSCHALEN
Entwurf: Dagobert Peche, um 1918/19
Werknummer: M 2810
Material: lackiertes Blech
Ausführung: WW (1919)
Verkaufspreis: K 25,- (März 1919)
Kaufkraft von K 25,- (1/1919)
= S 37,97 (3/1984)
Archivalien: WWMB 37, S. 2810

128
FRUIT BOWLS
Design: Dagobert Peche, around 1918/1919
Serial number: M 2810
Material(s): painted sheet metal
Production: WW (1919)
Retail price: K 25 (03/19)
Present equivalent: S 37.97 (03/84)
Records: WWMB 37, p. 2810

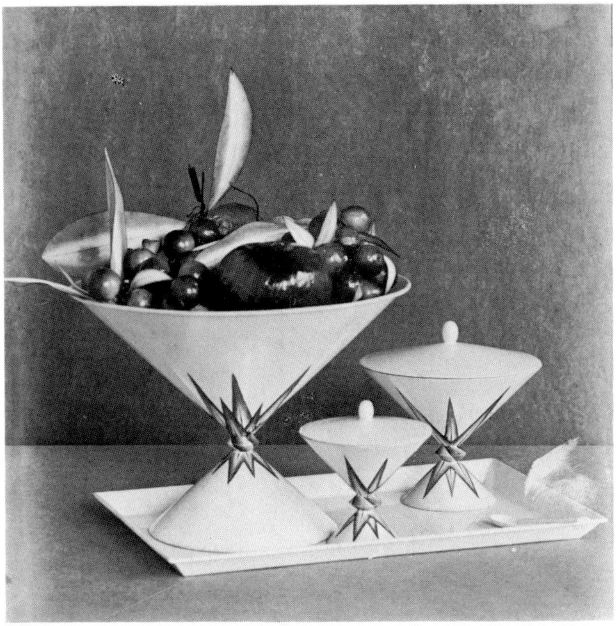

129

129
OBSTSCHALEN
Entwurf: Dagobert Peche, um 1918/19
Werknummer: M 2811
Material: lackiertes Blech
Ausführung: WW (1919)
Verkaufspreis: K 36,- (März 1919)
Kaufkraft von K 36,- (1/1919)
= S 54,68 (3/1984)
Archivalien: WWMB 37, S. 2811

129
FRUIT-BOWLS
Design: Dagobert Peche, around 1918/1919
Serial number: M 2811
Material(s): painted sheet metal
Production: WW 1919
Retail price: K 36 (03/19)
Present equivalent: S 54.68 (03/84)
Records: WWMB 37, p. 2811

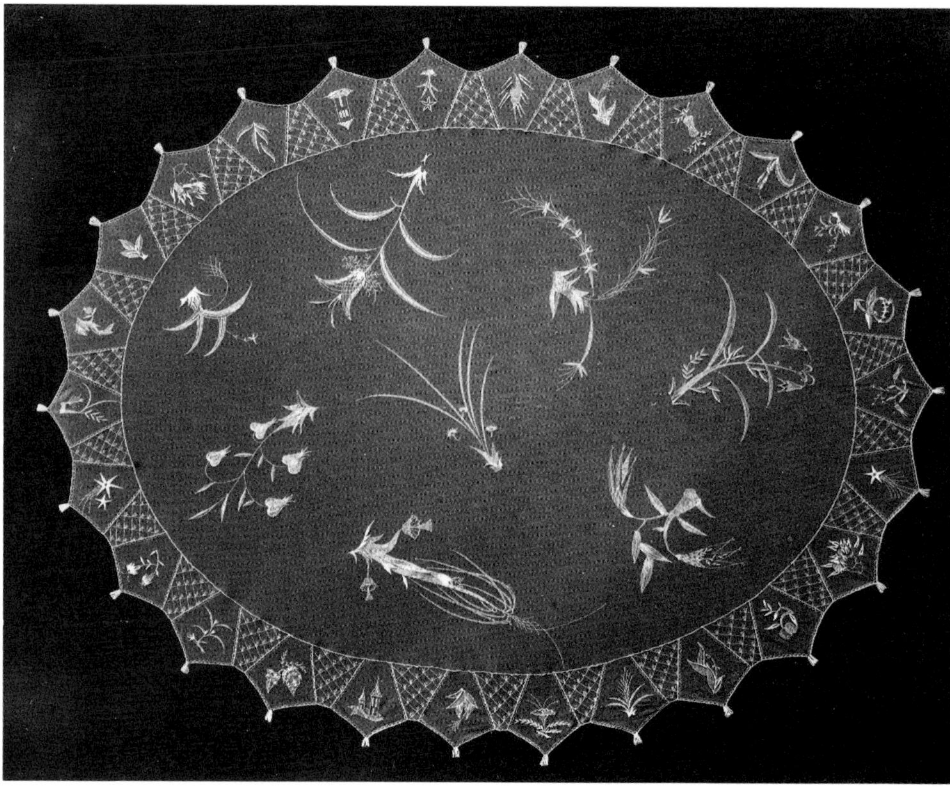

130

130
DECKE
Entwurf: Dagobert Peche, um 1919/20
Werknummer: Sp 104/35001
Material: Appliquéstickerei auf Tüll
Archivalien: WWF 109, S. 62

Eine sehr ähnliche, aber nicht identische Decke mit Tüllstickerei ist in der Deutschen Kunst und Dekoration (45/1919-20, S. 101) abgebildet, mit dem Hinweis auf die Ausführung durch die WW Zürich.

130
TABLECLOTH
Design: Dagobert Peche, around 1919/1920
Serial number: Sp 104/35001
Material(s): Appliqué embroidery on tulle
Records: WWF 109, p. 62

A very similar, but not identical tablecloth with tulle embroidery was illustrated in "Deutsche Kunst und Dekoration" (45/1919-20, p. 101). A note says that it was executed by the Zurich WW.

131
KASTEN
Entwurf: Dagobert Peche, 1919
Archivalien: K.I. 12674/13

Der Entwurf für diesen Kasten ist monogrammiert und signiert: „DP 19". Der ausgeführte Kasten wurde auf der Kunstschau 1920 gezeigt (Deutsche Kunst und Dekoration 47/1920-21, S. 338).

131
CUPBOARD
Design: Dagobert Peche, 1919
Records: K.I. 12674/13

The design for this cabinet is monogrammed and signed "DP 19". The cupboard was exhibited at the 1920 art show (Deutsche Kunst und Dekoration 47/1920-21, p. 338).

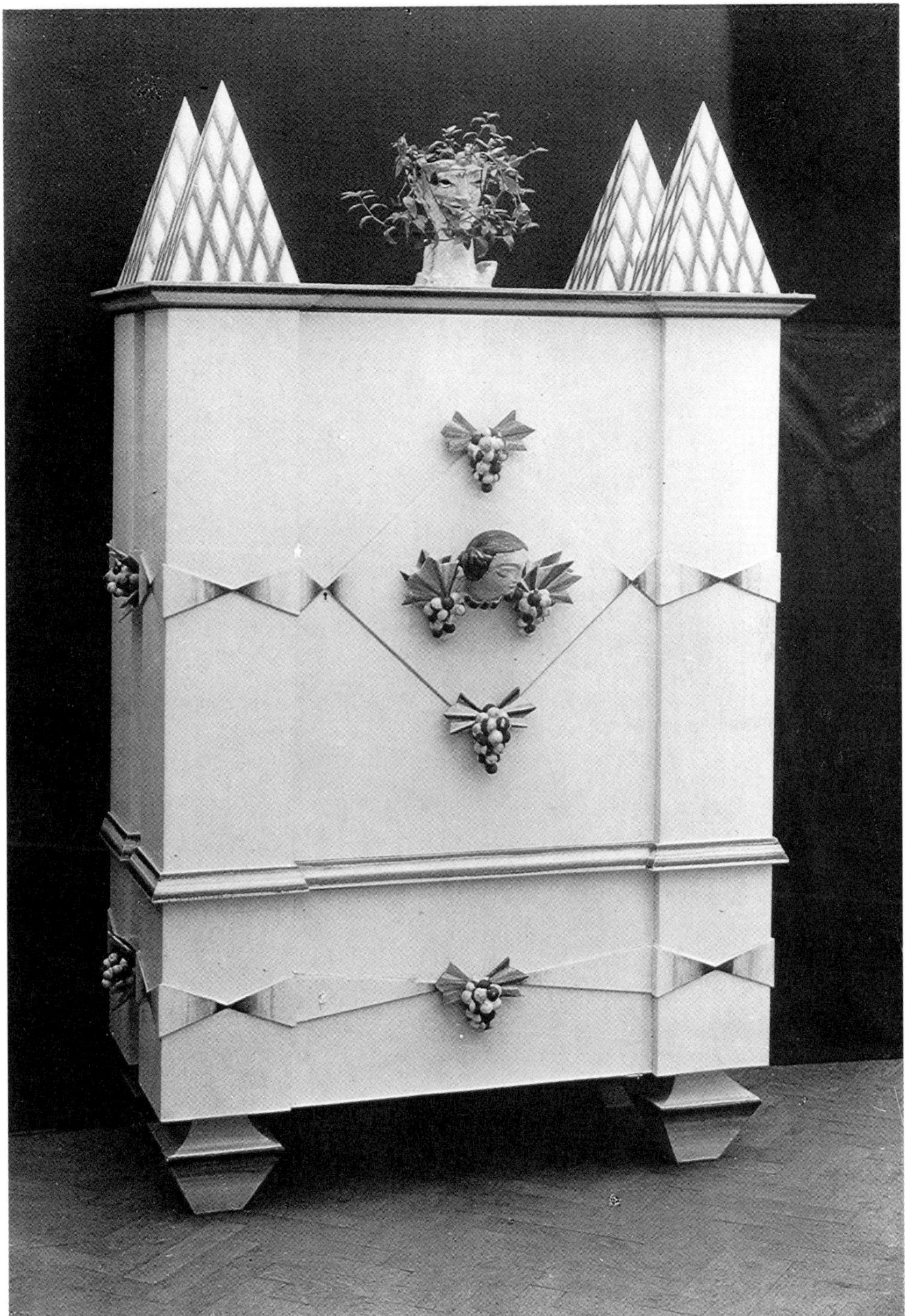

131

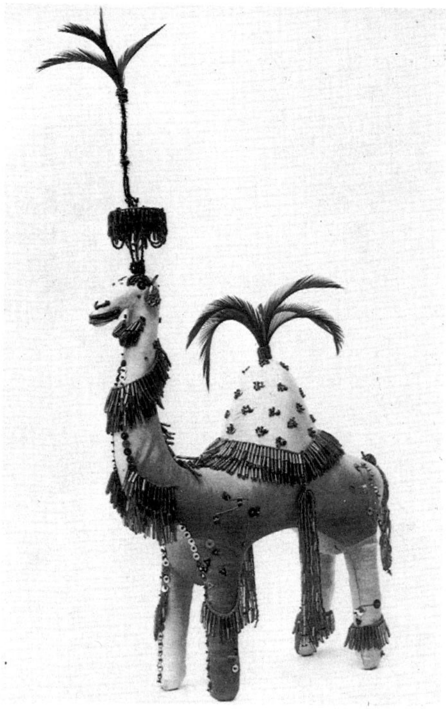

132

132
KAMEL
Entwurf: Dagobert Peche, um 1921/22
Werknummer: KW 1516
Material: Seide u.a.
Ausführung: WW 1922
Verkaufspreis: K 182.000,- (Febr. 1922)
Kaufkraft von K 182.000,- (1/1922)
= S 9.397,48 (2/1984)
Archivalien: WWMB 74, Nr. 1516

132
CAMEL
Design: Dagobert Peche, around 1921/1922
Serial number: KW 1516
Material(s): silk and others
Production: WW 1922
Retail price: K 182,000 (02/22)
Present equivalent: S 9,397.48 (02/84)
Records: WWMB 74, no. 1516

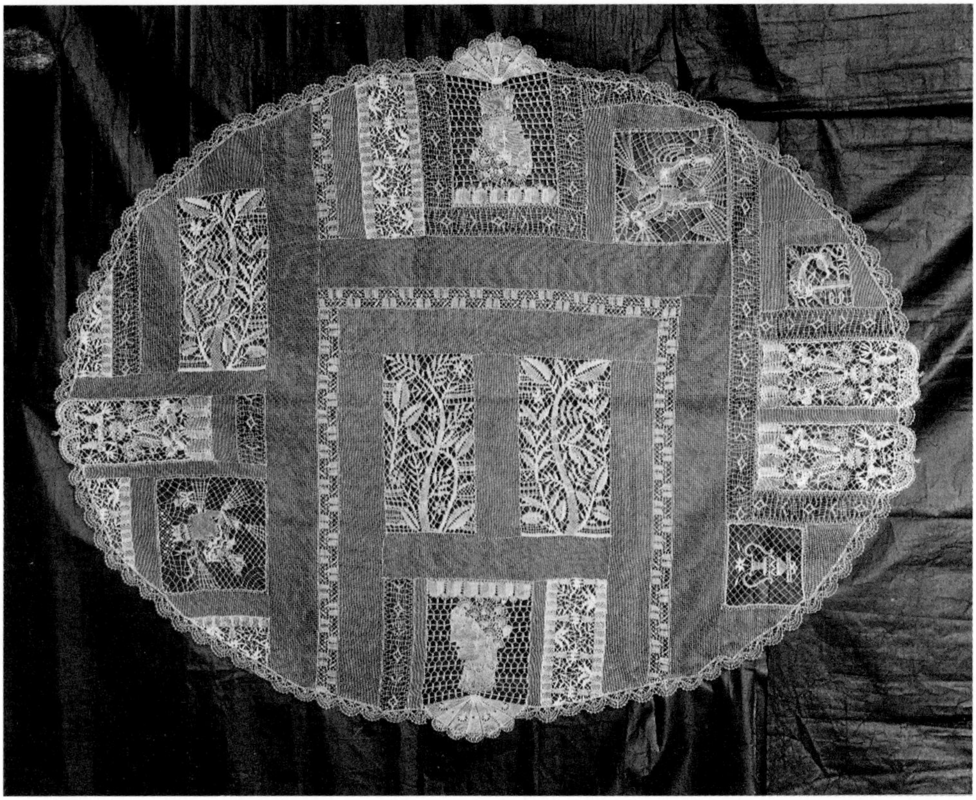

133

133
DECKE MIT KLÖPPELSPITZE
Entwurf: Dagobert Peche, vor 1923
Werknummer: Sp 14/35014
Archivalien: WWF 123, S. 23

133
TABLECLOTH WITH BONE LACE
Design: Dagobert Peche, prior to 1923
Serial number: Sp 14/35014
Records: WWF 123, p. 23

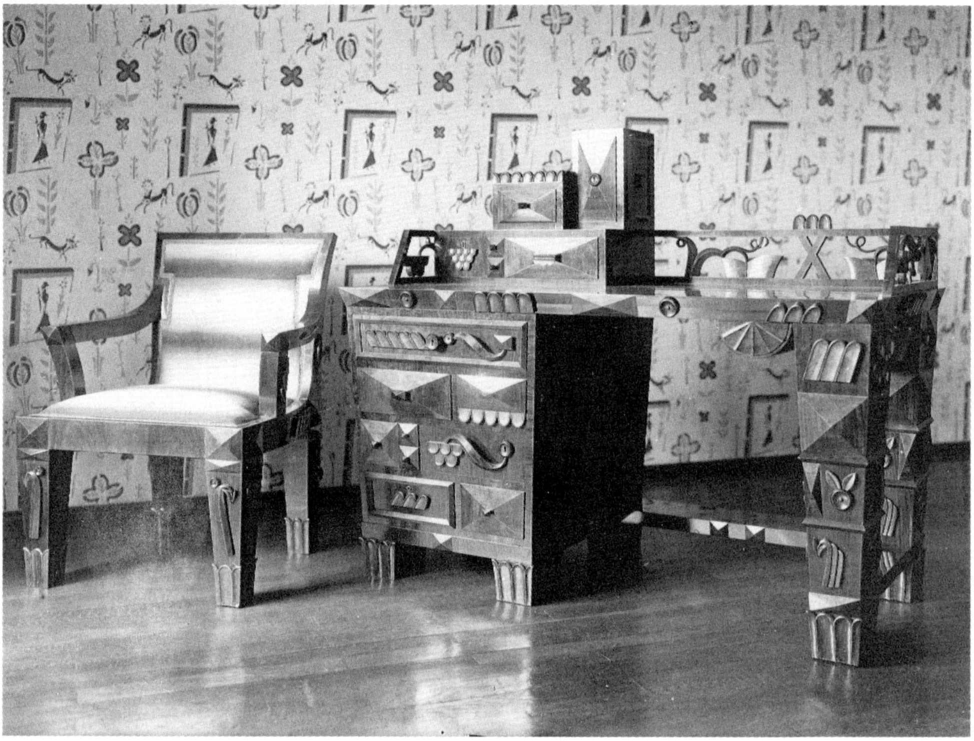

134

134
INTERIEUR HAUS GARTENBERG
Dagobert Peche, 1921

In der Peche-Monographie von Max Eisler (Dagobert Peche, Wien 1925, S. 42, Taf. 21) ist ein anderes Zimmer aus dem Haus Gartenberg abgebildet (Schreibtischecke Nußholz, Ausführung J. Jonasch, Wien)

134
INTERIOR OF VILLA GARTENBERG
Dagobert Peche, 1921

The Peche monograph by Max Eisler (Dagobert Peche, Vienna 1925, p. 42, plate 21) contains an illustration of another room in Villa Gartenberg (walnut writing desk, manufactured by J. Jonasch, Vienna)

135
GESTICKTE BETTDECKE
Entwurf: Dagobert Peche, vor 1923
WWF 109, S. 67

Eine sehr ähnliche Tüll-Bettdecke ist in der Deutschen Kunst und Dekoration (52/1923, S. 110) abgebildet.

135
EMBROIDERED BEDSPREAD
Design: Dagobert Peche, prior to 1923
Records: WWF 109, p. 67

A very similar tulle bedspread is illustrated in "Deutsche Kunst und Dekoration" (52/1923, p. 110).

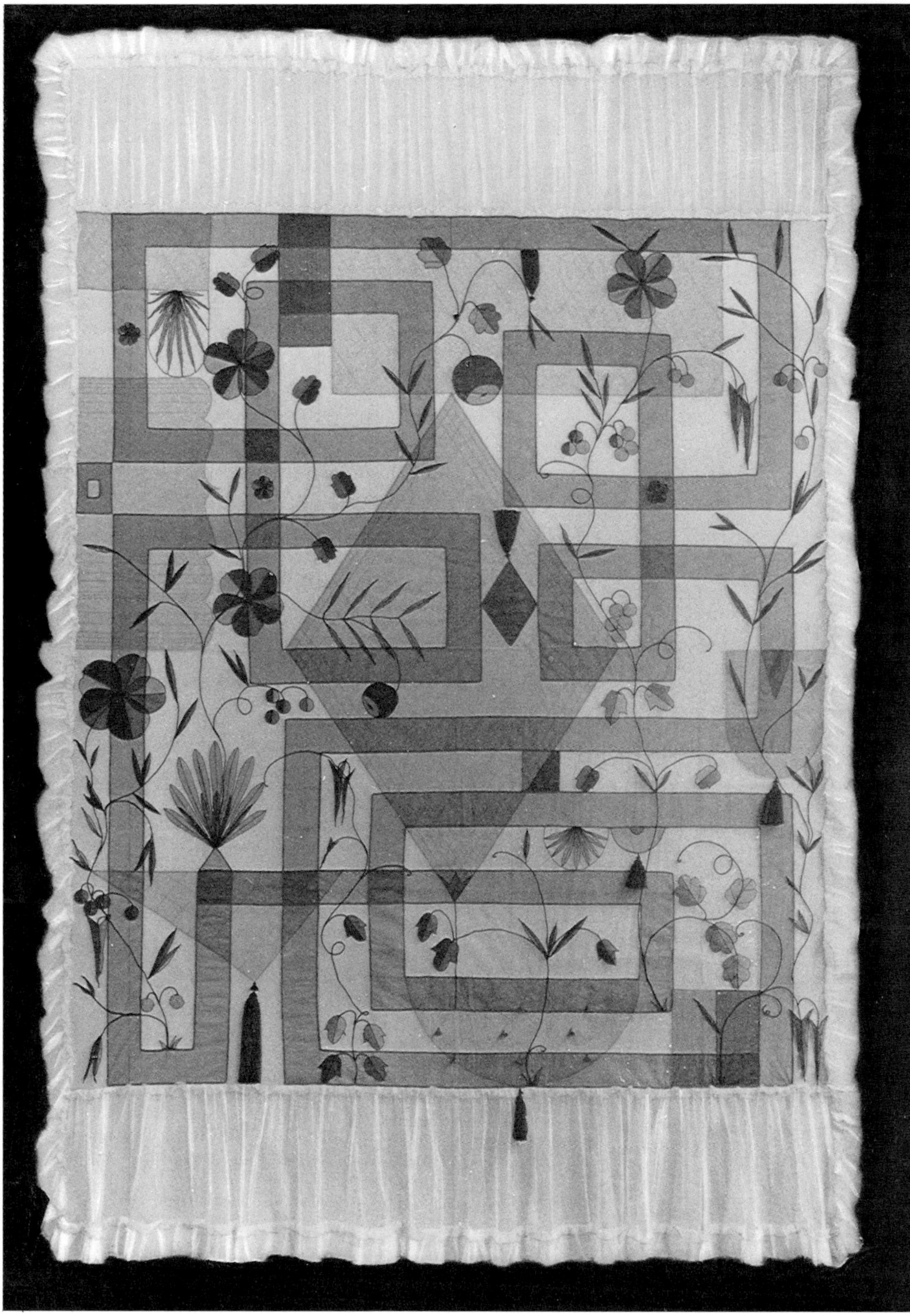

135

136-137
ZWEI VASEN
Entwurf: Dagobert Peche, 1922
Werknummer: Ke va 23/1 (links),
Ke va 21/1 (rechts)
Material: Keramik, schwarz bemalt
Höhe: 54 cm (Ke va 23/1)
Ausführung: vermutlich Vereinigte Wiener und Gmundner Keramik oder Keramos für die WW
Ke va 23/1: 25 Stück (1923-1929)
Ke va 21/1: 12 Stück (1923-1925)
Verkaufspreis Ke va 21/1: S 373,- (Nov. 1928)
Verkaufspreis Ke va 23/1: S 140,- (Juli 1927)
Kaufkraft von S 373,- (11/1928)
= S 8.629,93 (11/1983)
Archivalien: Karteikarten va 21/1, va 23/1

Der Entwurf für die Vase Ke va 23/1 ist von Peche signiert und datiert: „P 22" sowie von Häusler am 6.6.1922 abgezeichnet.

136-137
TWO VASES
Design: Dagobert Peche, 1922
Serial numbers: Ke va 23/1 (left),
Ke va 21/1 (right)
Material(s): ceramic, painted black
Height: 54 cm (Ke va 23/1)
Production: probably Vereinigte Wiener und Gmundner Keramik or Keramos for the WW
Ke va 23/1: 25 copies (1923-1929)
Ke va 21/1: 12 copies (1923-1925)
Retail price of Ke va 21/1:S 373 (11/28)
Retail price of Ke va 23/1:S 140 (07/27)
Present equivalent: S 8,629.93 (11/83)
Records: filing cards Ke va 21/1,
Ke va 23/1

The design for vase Ke va 23/1 is signed and dated by Peche "P 22" and initialled by Häusler on 06.06.22.

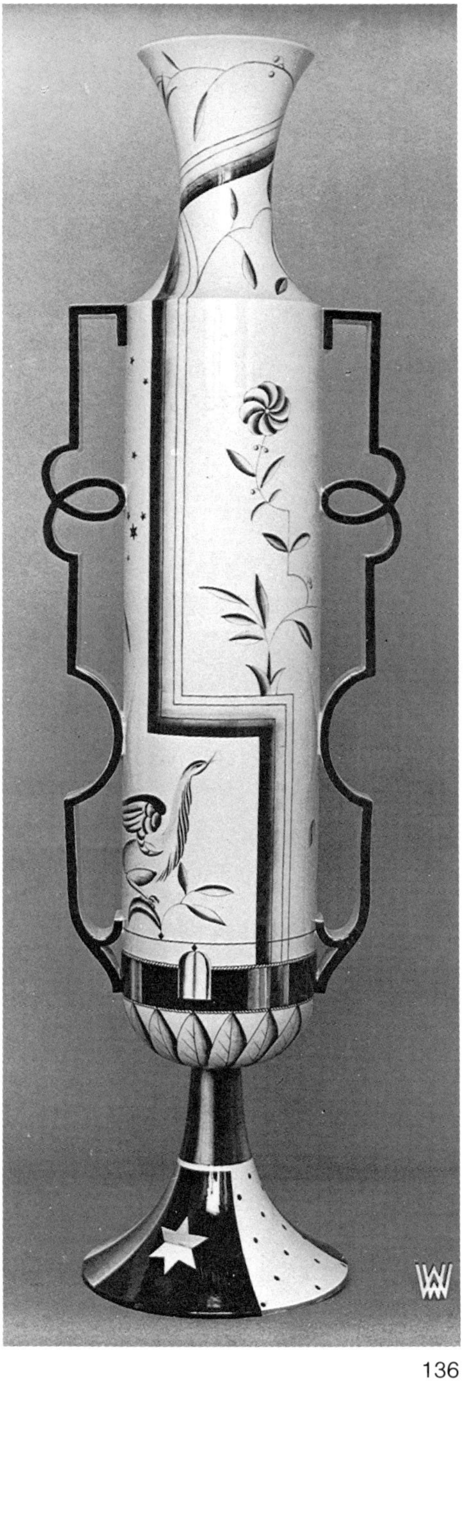

136

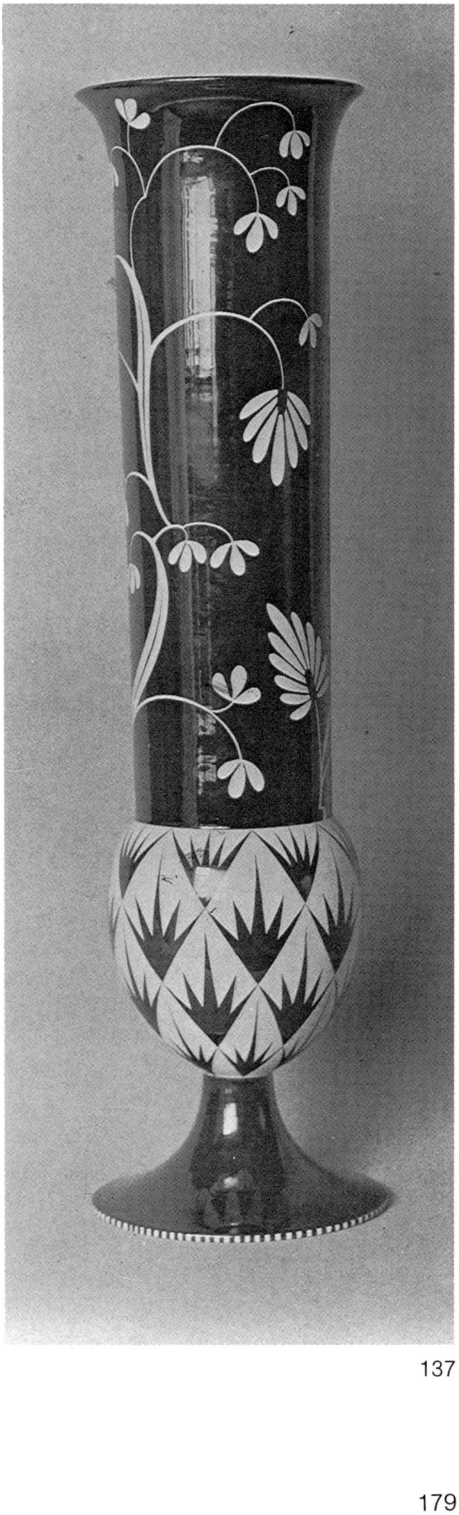

137

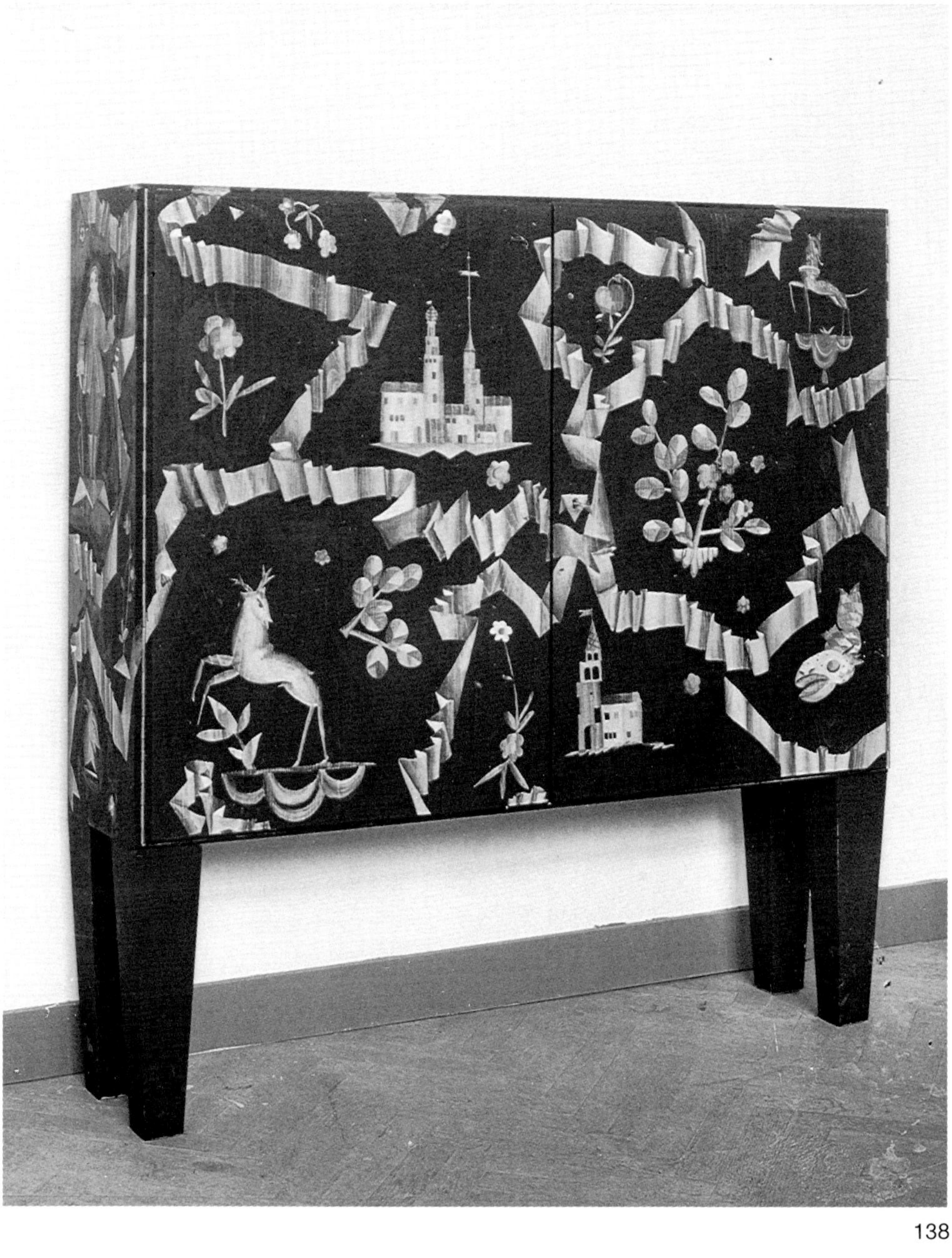

138

138
SCHRANK
Entwurf: Hilde Jesser, um 1920-25
Archivalien: WWF 105

138
CUPBOARD
Design: Hilde Jesser, around 1920-1925
Records: WWF 105

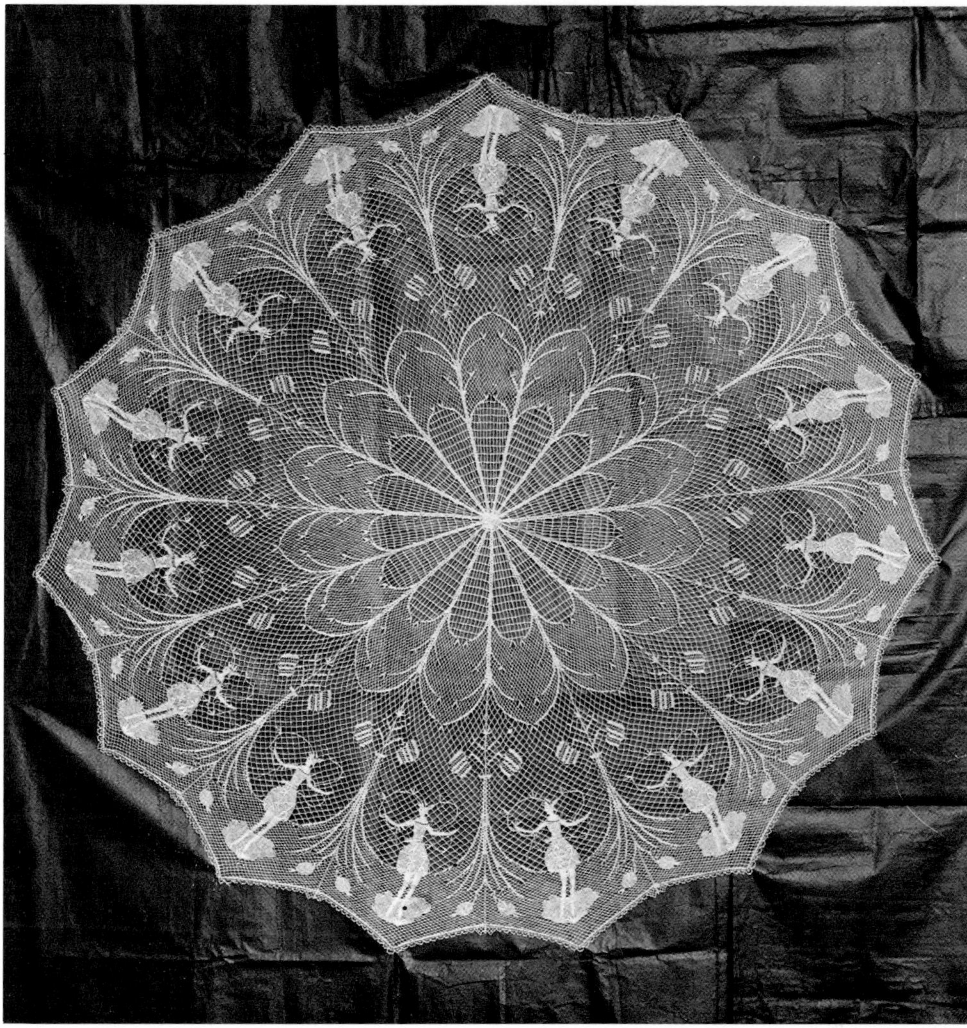

139

139
DECKE
Entwurf: Hilde Jesser, um 1920-25
Werknummer: Sp 14/15001
Archivalien: WWF 123, S. 22

139
COVER
Design: Hilde Jesser, around 1920-1925
Serial number: Sp 14/15001
Records: WWF 123, p. 22

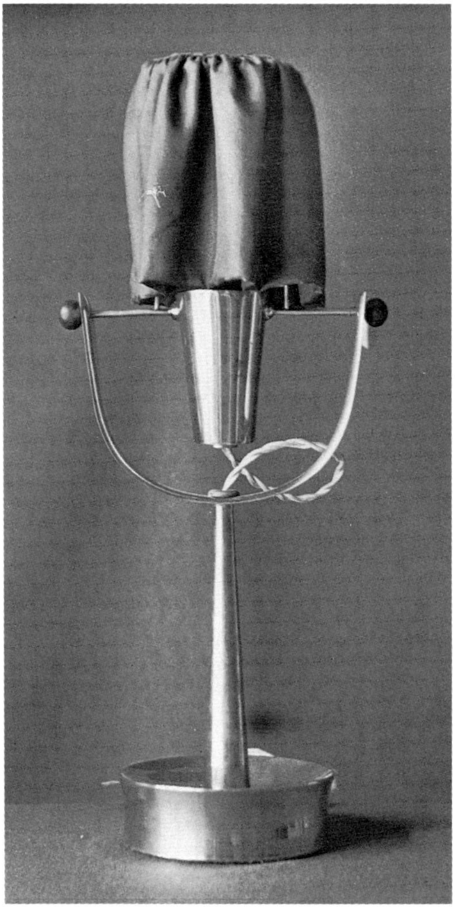

140

140
KIPPLAMPE (STEHLAMPE)
Entwurf: Josef Frank, um 1919
Werknummer: M 2993
Material: Messing, Seidenschirm
Höhe: 41,5 cm
Ausführung: WW 1919 (12 Stück)
Verkaufspreis: K 1.340,- (Dez. 1919)
Kaufkraft von K 1.340,- (10/1919)
= S 1.437,62 (12/1983)
Archivalien: WWMB 38, Nr. 2993

140
PIVOTING LAMP (TABLE LAMP)
Design: Josef Frank, around 1919
Serial number: M 2993
Material(s): brass, silk lampshade
Height: 41.5 cm
Production: WW 1919 (12 copies)
Retail price: K 1,340 (12/19)
Present equivalent: S 1,437.62 (12/83)
Records: WWMB 38, no. 2993

141
ZWEIFLAMMIGE STEHLAMPE
Entwurf: Josef Frank, um 1919
Werknummer: M 2994
Material: Messing, Seidenschirm
Höhe: 75 cm
Ausführung: WW 1919 (2 Stück)
Verkaufspreis: K 3.150,- (Dez. 1919)
Kaufkraft von K 3.150,- (10/1919)
= S 3.379,49 (12/1983)
Archivalien: WWMB 38, Nr. 2994

Aus einer Gruppe von Stehlampen, die Josef Frank für die WW entwarf.

141
TWO-ARMED TABLE LAMP
Design: Josef Frank, around 1919
Serial number: M 2994
Material(s): brass, silk lampshade
Height: 75 cm
Production: WW 1919 (2 copies)
Retail price: K 3,150 (12/19)
Present equivalent: S 3,379.49 (12/83)
Records: WWMB 38, no. 2994

This is one of a series of table lamps designed for the WW by Josef Frank.

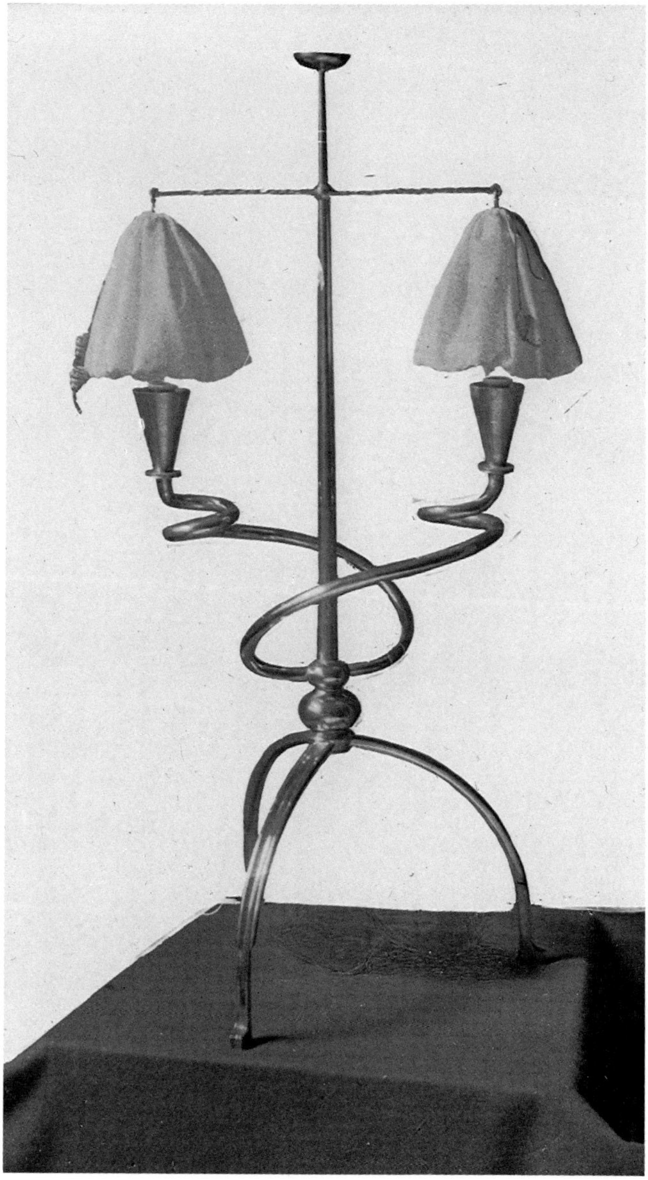

141

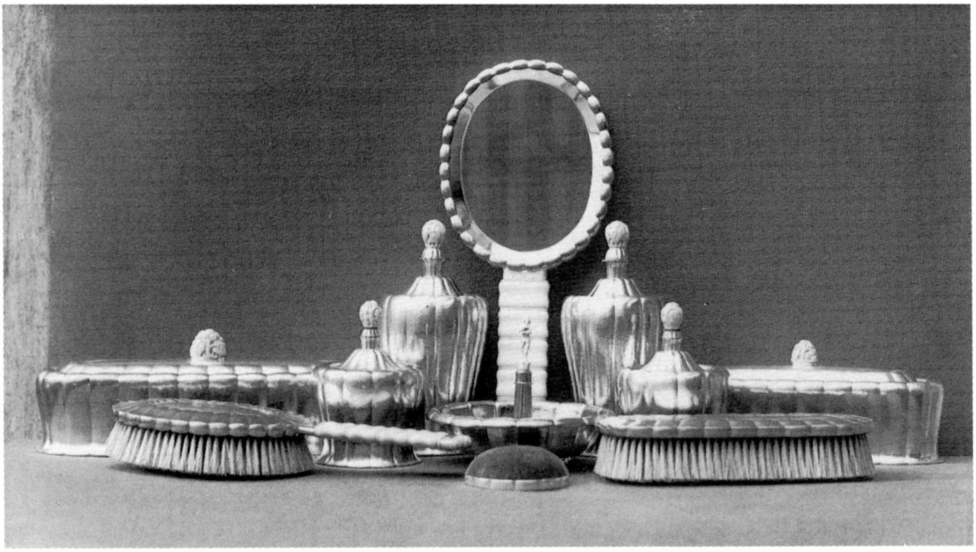

142

142
TOILETTEGARNITUR
Entwurf: Otto Prutscher, um 1920
Werknummern:
G 5114 = Kammschale
G 5115 = Nadelschale
G 5116 = Puderdose
G 5117 = Flakon
G 5118 = Handspiegel
G 5119 = Kopfbürste
G 5120 = Kleiderbürste
G 5121 = Nähkissen
G 5122 = Schmuckschale
Material: Silber, getrieben, Elfenbeinknöpfe
Verkaufspreis: keine Preisangaben, kein Datum!
Archivalien: WWMB 20, Nr. 5114-22

142
TOILET SET
Design: Otto Prutscher, around 1920
Serial numbers:
G 5114 = comb case
G 5115 = needle case
G 5116 = powder puff
G 5117 = flask
G 5118 = mirror
G 5119 = hairbrush
G 5120 = clothes brush
G 5121 = pin cushion
G 5122 = jewellery
Material(s): silver, chased, ivory handles
Retail price: no price given, no date
Records: WWMB 20, nos. 5114-22

143
FIGUR
Entwurf: Julius Zimpel, um 1920
Werknummer: S 5460
Archivalien: K.I. 13280/4

Die Werkzeichnung (K.I. 13280/4) ist mit genauen Ausführungsangaben versehen, die auch viele Materialien einschließen: Tigeraugen, Opaline, Katzenaugen (rot, grau), Achate, Perlen, Silberfäden, Draht. Eine vermutlich früher zu datierendes Gegenstück (S 5013, K.I. 13280/5) ist signiert „ZimpelJulius".

143
FIGURE
Design: Julius Zimpel, around 1920
Serial number: S 5460
Records: K.I. 13280/4

The design (K.I. 13280/4) gives precise instructions for production, and specifies many of the materials to be used: tiger-eyes, opals, cat's-eyes (red, grey), agates, pearls, silver threads, wire.
Another work (S 5013, K.I. 13280/5) - probably a counterpart to this figure - is signed "ZimpelJulius".

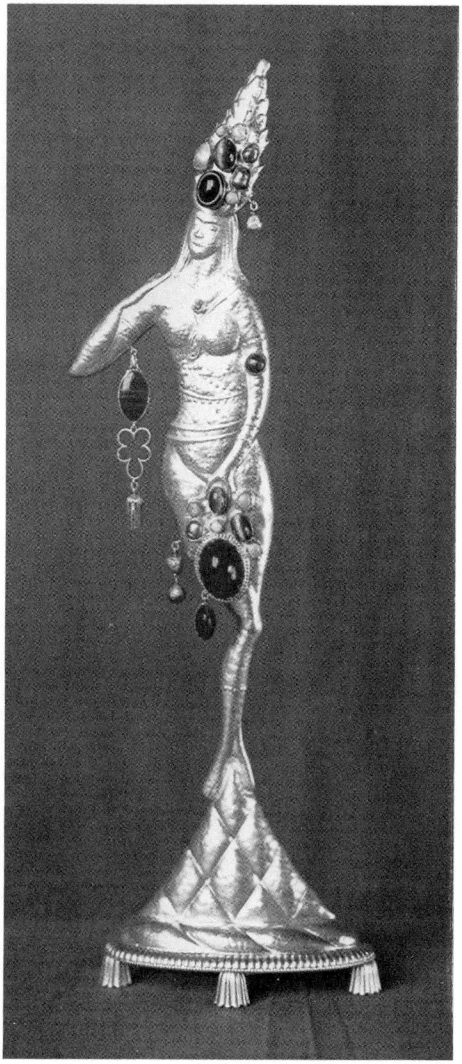

143

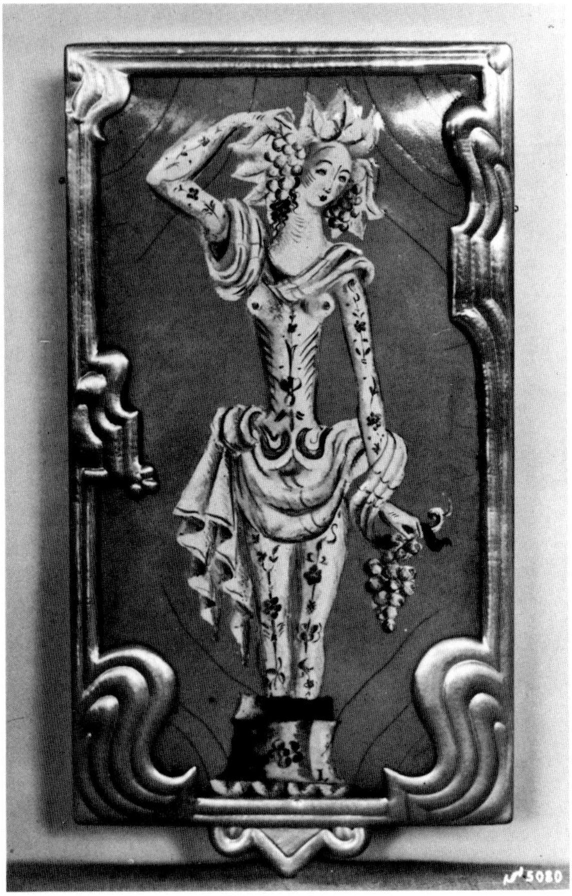

144

144
DOSE
Entwurf: Maria Likarz, um 1921/22
Werknummer: S 5080
Material: Silber, getrieben, Email
Maße: 17,5 x 9,5 cm
Archivalien: WWMB 20, Nr. 5080

Die Werknummer S 5059 im gleichen Kalkulationsband ist 1921 datiert, sodaß die Werknummer S 5080 zeitlich in deren Nähe gerückt werden kann.

144
BOX
Design: Maria Likarz, around 1921/1922
Serial number: S 5080
Material(s): silver, chased, enamel
Dimensions: 17.5 x 9.5 cm
Records: WWMB 20, no. 5080

Serial number S 5059 in the same calculation book is dated 1921, which means that serial number S 5080 can be placed close to this date.

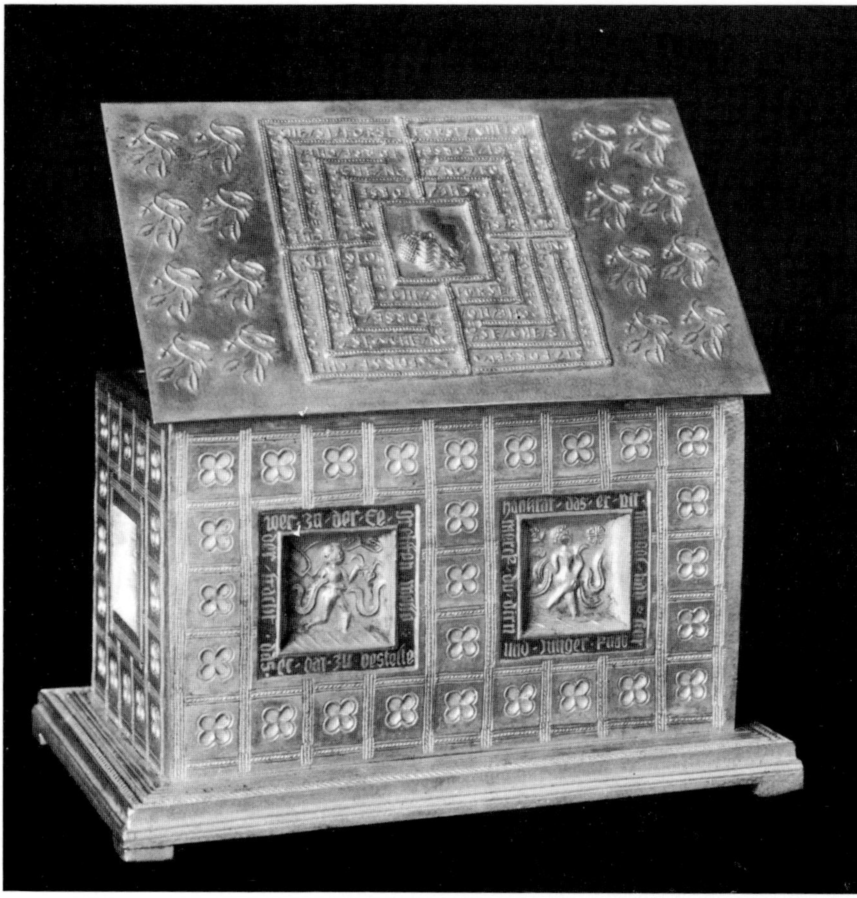

145

145
KASSETTE
Entwurf: Viktor Lurje, um 1920
Werknummer: M 3263 (später KW 194)
Material:
Ausführung: WW, um 1920
Verkaufspreis: K 27.000,- (Nov. 1920)
Kaufkraft von K 27.000,- (10/1920)
= S 16.013,14 (11/1983)
Archivalien: WWMB 71, Nr. 194

145
CASKET
Design: Viktor Lurje, around 1920
Serial number: M 3263 (subsequently KW 194)
Production: WW, around 1920
Retail price: K 27,000 (11/29)
Present equivalent: S 16,013.14 (11/83)
Records: WWMB 71, no. 194

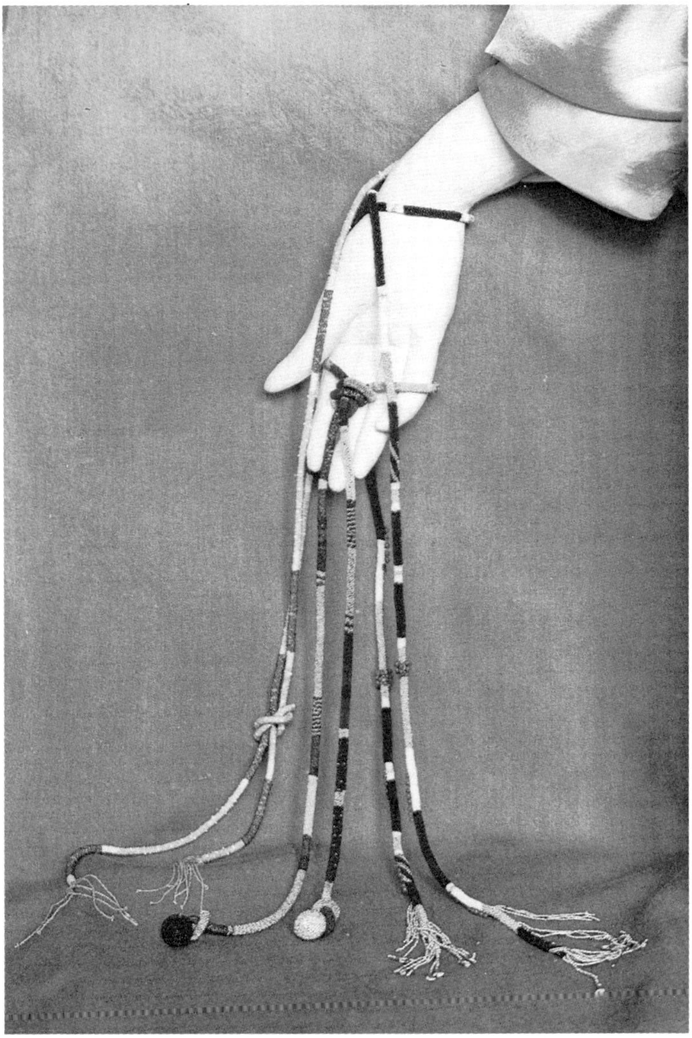

146

146
PERLENKETTEN
Entwurf: WW,
um 1920-1925

146
CORDS OF
GLASS BEADS
Design: WW,
around 1920-1925

148
STOFFENTWURF „FEUERVOGEL"
Leo Blonder, 1920
Maße des Ausschnitts: 19 x 33 cm
Kennzeichnung: „„BLONDER, ‚FEUERVOGEL', STOFFMUSTER FÜR HANDDRUCK, Kronen 300,- bezahlt 26.10.1920", Unterschrift unleserlich
Kaufkraft von K 300,- (10/1920) = S 177,67 (10/1983)
ÖMAK, Inv. K.I. 11533/1

148
"FEUERVOGEL" FABRIC PATTERN
Leo Blonder, 1920
Dimensions of sample: 18 x 33 cm
Marks: "BLONDER, 'FEUERVOGEL', STOFFMUSTER FÜR HANDDRUCK, Kronen 300,- bezahlt 26.10.1920", illegible signature
Present equivalent of K 300: S 177.67 (10/1983)
AMAA, Inv. K.I. 11533/1

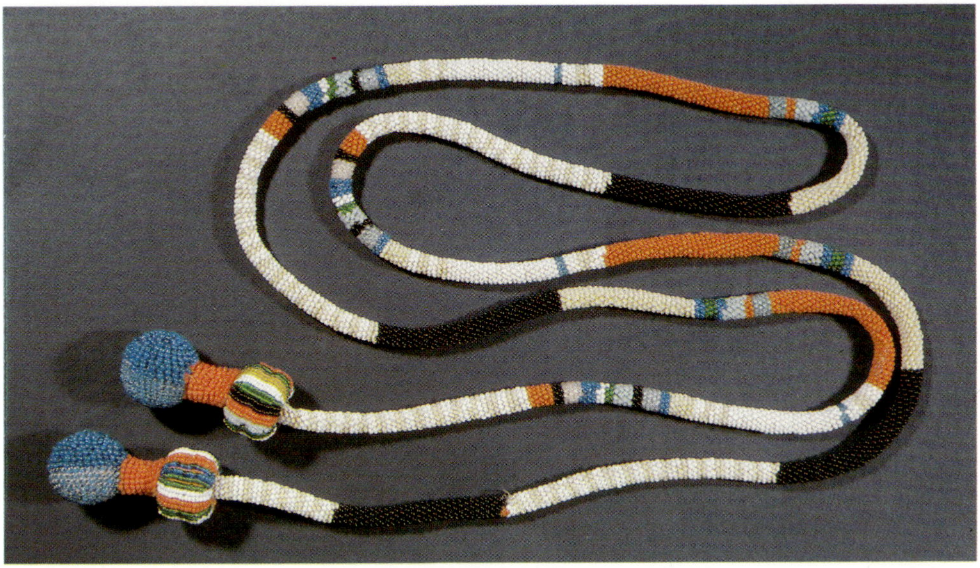

147

147
PERLENKETTE
Entwurf: WW, um 1920
Länge: 124 cm
Firma Kurt Erben, Wien

Eine ähnliche Perlenkette ist in einem Kalkulationsband der WW (WWMB 58, S. 163) mit Ausführungsjahr 1921 datiert.

147
CORD OF GLASS BEADS
Design: WW, around 1920
Length: 124 cm
Kurt Erben company, Vienna

A similar cord of glass beads is contained in a calculation book of the WW (WWMB 58, p. 163), where the year of production is specified as 1921.

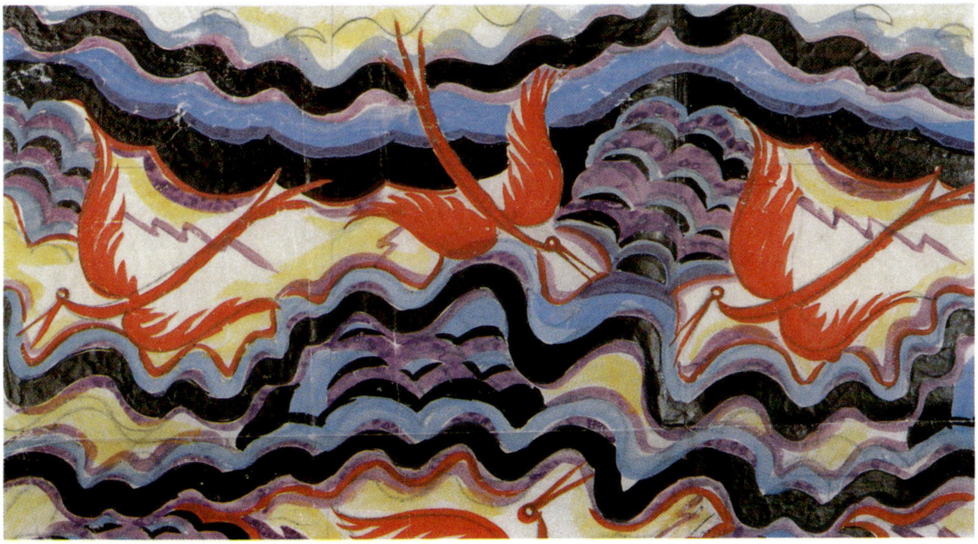

148

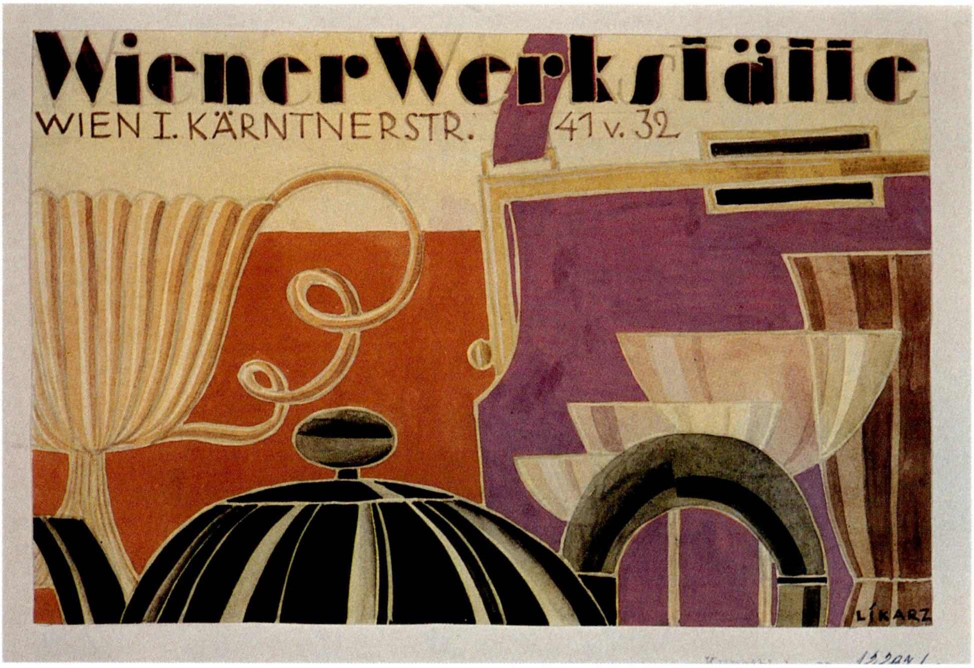

149

149
REKLAMEENTWURF
Maria Likarz, nach 1925
Maße: 19,8 x 29,6 cm
Kennzeichnung: sign. LIKARZ
ÖMAK, Inv. K.I. 12297/31

149
DESIGN FOR ADVERTISEMENT
Maria Likarz, after 1925
Dimensions: 19.8 x 29.6 cm
Signed: LIKARZ
AMAA, Inv. K.I. 12297/31

150
CENTRE-PIECE
Design: Josef Hoffmann, around 1924/1925
Serial number: M sh 17
Material(s): brass, chased and hammered
Height: 19.3 cm
Marks: WIENER WERK STÄTTE, MADE IN AUSTRIA, JH monogram
Production: WW 1925 - 1931 (approx. 229 copies)
Retail price: S 141 (08/25)
Present equivalent: S 3,364.12 (08/83)
Records: filing card M sh 17; K.I. 12059/9
AMAA, Inv. Go 1987

Three filing cards relating to the execution of this model in various materials still exist: M sh 17 (brass), M shas 17 (Alpaka) and S sh 50 (silver). The oldest version is probably the brass one (produced 1925-1931). The Alpaka centre-piece was manufactured 1929-1931 (20 copies), the silver one 1929 (4 copies). The suppliers' invoices in the archives of the WW indicate that Viennese firms were also involved in the production of this centre-piece. Thus J. Gasterstaedt invoiced 7 schillings for silver-plating this centre-piece on 23.05.29 ("heavy silver-plating"), and Franz Kaiser charged S 6.90 for the same model (probably for the press work).

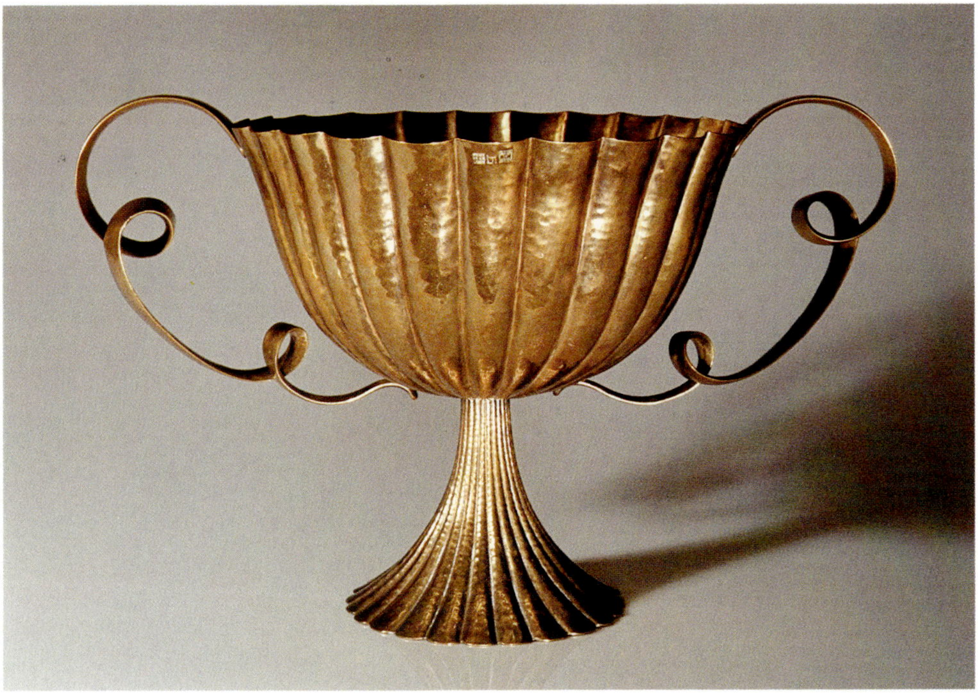

150

150
AUFSATZ
Entwurf: Josef Hoffmann, 1924/25
Werknummer: M sh 17
Material: Messing, getrieben und gehämmert
Höhe: 19,3 cm
Kennzeichnung: WIENER WERK STÄTTE, MADE IN AUSTRIA, JH-Monogramm
Ausführung: WW 1925 - 1931 (ca. 229 Stück)
Verkaufspreis: S 141,- (Aug. 1925)
Kaufkraft von S 141,- (8/1925)
= S 3.364,12 (8/1983)
Archivalien: Karteikarte M sh 17;
K.I. 12059/9
ÖMAK, Inv. Go 1987

Zu diesem Modell haben sich Karteikarten zu drei Werknummern für die Ausführung in verschiedenen Materialien erhalten: M sh 17 (Messing), M shas 17 (Alpaka) sowie S sh 50 (Silber). Die älteste Variante dürfte jene in Messing gewesen sein (Ausführung 1925-1931 nachgewiesen), der Alpaka-Aufsatz wurde 1929-1931 hergestellt (20 Stück), der Silberaufsatz 1929 (4 Stück).

Den im Archiv der WW erhaltenen Lieferantenrechnungen nach zu schließen, waren bei der Herstellung dieses Aufsatzes auch Wiener Firmen beteiligt; so berechnete J. Gasterstaedt am 23.5.1929 das Versilbern dieses Modells mit 7 Schilling („schwer versilbert"), und Franz Kaiser, Silber-, Metalldruck- und Drehwarenerzeuger, verrechnete S 6,90 für denselben Aufsatz (vermutlich für die Druckerarbeit).

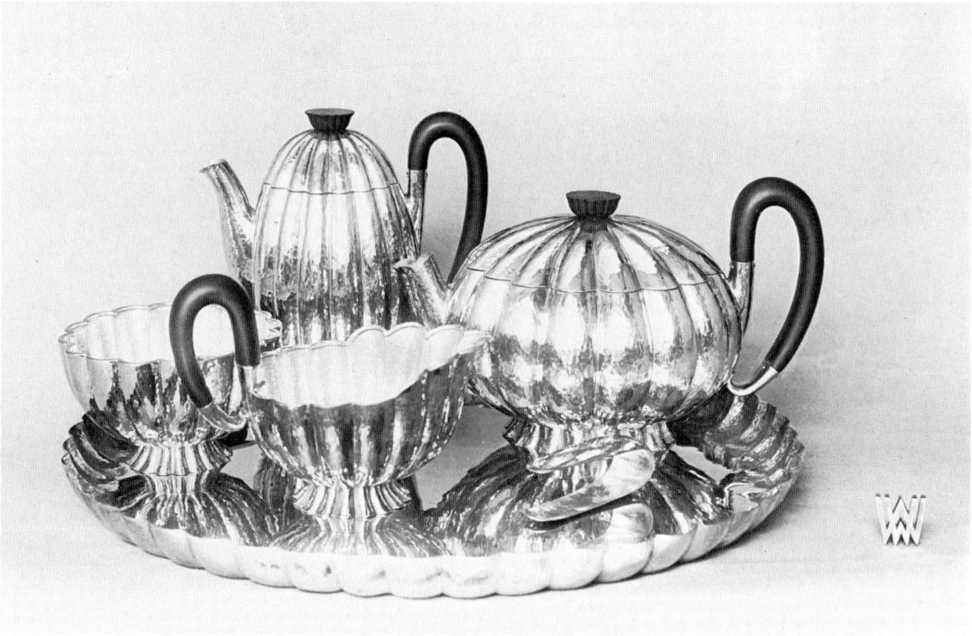

151

151
SERVICE
Entwurf: Josef Hoffmann, um 1923
Werknummer: M se 6/1-6
M se 6/1 = Teekanne
M se 6/2 = Kaffeekanne
M se 6/3 = Oberskanne
M se 6/4 = Zuckerschale
M se 6/5 = Zuckerzange
M se 6/6 = Tasse
Material: Messing, getrieben, poliert, innen versilbert, Griffe und Knöpfe aus Holz
Höhe: 15 cm (Teekanne), 18 cm (Kaffeekanne)
Ausführung: WW 1924 (1 Garnitur)
Verkaufspreis: S 1.353,- (Juli 1926)
Kaufkraft von S 1.353,- (7/1926) = S 32.752,27 (7/1983)
Archivalien: Karteikarten M se 6/1-6; K.I. 12051/4 (M se 6/1 und 6/6); K.I. 12051/6 (M se 6/2); K.I. 12051/5 (M se 6/3-5)

Zwei Entwürfe (K.I. 12051/5 und 12051/6) sind von Hoffmann monogrammiert (JH), einer (K.I. 12051/5) von Häusler monogrammiert und mit 22.10.23 datiert, sodaß sich für den Entwurf Hoffmanns ein terminus ante quem ergibt.

151
SERVICE
Design: Josef Hoffmann, around 1923
Serial numbers: M se 6/1-6
M se 6/1 = teapot
M se 6/2 = coffee-pot
M se 6/3 = cream jug
M se 6/4 = sugar bowl
M se 6/5 = sugar tongs
M se 6/6 = salver
Material(s): brass, chased, polished, silver-plated inside, handles and knobs of wood
Height: 15 cm (tea pot), 18 cm (coffee pot)
Production: WW 1924 (1 service)
Retail price: S 1,353.- (07/26)
Present equivalent: S 32,752.27 (07/83)
Records: filing cards M se 6/1-6; K.I. 12051/4 (M se 6/1 and 6/6); K.I. 12051/6 (M se 6/2); K.I. 12051/5 (M se 6/3-5)

Two designs are monogrammed by Hoffmann (K.I. 12051/5 and 12051/6), and one is monogrammed and dated 22.10.23 by Häusler (K.I. 12051/5). Hoffmann's design must therefore have been produced before this date.

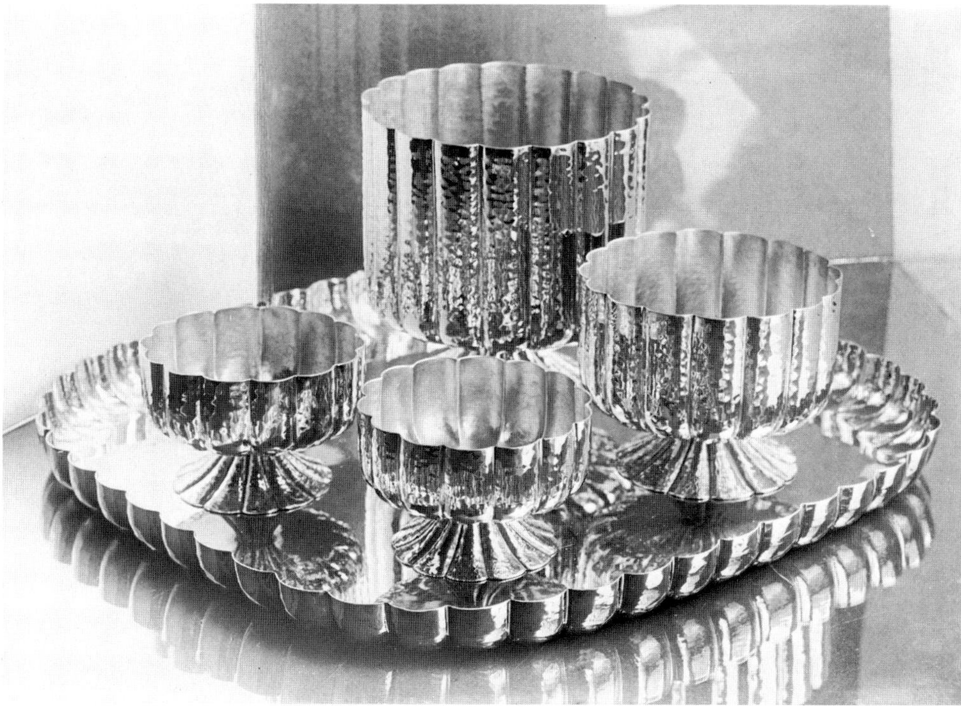

152

152
RAUCHGARNITUR
Entwurf: Josef Hoffmann, um 1929/30
Werknummern:
M ga 6/1 = Aschenschale
M ga 6/2 = Zigarettenbecher
M ga 6/3 = Zigarrenbecher
M ga 6/4 = Tasse
Material: Messing, gehämmert, poliert
Höhe des Zigarrenbechers: 12,75 cm
Ausführung: WW, Drucken und Schleifen vermutlich außer Haus
Verkaufspreis für eine Garnitur, bestehend aus 2 Aschenschalen und je 1 Zigarettenbecher, Zigarrenbecher und Tasse: S 171,-
Kaufkraft von S 171,- (12/1929) = S 3.823,12 (12/1983)
Archivalien: Karteikarten M ga 6/1-4

152
SMOKING SET
Design: Josef Hoffmann, around 1929/1930
Serial numbers:
M ga 6/1 = ashtray
M ga 6/2 = cigarette box
M ga 6/3 = cigar box
M ga 6/4 = salver
Material(s): brass, hammered and polished
Height of the cigar box: 12.75 cm
Production: WW, press and grinding work probably subcontracted
Retail price for a set consisting of 2 ashtrays, 1 cigarette and 1 cigar box and a salver: S 171 (12/29)
Present equivalent: S 3,823.12 (12/83)
Records: filing cards M ga 6/1-4

153
BEAKER AND TWO VASES
Design: Josef Hoffmann, around 1923/1924
Serial numbers from left to right:
M di 2, M va 7, M va 11
Material(s):
M va 7 = brass, polished and fluted
M va 11 = brass, chased and polished
Height:
M va 7 = 15.5 cm
M va 11 = 27.5 cm
Production:
M va 7 = 1924, 15 copies
M va 11 = 1924-1925, 11 copies
Retail price:
M va 7 = S 70 (08/24)
M va 11 = S 90 (01/28)
Present equivalent: S 2,161.66 (S 90, 01/84)
Records: filing cards M va 7 and M va 11; K.I. 11974/1 (M va 7); K.I. 11979/3 (M va 11); K.I. 12077/1 (M di 2)

Both existing designs (K.I. 11974/1 and K.I. 11979/3) are monogrammed by Hoffmann (JH) and initialled by Häusler on 06.03.24, thus providing a date for Hoffmann's designs. The design of the beaker is also monogrammed by Hoffmann (JH) and initialled by Häusler on 24.04.(?)24 (K.I.12077/1). Unfortunately the filing card for the brass version of cigarette box M di 2 no longer exists, but the card for the Alpaka version M dias 2 has been preserved. The Alpaka cigarette box (hammered, silver-plated, polished) was 8 cm high and was produced in the year 1929 (20 copies). The retail price was calculated as S 35.29 in December 1929. Like the other brass forms, the brass version was probably also produced as early as 1924/1925, as the service could not otherwise have been complete.

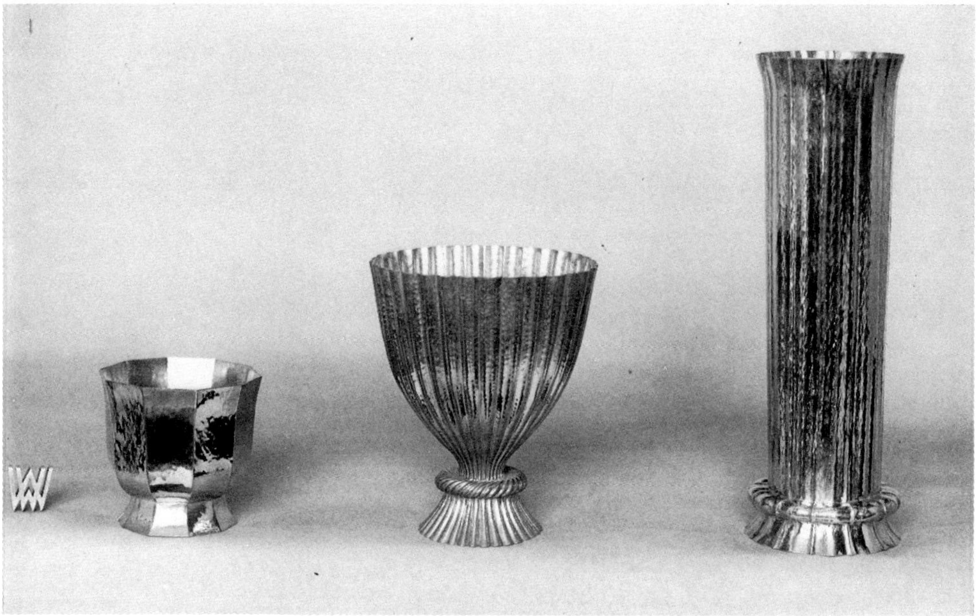

153

153
BECHER UND ZWEI VASEN
Entwurf: Josef Hoffmann, um 1923/24
Werknummern von links nach rechts:
M di 2, M va 7, M va 11
Material:
M va 7 = Messing poliert, kanneliert
M va 11 = Messing getrieben, poliert
Höhe:
M va 7 (15,5 cm)
M va 11 (27,5 cm)
Ausführung:
M va 7 (1924, 15 Stück)
M va 11 (1924-1925, 11 Stück)
Verkaufspreis:
M va 7: S 70,- (Aug. 1924)
M va 11: S 90,- (Jänner 1928)
Kaufkraft von S 90,- (1/1928)
= S 2.161,66 (1/1984)
Archivalien: Karteikarten M va 7 und M va 11; K.I. 11974/1 (M va 7); K.I. 11979/3 (M va 11); K.I. 12077/1 (M di 2)

Beide erhaltenen Entwürfe (K.I. 11974/1 und K.I. 11979/3) sind von Hoffmann monogrammiert (JH) und von Häusler per 6.2.1924 abgezeichnet, sodaß sich für die Datierung des Hoffmannschen Entwurfs ein terminus ante quem ergibt. Der Entwurf für den Becher (K.I. 12077/1) ist ebenfalls von Hoffmann monogrammiert (JH) und von Häusler am 24. IV (?) 1924 abgezeichnet.
Vom Zigarettenbecher mit Werknummer M di 2 ist leider keine Karteikarte für die Messingausführung dieses Modells erhalten, hingegen ist die Karteikarte M dias 2 für die Alpaka-Ausführung vorhanden. Der Alpaka-Zigarettenbecher (gehämmert, versilbert, poliert) war 8 cm hoch und wurde im Jahre 1929 erzeugt (20 Stück). Der Verkaufspreis wurde im Dezember 1929 mit S 35,29 kalkuliert. Die Messingausführung ist vermutlich ebenfalls bereits um 1924/25 wie die anderen Messingformen erzeugt worden, da die Garnitur ja sonst nicht vollständig gewesen wäre.

154
VASE
Entwurf: Josef Hoffmann, um 1923
Werknummer: va 35
Material: transparentes, gelbgrünes Glas, gemodelt
Höhe: 23,1 cm
Kennzeichnung: unbezeichnet
Ausführung: im Auftrag der WW vermutlich in Böhmen (1923-1928, ca. 400 Stück in verschiedenen Ausführungen)
Archivalien: Karteikarte va 35
ÖMAK, Inv. Gl 3311

154
VASE
Design: Josef Hoffmann, around 1923
Serial number: va 35
Material(s): transparent, yellow-green glass, moulded
Height: 23.1 cm
Marks: Unmarked
Production: commissioned by the WW, probably in Bohemia (1923-1928), about 400 copies in various versions
Records: filing card va 35
AMAA, Inv. Gl 3311

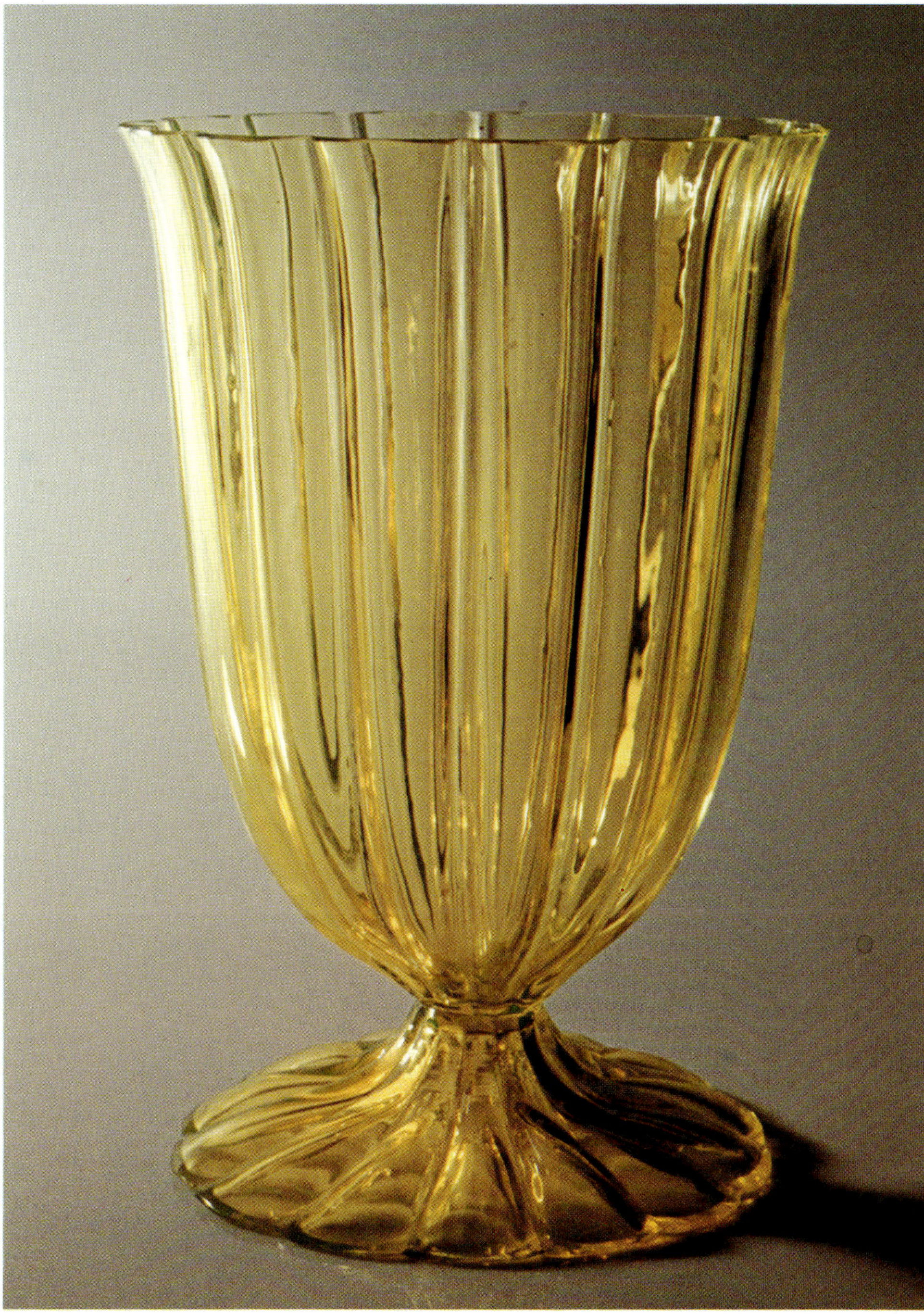

154

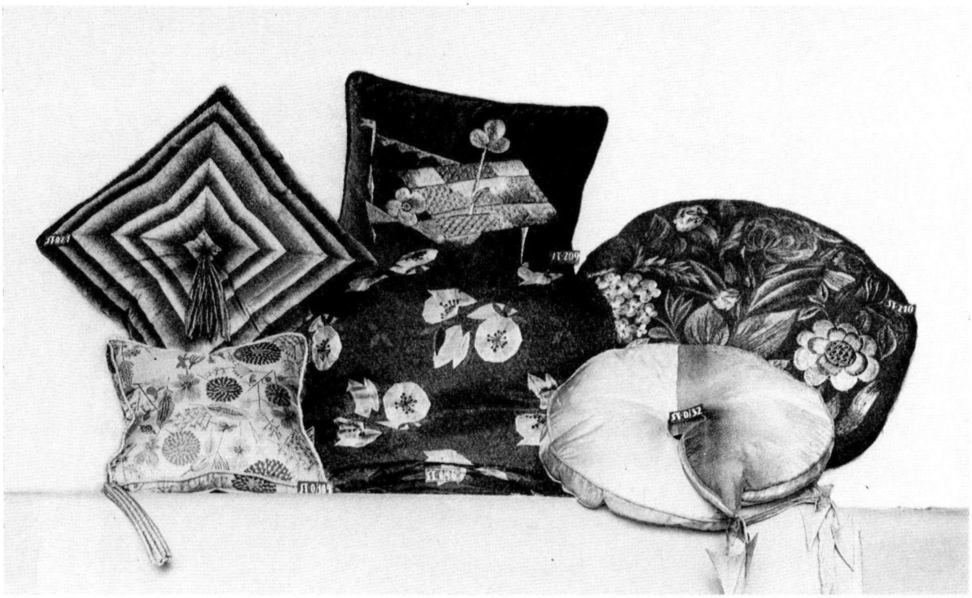

155

155
SECHS PÖLSTER
Entwurf: Friedmann, Likarz, Rix u.a., nach 1920
Werknummern: St 209, St 210, St 0/8/1, St 0/104, St 0/96, St 0/32
Ausführung: WW, nach 1920
Archivalien: WWMB 70, S. 209, 210 (undatiert, nach 1920)

Im Kalkulationsband (WWMB 70) sind zwei Entwerfernamen angeführt: Friedmann für St 209 und Likarz für St 210. Der Polster St 0/104 scheint mit dem Stoff „Juniblumen" von Rix (Nr. 830) überzogen zu sein.

155
SIX CUSHIONS
Designs: Friedmann, Likarz, Rix and others, after 1920
Serial numbers: St 209, St 210, St 0/8/1, St 0/104, St 0/96, St 0/32
Production: WW, after 1920
Records: WWMB 70, pp. 209, 210 (undated, after 1920)

The calculation book (WWMB 70) mentions two designers' names: Friedmann for St 209 and Likarz for St 210. Cushion St 0/104 appears to be covered in Rix's "Juniblumen" (june flowers) fabric (no. 830).

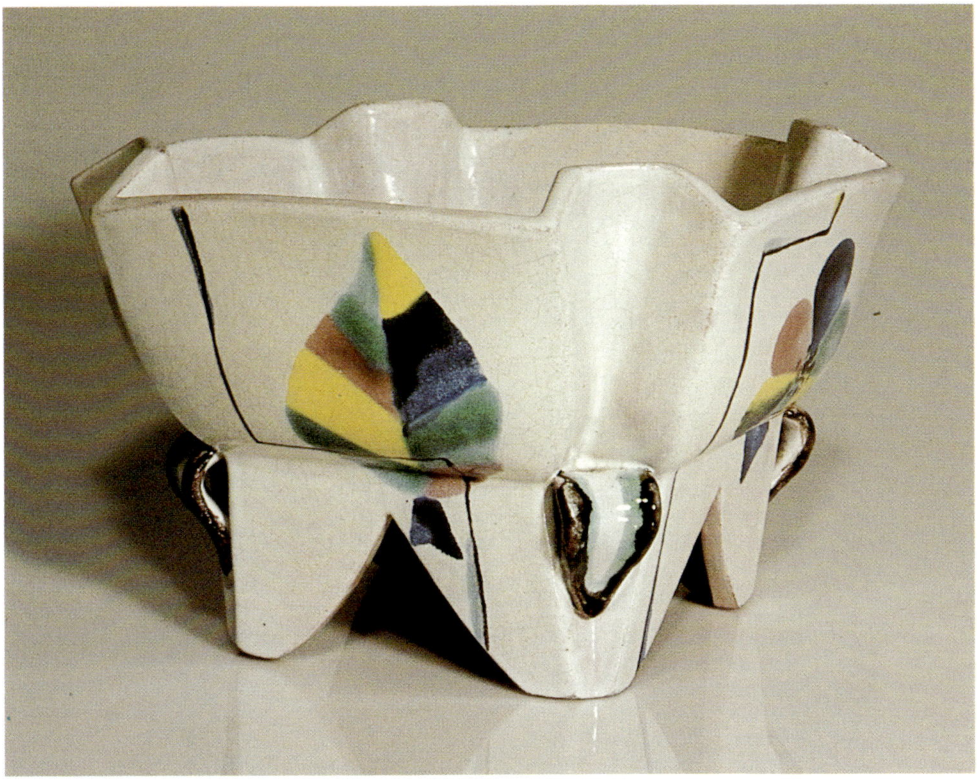

156

156
SCHALE
Entwurf: Hilde Jesser, um 1924
Werknummer: K Ks 825
Material: Keramik, bunt bemalt
Höhe: 11 cm
Kennzeichnung: WW-Monogramm, MADE IN AUSTRIA, 825, I
Ausführung: WW 1921-1924 (119 Stück)
Verkaufspreis: S 30,- (Febr. 1925)
Kaufkraft von S 30,- (2/1925)
= S 738,36 (2/1984)
Archivalien: Karteikarte K Ks 825
Firma Lintner, Wien

156
BOWL
Design: Hilde Jesser, around 1924
Serial number: K Ks 825
Material(s): ceramic, painted in various colours
Height: 11 cm
Marks: WW monogram, MADE IN AUSTRIA, 825, I
Production: WW 1921-1924 (119 copies)
Retail price: S 30 (02/25)
Present equivalent: S 738.36 (02/84)
Records: filing card K Ks 825
Lintner company, Vienna

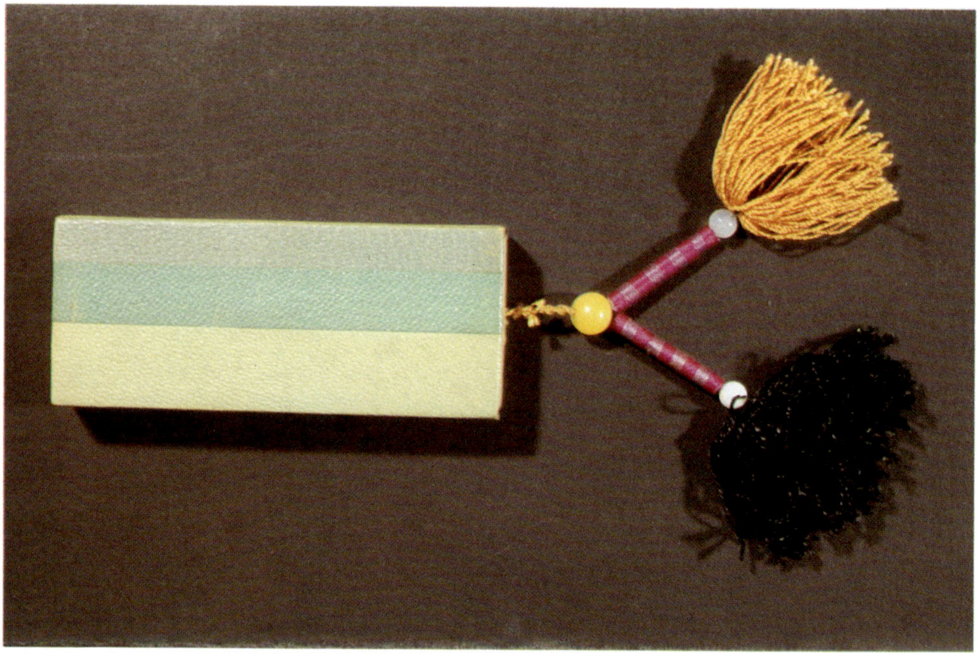

157

157
ZIGARETTENTASCHE (TABATIERE)
Entwurf: Felice Rix, um 1929
Material: Karton, Leder
Maße: 9,5 x 4 cm (ohne Quasten)
Kennzeichnung: WIENER WERK STÄTTE
ÖMAK, Inv. Le 546 a

vgl. Kartei L 4290 (gleiche Form, aber andere Oberflächengliederung). L 4290: Juli 1929, Karteikarte, 9,5 x 4 x 1,5 cm

157
CIGARETTE CASE
Design: Felice Rix, around 1929
Material(s): cardboard, leather
Dimensions: 9.5 x 4 cm (without tassel)
Marks: WIENER WERK STÄTTE
ÖMAK, Inv. Le 546 a

See also filing index L 4290 (same form, but with a different decoration). L 4290: July 1929, filing card, 9.5 x 4 x 1.5 cm

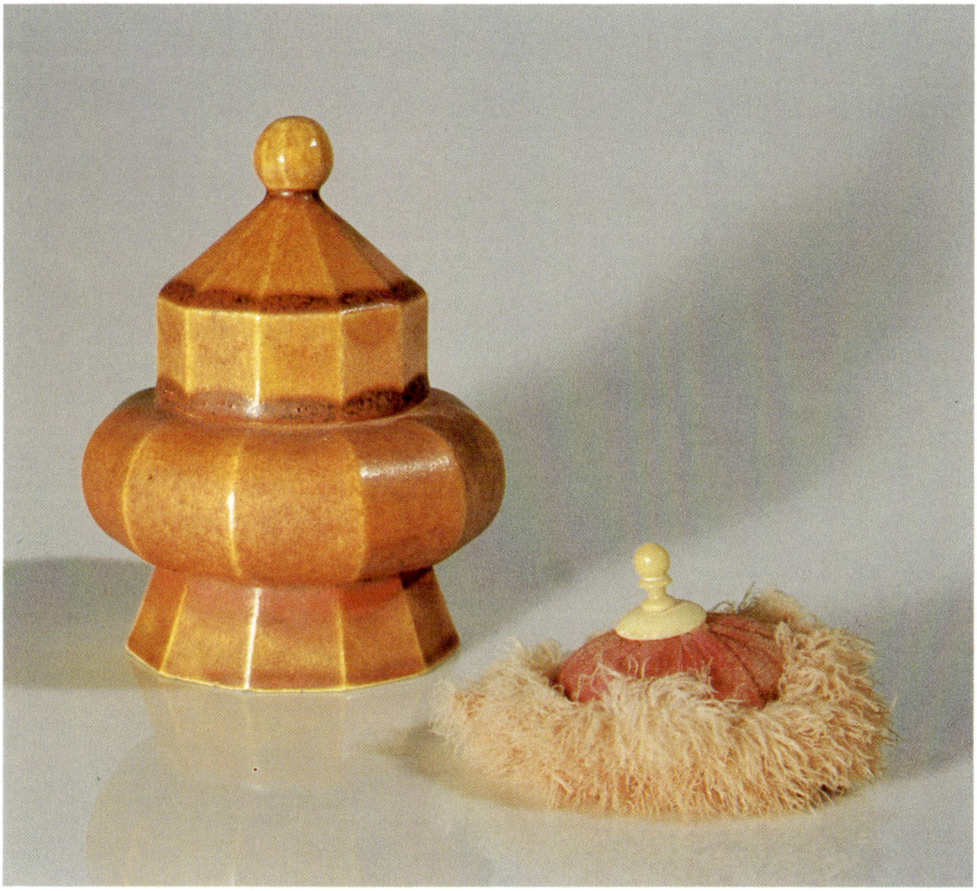

158

158
PUDERDOSE
Entwurf: Josef Hoffmann, um 1926
Werknummer: K do 70
Material: Keramik
Höhe: 11,1 cm
Kennzeichnung: WW-Monogramm, MADE IN AUSTRIA, 70
Ausführung: vermutlich Keramos für die WW (1927-1929, 70 Stück)
Verkaufspreis: S 6,60 (Aug. 27)
Kaufkraft von S 6,60 (8/1927) = S 154,38 (8/1983)
Archivalien: Karteikarte K do 70
Firma Kurt Erben, Wien

158
POWDER BOX
Design: Josef Hoffmann, around 1926
Serial number: K do 70
Material(s): ceramic
Height: 11.1 cm
Marks: WW monogram, MADE IN AUSTRIA, 70
Production: probably by Keramos for the WW (1927-1929, 70 copies)
Retail price: S 6.60 (08/27)
Present equivalent: S 154.38 (08/83)
Records: filing card K do 70
Kurt Erben company, Vienna

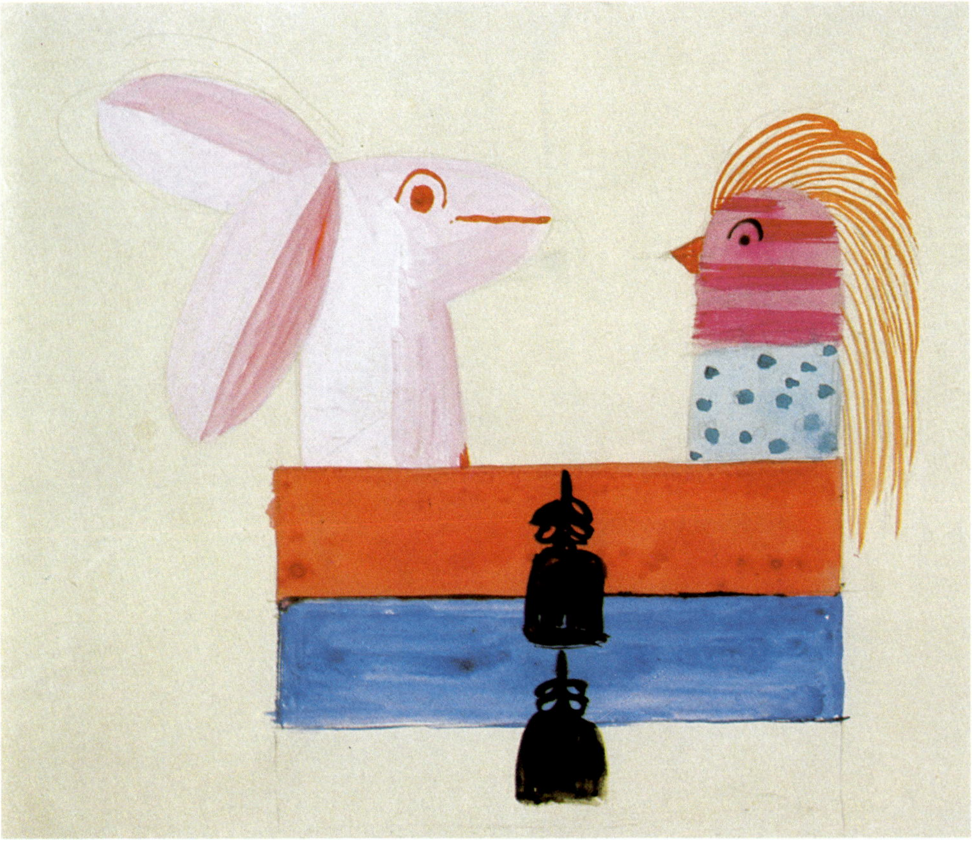

159

159
ENTWURF FÜR EINE BONBONNIERE
Felice Rix, um 1925/26
Höhe: 12,5 cm, Breite unten: 9,5 cm
Bez.: „Bonbonniere aus Papiermaché ausgeführt in der W.W. 1926“
Sign: F. Rix
Ausführung: WW 1926
ÖMAK, Inv. K.I. 12861/2

159
DESIGN FOR A CONFECTIONERY BOX
Felice Rix, around 1925/1926
Height: 12.5 cm, width at bottom: 9.5 cm
Marks: "Bonbonniere aus Papiermaché ausgeführt in der W.W. 1926"
Signed: F. Rix
Production: WW 1926
AMAA, Inv. K.I. 12861/2

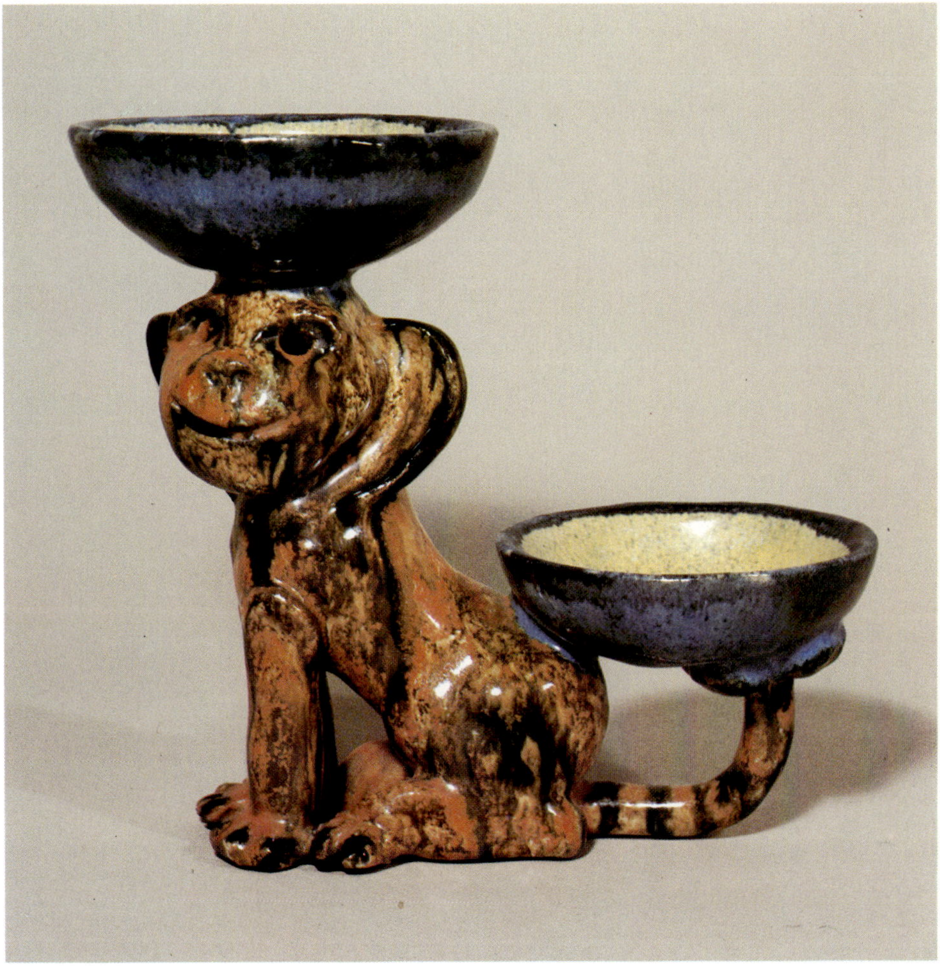

160

160
AFFE MIT SCHALEN (KAKTEENTRÄGER)
Entwurf: Vally Wieselthier, 1927
Werknummer: K 309
Material: Keramik, bunt glasiert
Höhe: 14,5 cm
Kennzeichnung: WW-Monogramm, Monogramm VW (= Vally Wieselthier); MADE IN AUSTRIA, 309, 5
Ausführung: vermutlich Vally Wieselthier (1927, 1 Stück)
Verkaufspreis: S 11,79 (Aug. 1927)
Kaufkraft von S 11,79 (8/1927) = S 275,78 (8/1983)
Archivalien: Karteikarte K 309
Galerie bei der Albertina (Christa Zetter), Wien

160
MONKEY WITH BOWLS (CACTUS STAND)
Design: Vally Wieselthier, 1927
Serial number: K 309
Material(s): ceramic, coloured glazing
Height: 14.5 cm
Marks: WW monogram, monogram VW (= Vally Wieselthier), MADE IN AUSTRIA, 309, 5
Production: probably by Vally Wieselthier (1927, 1 copy)
Retail price: S 11.79 (08/27)
Present equivalent: S 275.78 (08/83)
Records: filing card K 309
Galerie bei der Albertina (Christa Zetter), Vienna

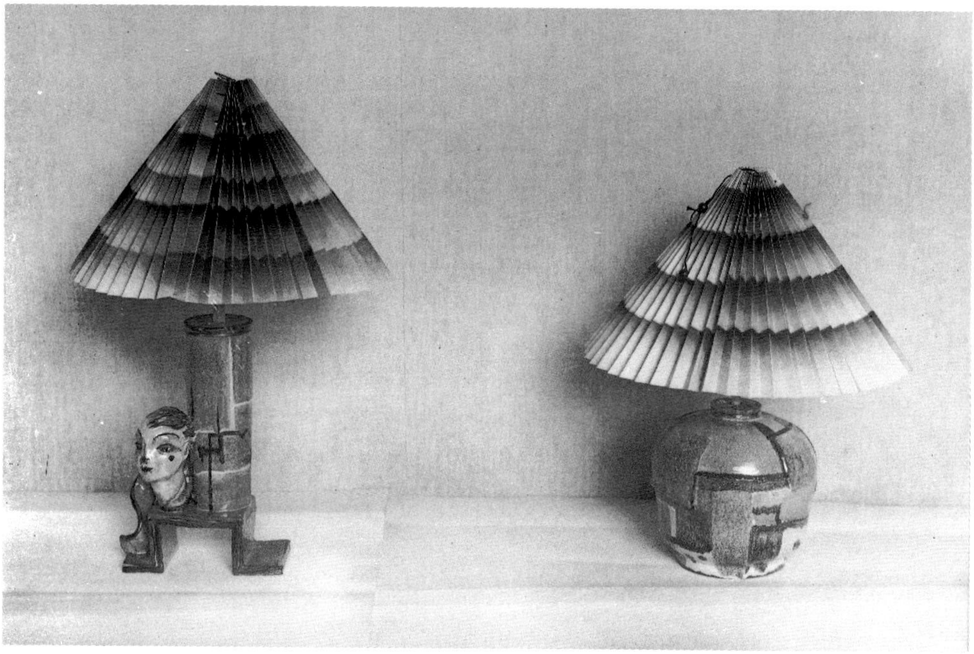

161

161
ZWEI STEHLAMPEN
Entwurf: Gudrun Baudisch, um 1927
Werknummern: K 410 (Lampenfuß mit Kopf), K 421 (Vase)
Material: Keramik, Papierschirme
Höhe:
K 410: 25,5 cm
K 421: 17 cm
Ausführung:
K 410: 1928/29 15 St. montiert
K 421: 1928/29 8 St. montiert
Verkaufspreis:
K 410: S 26,- (Febr. 1928)
K 421: S 19,- (unmontiert, Febr.1928)
Kaufkraft von S 26,- (2/1928)
= S 593,71 (2/1983)
Archivalien: Karteikarten K 410 und K 421

162
BLUMENVASE
Entwurf: Gudrun Baudisch, um 1926/27
Werknummer: K 280
Material: Keramik, rot und blau glasiert
Höhe: 24,5 cm
Kennzeichnung: WW-Monogramm, MADE IN AUSTRIA, 280, I
Ausführung: WW 1927 (K 280/3), 1928 (K 280/3/La), K 280/gn (1929), je 1 Stück nachweisbar
Verkaufspreis: S 26,- (Aug. 1927)
Kaufkraft von S 26,- (8/1927)
= S 608,17 (8/1983)
Archivalien: Karteikarten K 280/3, K 280/gn, K 280/3/La
Galerie bei der Albertina (Christa Zetter), Wien

Dieses Modell wurde in drei Varianten erzeugt. Die Ausführung mit rot-blauer Glasur ist vermutlich K 280/3; die Variante K 280/gn war charakterisiert durch „Dekor: schwarz-rot", die Variante K 280/3/La war zum Lampenfuß umfunktioniert.

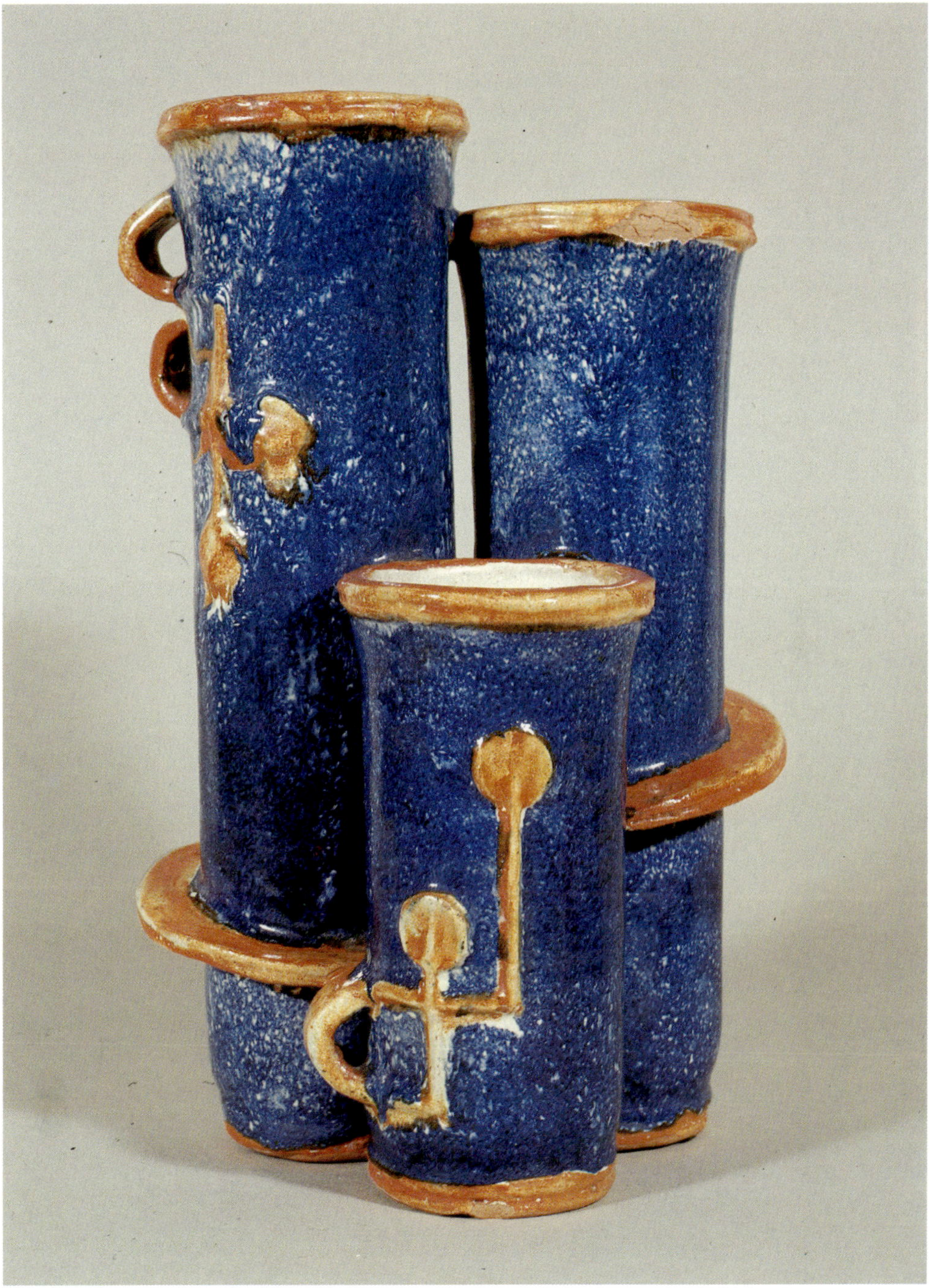

162

161
TWO TABLE LAMPS
Design: Gudrun Baudisch, around 1927
Serial numbers: K 410 (lamp stand with head), K 421 (vase)
Material(s): ceramic, paper lampshades
Height:
K 410: 25.5 cm
K 421: 17 cm
Production:
K 410: 1928/29 15 copies assembled
K 421: 1928/29 8 copies assembled
Retail price:
K 410: S 26 (02/28)
K 421: S 19 (unassembled, 02/28)
Present equivalent: S 593.71 (S 26, 02/83)
Records: filing cards K 410 and K 421

162
FLOWER VASE
Design: Gudrun Baudisch,around 1926/1927
Serial number: K 280
Material(s): ceramic, glazed red and blue
Height: 24.5 cm
Marks: WW monogram, MADE IN AUSTRIA, 280, I
Production: WW 1927 (K 280/3), 1928 (K 280/3/La), K 280/gn (1929), 1 copy of each recorded
Retail price: S 26 (08/27)
Present equivalent: S 608.17 (08/83)
Records: filing cards K 280/3, K 280/gn, K 280/3/La
Galerie bei der Albertina (Christa Zetter), Vienna

Three versions of this model were produced. The version with red and blue glazing is probably K 280/3; version K 280/gn was identified by "Dekor: schwarz-rot", and version K 280/3/La was adapted as a lamp stand.

163-164
ZWEI PLAKATENTWÜRFE
Mathilde Flögl, um 1925-30
Sign.: M. FLÖGL (rechts)
Maße: 31,1 x 6,5 cm (links), 28,8 x 6 cm (rechts)
ÖMAK, Inv. K.I. 12297/15 (links); K.I. 11812/4 (rechts)

163-164
TWO POSTER DESIGNS
Mathilde Flögl, around 1925-1930
Signed: M. FLÖGL (right)
Dimensions: 31.1 x 6.5 cm (left); 28.8 x 6 cm (right)
AMAA, Inv. K.I. 12297/15 (left); K.I. 11812/4 (right)

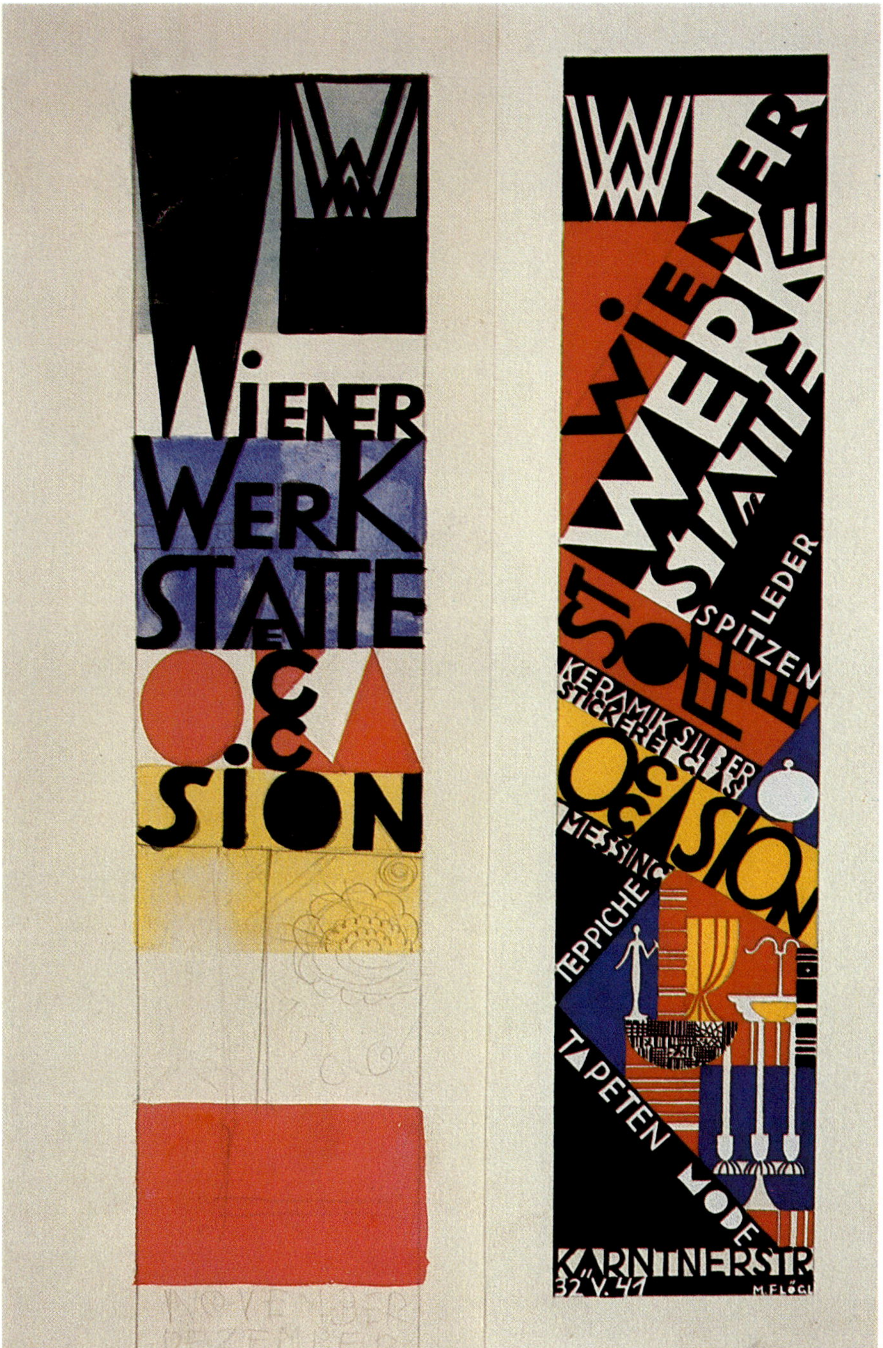
WIENER
WERK
STATTE
OC
CA
SION
WIENER
WERK
STATTE
STOFFE
SPITZEN
LEDER
KERAMIK SILBER
STICKEREI GLAS
OCCASION
MESSING
TEPPICHE
TAPETEN
MODE
KARNTNERSTR
M. FLÖGL

163, 164

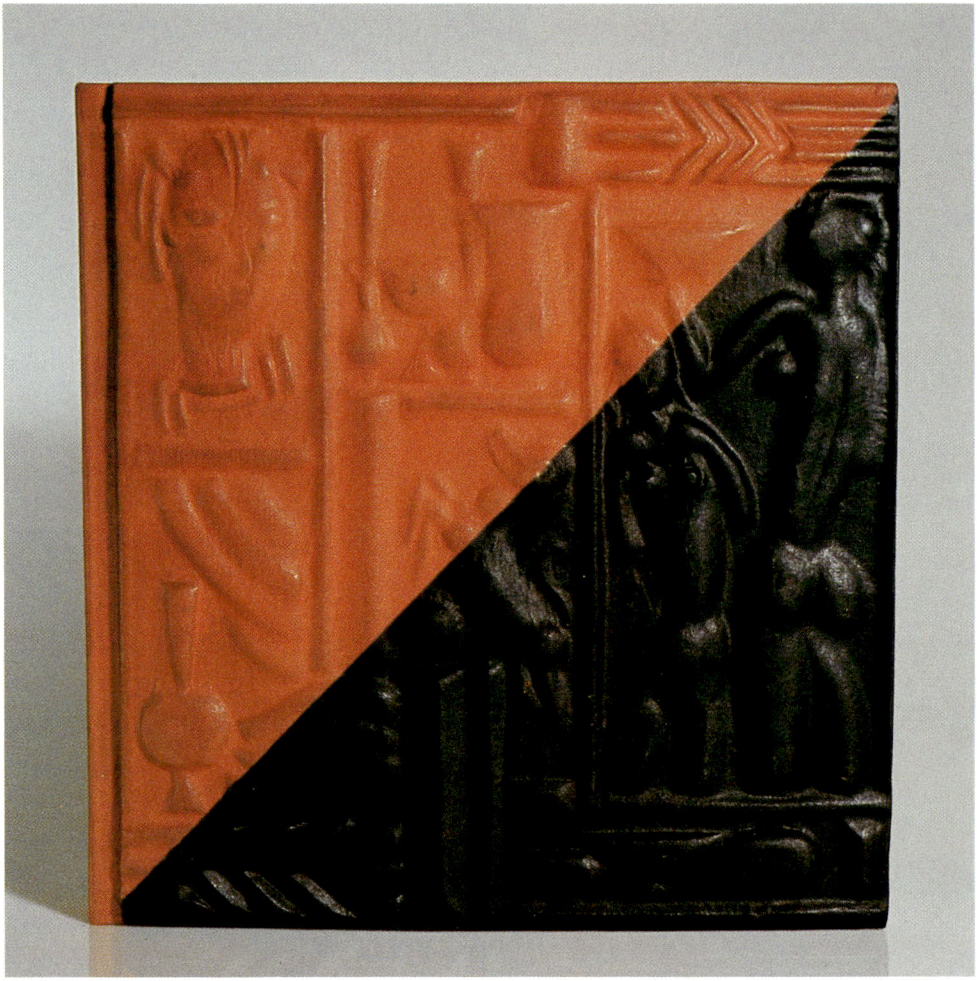

165

165
EINBAND
des Werkes "Die Wiener Werkstätte 1903-1928. Modernes Kunstgewerbe und sein Weg", Wien 1929
Druck: J. Gerstmayer, Wien
Verlag: Krystall-Verlag, Wien
Entwurf des Einbandes: Vally Wieselthier und Gudrun Baudisch
Ausführung des Einbandes: vermutlich Scheibe, Wien (Vorsatzpapier gestempelt: KARL SCHEIBE WIEN VI)
Maße: 23 x 22 cm
ÖMAK, Inv. B.I. 18873 (Orn. I 107)

165
BINDING
of the work "Die Wiener Werkstätte 1903-1928, Modernes Kunstgewerbe und sein Weg", Vienna 1929
Printers: J. Gerstmayer, Vienna
Publishers: Krystall-Verlag, Vienna
Design of binding: Vally Wieselthier and Gudrun Baudisch
Production: probably by Scheibe, Vienna (the end paper is stamped: KARL SCHEIBE WIEN VI)
Dimensions: 23 x 22 cm
AMAA, Inv. B.I. 18873 (Orn. I 107)

166
ARRANGEMENT
Zahlreiche Objekte dieses Arrangements konnten identifiziert werden: eine Tiergruppe von Gudrun Baudisch (K 444), eine Deckeldose von Dagobert Peche (K do 42), ein keramischer Lampenfuß mit Papierschirm von Gudrun Baudisch (K 436), ein Salzfaß von Susi Singer (K 952), eine Vase von Dagobert Peche (K va 24/1), ein Teeservice von Josef Hoffmann (S se 28 oder S se 18), eine Tasche (vermutlich M. Flögl, vgl. Karte L 4194, 1928), ein Kopf von Vally Wieselthier (K 495), vgl. Kat. Nr. 167.

Tiergruppe von Gudrun Baudisch:
Karteikarten K 444 und K 444 gn, 2 Varianten: 1928 = K 444, 1929 = K 444 gn (schwarz-rot)
K 444: H 13 cm, S 8,- (Febr.1928, 2 St.)
K 444/gn: H 13 cm, S 8,- (Febr. 1929, 2 St.)

Deckeldose von Dagobert Peche:
Karteikarte K do 42, 1923-1928, 90 Stück, Juli 1926: S 13,-

Keramisches Salzfaß von Susi Singer:
K 952

Keramischer Lampenfuß mit Papierschirm von Gudrun Baudisch:
Karteikarte K 436, Febr. 1928: S 20,-, 3 Stück montiert (1928-29, weiß-grün-rot, H 26,5 cm)

Vase von Dagobert Peche
Karteikarte K va 24/1, 1923-29: 27 St., Juli 1926: S 115,-

Teeservice von Josef Hoffmann:
Einige verwandte Modelle sind überliefert: S se 27 (Kaffeeservice), und S se 28 (Teeservice), beide K.I. 12057/26 (S se 27/2, S se 28/2: Jänner 1928 kalkuliert; Karteikarten S se 28/1-5, 1928, je 3 St., Zuckerzange bis 1929 7 St.)
Das abgebildete Service dürfte mit der Werknummer S se 18 identisch sein:
S se 18/1 = Teekanne
S se 18/2 = Oberskanne
S se 18/3 = Zuckerdose
S se 18/4 = Zuckerzange
S se 18/5 = Tasse
Höhe der Teekanne: 12,75 cm
Material: Silber getrieben, handpoliert, Griffe und Knöpfe aus Palisanderholz geschnitzt
Gesamtpreis: = S 1.613,- (Aug. 1928)
Kaufkraft von S 1.613,- (8/1928) = S 37.004,39 (8/1983)

166
ARRANGEMENT
It is possible to identify many of the objects in this arrangement: a group of animals by Gudrun Baudisch (K 444), a jar with lid by Dagobert Peche (K do 42), a ceramic lamp stand with a paper lampshade by Gudrun Baudisch (K 436), a salt-cellar by Susi Singer (K 952), a vase by Dagobert Peche (K va 24/1), a tea service by Josef Hoffmann (S se 28 or S se 18), a bag (probably by M. Flögl, cf. filing card L 4194, 1928), a head by Vally Wieselthier (K 495, cf. cat. no. 167).

Group of animals by Gudrun Baudisch:
Filing cards K 444 and K 444 gn, 2 versions: 1928 = K 444, 1929 = K 444 gn (black and red)
K 444: h 13 cm, S 8.00 (02/28, 2 copies)
K 444/gn: h 13 cm, S 8.00 (02/29, 2 copies)

Jar with lid by Dagobert Peche:
Filing card K do 42, 1923-1928, 90 copies, July 1926: S 13.00

Ceramic salt-cellar by Susi Singer: K 952

Ceramic lamp stand with paper lampshade by Gudrun Baudisch:
Filing card K 436, S 20.00 (02/28), 3 copies assembled (1928-29), white, green and red, h 26.5 cm

Vase by Dagobert Peche:
Filing card K va 24/1, 1923-29, 27 copies, S 115.00 (07/26)

Tea service by Josef Hoffmann:
Filing cards of several similar models still survive: S se 27 (coffee service) and S se 28 (tea service), both K.I. 12057/26 (S se 27/2, S se 28/2: calculated in January 1928; filing cards S se 28/1-5, 1928, 3 copies each, sugar tongs till 1929, 7 copies)
The service illustrated here is probably the same as serial number S se 18:
S se 18/1 = teapot
S se 18/2 = cream jug
S se 18/3 = sugar bowl
S se 18/4 = sugar tongs
S se 18/5 = salver
Height of teapot: 12.75 cm
Material(s): silver, chased, hand polished, handles and knobs of carved rosewood
Total price: S 1,613 (08/28)
Present equivalent: S 37,004.39 (08/83)

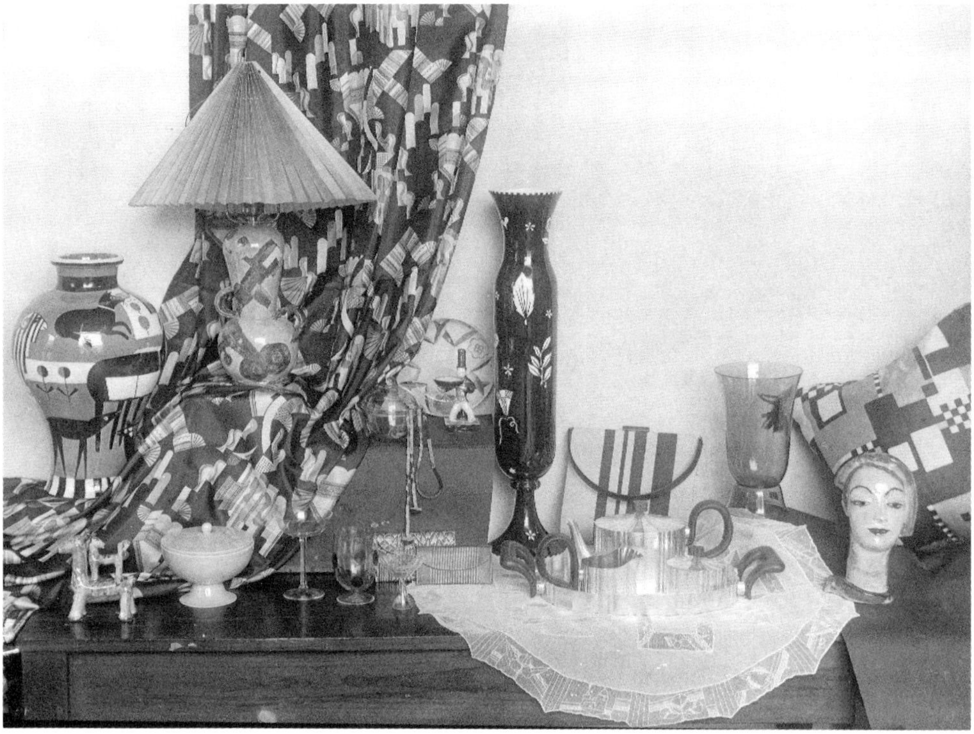

166

167
KOPF
Entwurf: Vally Wieselthier, um 1928
Werknummer: K 495/3
Material: Keramik, glasiert in Weiß, Rot und Blau
Höhe: H 23,5 cm
Kennzeichnung: Monogramme WW, VW (= Vally Wieselthier), MADE IN AUSTRIA, 5, 495/3
Ausführung: vermutlich Vally Wieselthier, 1928
Verkaufspreis: S 18,50 (Dez. 1928)
Kaufkraft von S 18,50 (12/1928) = S 429,52 (12/1983)
Archivalien: Karteikarte K 495/3
Galerie bei der Albertina (Christa Zetter), Wien

Von diesem Modell wurden zwei Varianten hergestellt: eine (K 495) mit Glasur in Weiß, Blau und Schwarz, und die hier abgebildete (K 495/3).

167
HEAD
Design: Vally Wieselthier, around 1928
Serial number: K 495/3
Material(s): ceramic, white, red and blue glazing
Height: H 23.5 cm
Marks: WW and VW monograms (VW = Vally Wieselthier), MADE IN AUSTRIA, 5, 495/3
Production: probably Vally Wieselthier, 1928
Retail price: S 18.50 (12/28)
Present equivalent: S 429.52 (12/83)
Records: filing card K 495/3
Galerie bei der Albertina (Christa Zetter), Vienna

Two versions of this model were produced: one (K 495) with white, blue and black glazing, and the one illustrated here (K 495/3).

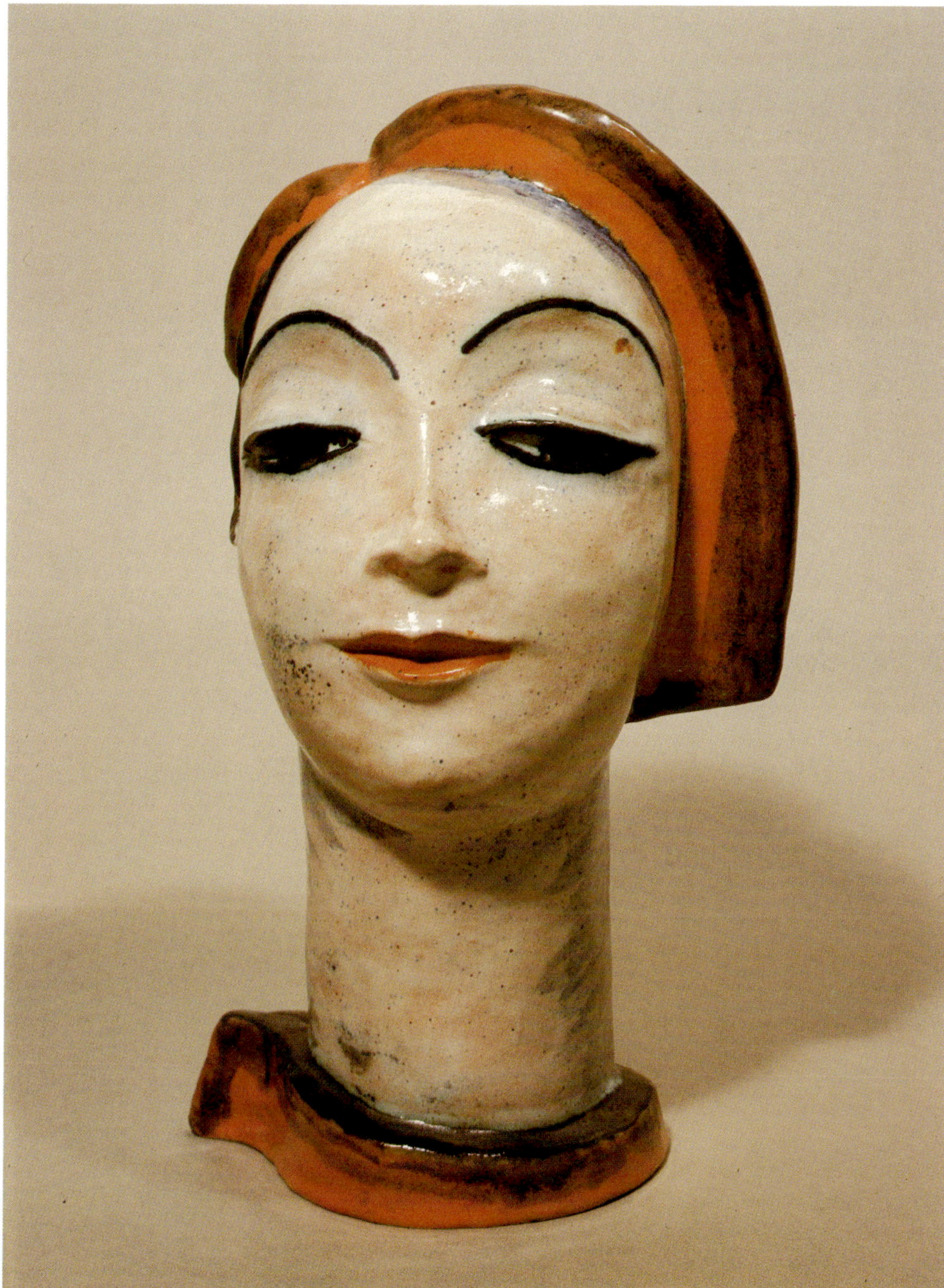

167

168
GLASSES
Design: Josef Hoffmann, around 1921/1922
Serial numbers from left to right (attributions):
1st row (top):
unidentified, ja 25, ja 27, va 49 or va 75, ja 24, ks 1 2nd row (middle):
unidentified, unidentified, ks 2, do 16, ks 3, va 30, sh 37
3rd row (bottom):
Se 100i, unidentified, do 17, do 18, unidentified, se 100i
Material(s): glass, undecorated, iridiscent in some cases
Production: a Czech glass factory was commissioned by the WW (se 100i = basic price in czech crowns). Liqueur glasses (se 106i) 1922-1928, more than 2,500 copies
Retail price: S 3.90 (07/29)
Present equivalent: S 86.47 (07/83)
Records: filing card se 106i; WWF 90, p. 93 (se 106i)

Some of the forms appear to be related to earlier ones: do 18, for example, is similar to A I 856 (WWMB 62, no. 856, 1919), and do 17 is similar to A I 853 (Oertel 1919, WWMB 62, no. 853)

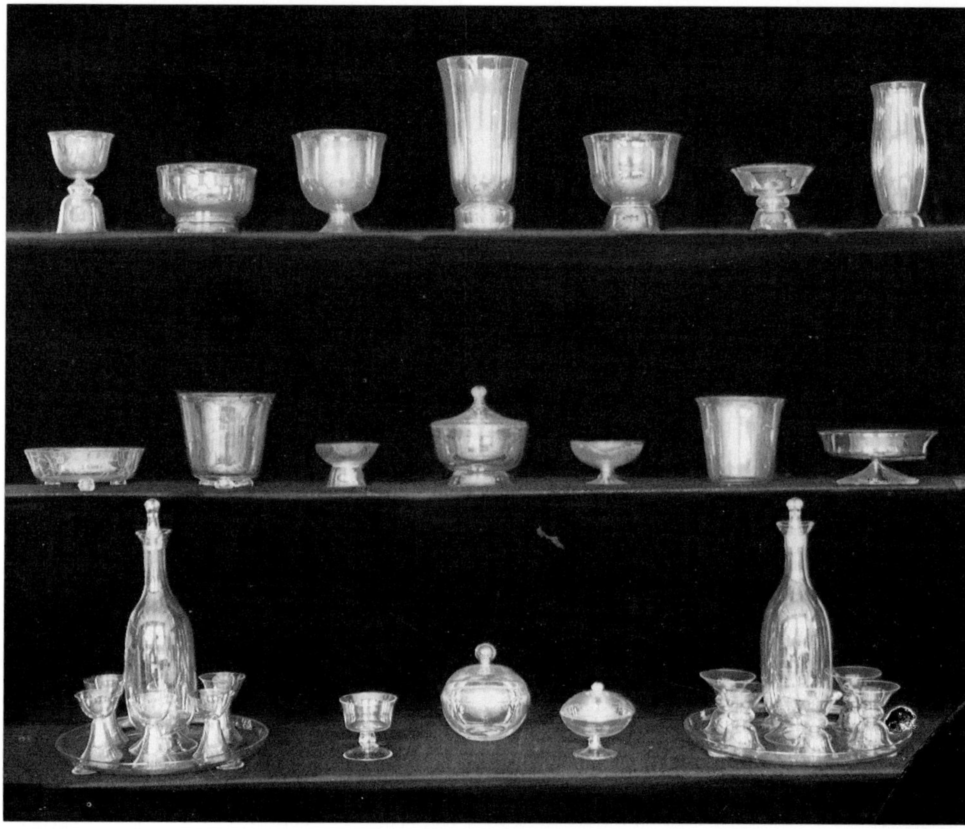

168

168
GLÄSER
Entwurf: Josef Hoffmann, um 1921/22
Werknummern von links nach rechts (Zuschreibungen)
1. Reihe (oben):
nicht ident., ja 25, ja 27, va 49 oder va 75, ja 24, ks 1, nicht ident.
2. Reihe (Mitte):
nicht ident., nicht ident., ks 2, do 16, ks 3, va 30, sh 37
3. Reihe (unten):
Se 100i, nicht ident., do 17, do 18, nicht ident., se 100i
Material: Glas, undekoriert, teilweise irisiert

Ausführung: im Auftrag der WW durch eine tschechische Glasfabrik (se 100i = Grundpreis in ck!). Likörgläser (se 106i) 1922-1928, über 2500 Stück)
Verkaufspreis: S 3.90 (Juli 1929)
Kaufkraft von S 3,90 (7/1929) = S 86,47 (7/1983)
Archivalien: Karteikarte se 106i; WWF 90, S. 93 (se 106i)

Manche Formen scheinen früheren verwandt: do 18 etwa ist A I 856 ähnlich (WWMB 62, Nr. 856, 1919); do 17 ist ähnlich A I 853 (Oertel 1919, WWMB 62, Nr. 53)

169
ZWEI VASEN
Entwurf: Josef Hoffmann, 1925
Werknummern: S va 26 (links), S va 20 (rechts)
Material: Silber, getrieben, handpoliert
Höhe: 33 cm
S va 20: H 33 cm
S va 26: H 32,75 cm
Ausführung:
S va 20: WW 1925-1926 (4 St.)
S va 26: WW 1925 (2 St.)
Verkaufspreis:
S va 20: S 285,- (Juli 1926)
S va 26: S 345,- (Juli 1926)
Kaufkraft von S 345,- (7/1926)
= S 8.351,46 (7(1983)
Archivalien: Karteikarte S va 20; K.I. 11983/2 (S va 20); K.I. 11983/3 (S va 26)

Beide Entwürfe sind von Hoffmann monogrammiert (JH) und datiert (22.6.1925).

169
TWO VASES
Design: Josef Hoffmann, 1925
Serial numbers: S va 26 (left), S va 20 (right)
Material(s): silver, chased, hand polished
Height:
S va 20: 33 cm
S va 26: 32.75 cm
Production:
S va 20: WW 1925-1926 (4 copies)
S va 26: WW 1925 (2 copies)
Retail price:
S va 20: S 285 (07/26)
S va 26: S 345 (07/26)
Present equivalent: S 8,351.46 (S 345, 07/83)
Records: card S va 20; K.I. 11983/2 (S va 20); K.I. 11983/3 (S va 26)

Both designs are monogrammed by Hoffmann (JH) and dated (22.06.25).

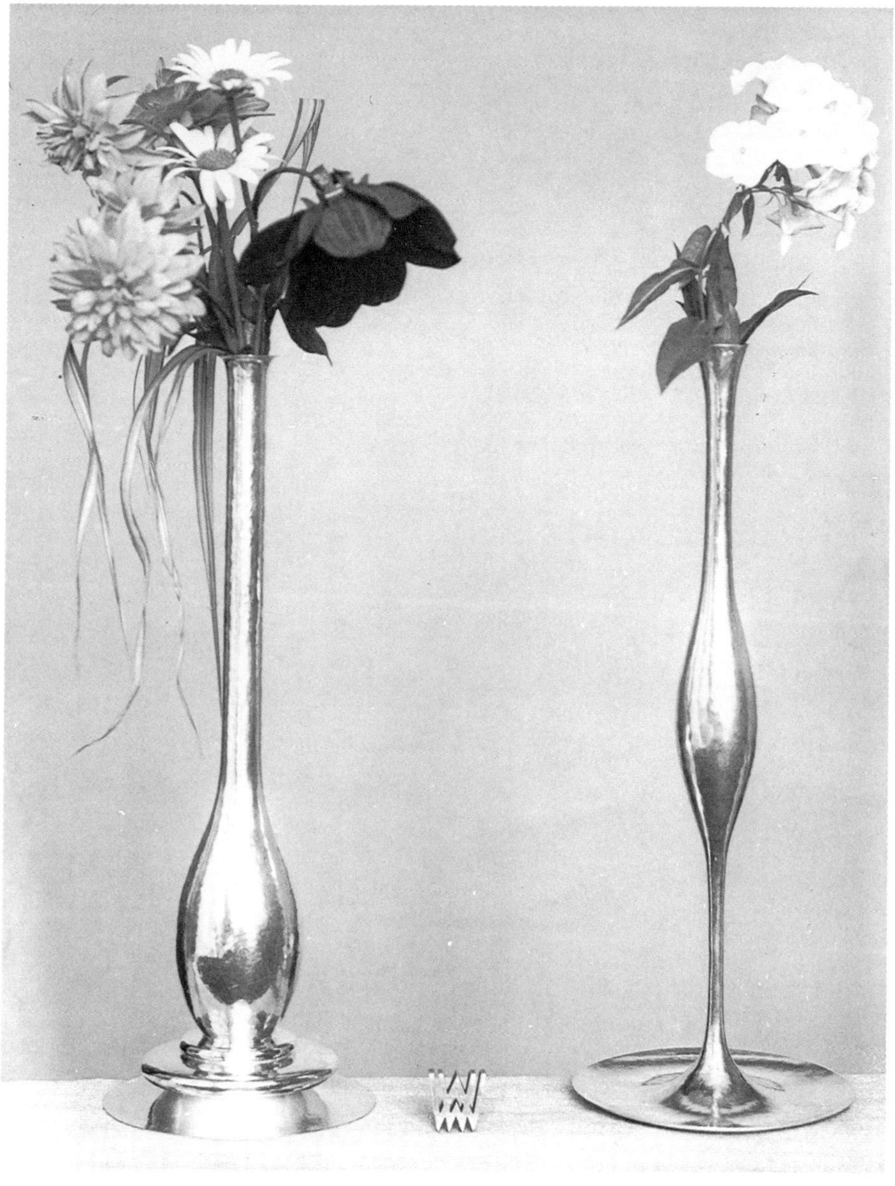

169

170
BESTECK S BE 5
Entwurf: Josef Hoffmann
Werknummern:
S be 5/1 = Tafellöffel (1925-29,15 St.)
S be 5/2 = Tafelgabel (1925-29, 15 St.)
S be 5/3 = Tafelmesser (1925-29,15 St.)
S be 5/4 = Dessertgabel (1927-30, 16 St.)
S be 5/5 = Dessertmesser (1927-30, 16 St.)
S be 5/6 = Kaffeelöffel (1927-29, 17 St.)
S be 5/7 = Eislöffel (1927-30, 17 St.)
S be 5/8 = Mokkalöffel (1927, 10 St.)
S be 5/9 = Obstgabel (1927, 10 St.)
S be 5/10 = Obstmesser (1927, 10 St.)
S be 5/11 = Fischgabel (1927, 10 St.)
S be 5/12 = Fischmesser (1927, 10 St.)
S be 5/13 = Tortenschaufel (1927, 1 St.)
S be 5/14 = Salatlöffel (1927, 1 St.)
S be 5/15 = Salatgabel (1927, 1 St.)
S be 5/16 = Bratenvorleggabel (1927, 2 Stück)
S be 5/17 = Gemüsevorleglöffel (1927, 2 Stück)
S be 5/18 = Buttermesser (1927-28,2 St.)
S be 5/19 = Käsemesser (1927-28, 2 St.)
S be 5/20 = Saucelöffel (1927, 1 St.)
S be 5/21 = Oberssschöpfer (1928, 1 St.)
S be 5/22 = Dessertlöffel (1930, 1 St.)
Material: Silber, gepreßt, handpoliert, glatt
Länge (Tafellöffel): 21 cm
Ausführung: WW
Verkaufspreis: S 51,- (Aug. 1925, Tafellöffel)
Kaufkraft von S 51,- (8/1925) = S 1.216,81 (8/1983)
Archivalien: Karteikarten S be 5/1-22

Nähere Angaben in: Waltraud Neuwirth, Josef Hoffmann - Bestecke für die Wiener Werkstätte, Wien 1982, S. 277-287

170
CUTLERY S BE 5
Design: Josef Hoffmann
Serial numbers:
S be 5/1 = table spoon (1925-29, 15 copies)
S be 5/2 = table fork (1925-29, 15 copies)
S be 5/3 = table knife (1925-29, 15 copies)
S be 5/4 = dessert fork (1927-30, 16 copies)
S be 5/5 = dessert knife (1927-30, 16 copies)
S be 5/6 = coffee spoon (1927-29, 17 copies)
S be 5/7 = ice cream spoon (1927-30, 17 copies)
S be 5/8 = mocha spoon (1927, 10 copies)
S be 5/9 = fruit fork (1927, 10 copies)
S be 5/10 = fruit knife (1927, 10 copies)
S be 5/11 = fish fork (1927, 10 copies)
S be 5/12 = fish knife (1927, 10 copies)
S be 5/13 = cake slice (1927, 1 copy)
S be 5/14 = salad spoon (1927, 1 copy)
S be 5/15 = salad fork (1927, 1 copy)
S be 5/16 = carving fork (1927, 2 copies)
S be 5/17 = serving spoon (1927, 2 copies)
S be 5/18 = butter knife (1927-28, 2 copies)
S be 5/19 = cheese knife (1927-28, 2 copies)
S be 5/20 = gravy spoon (1927, 1 copy)
S be 5/21 = cream ladle (1928, 1 copy)
S be 5/22 = dessert spoon (1930, 1 copy)
Material(s): silver, pressed, hand polished, smooth
Length (Table spoon): 21 cm
Production: WW
Retail price: S 51 (table spoon, 08/25)
Present equivalent: S 1,216.81 (08/83)
Records: filing cards S be 5/1-22

Further details in: Waltraud Neuwirth, Josef Hoffmann - Bestecke für die Wiener Werkstätte, Vienna 1982, pp. 277-287.

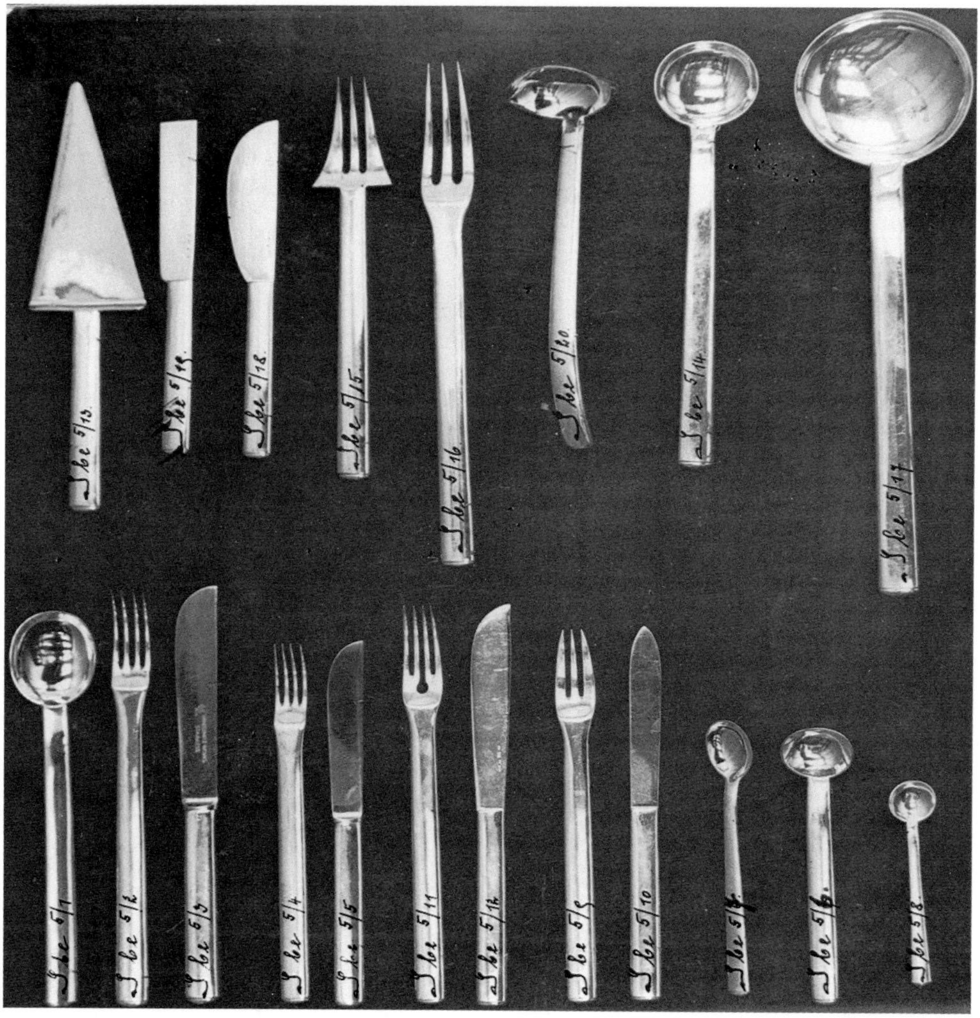

170

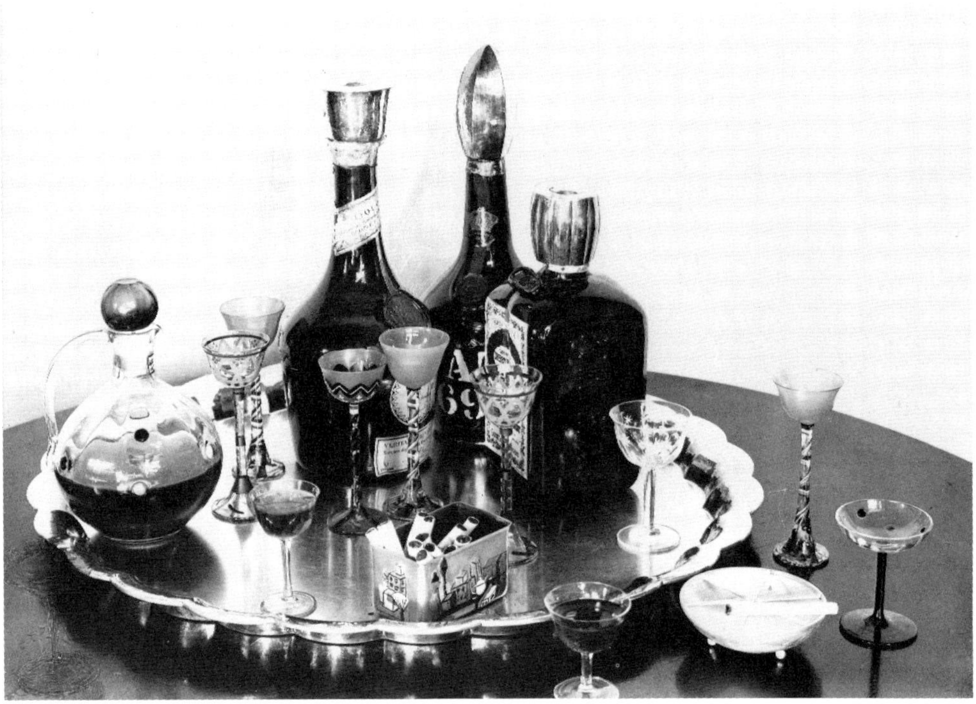

171

171
LIKÖRGLÄSER UND ZIGARETTENBECHER
Entwurf: Josef Hoffmann (1917, 1921, 1929), Felice Rix (1929)
Werknummern:
- Likörflasche und -glas mit Punkten: Se 900/1
- Likörglas mit mattierter Kuppa: vermutlich A I 688/209
- Likörglas mit Zickzackdekor auf der Kuppa: vermutlich A I 688/203 oder 204
- Likörglas neben der Likörflasche mit Punkten: vermutlich A I 688/220

Ausführung: A I 688 (1917-1919)
Archivalien: WWMB 62, S. 688 (A I 688)

Die hochstieligen Likörgläser sind im Kalkulationsband der WW mit verschiedenen Dekoren skizziert.
Der abgebildete rechteckige Zigarettenbecher ist mit der Werknummer KW 1679/1 identisch (Form: Josef Hoffmann, Emaildekor: Felice Rix, Mai 1929: S 90,-, WWMB 74, Nr. 1679).

171
LIQUEUR GLASSES AND CIGARETTE BOX
Design: Josef Hoffmann (1917, 1921, 1929), Felice Rix (1929)
Serial numbers:
- Liqueur decanter and glass with dots: probably A I 688/209
- Liqueur glass with matt bowl: probably A I 688/209
- Liqueur glass with zig-zag decoration on bowl: probably A I 688/203 or 204
- Liqueur glass beside liqueur glass with dots: probably A I 688 (1917-1919)

Records: WWMB 62, p. 688 (A I 688)

The long-stemmed liqueur glasses are sketched with various decorations in the WW calculation book. The square cigarette box illustrated here is identical with serial number KW 1679/1 (form: Josef Hoffmann, enamel decoration: Felice Rix, May 1929: S 90.00, WWMB 74, no. 1679)

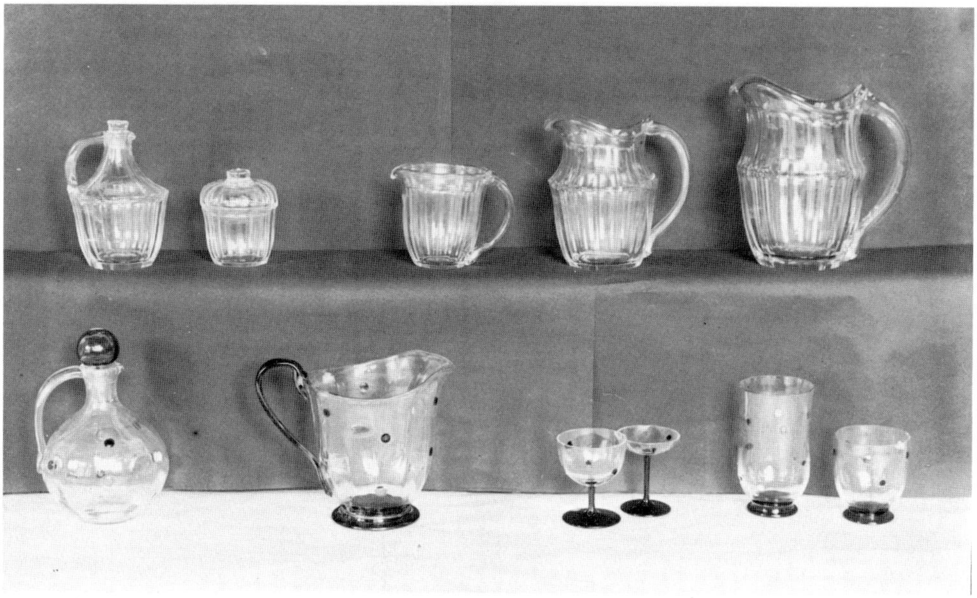

172

172
TEILE VON GLASSERVICEN
Entwurf: Josef Hoffmann, um 1921
Werknummern: Se 1000 (oben), Se 900/1 (unten), von links nach rechts angegeben

Se 1020 = Likörflasche
Se 1034 = Senfdose
Se 1045 = Rahmgießer
Se 1036 = Kleiner Wasserkrug
Se 1025 = Großer Wasserkrug

Se 920/1 = Likörflasche
Se 925/1 = Wasserkrug
Se 904/1 = Weinglas
Se 905/1 = Likörglas
Se 929/1 = Bierglas
Se 908/1 = Wasserglas

Material: Geschliffenes Glas (se 1000) bzw. Glas mit farbigen Füßen, Henkeln und Punkten (se 900)
Ausführung: ab 1923 (je nach Form unterschiedlich)
Archivalien: K.I. 11939/1-22 (Se 900/1); K.I. 11940/1-28 (Se 1000); Karteikarten Se 1000, Se 900/1

172
PARTS OF GLASS SERVICES
Designs: Josef Hoffmann, around 1921
Serial numbers: Se 1000 (above), Se 900/1 (below), from left to right:

Se 1020 = liqueur decanter
Se 1034 = mustard pot
Se 1045 = cream jug
Se 1036 = small water jug
Se 1025 = large water jug

Se 920/1 = liqueur decanter
Se 925/1 = water jug
Se 904/1 = wine glass
Se 905/1 = liqueur glass
Se 929/1 = beer glass
Se 908/1 = drinking glass

Material(s): cut glass (se 1000) and glass with coloured bases, handles and dots (se 900)
Production: from 1923 onwards (depending on form)
Records: K.I. 11939/1-22 (Se 900/1); K.I. 11940/1-28 (Se 1000); filing cards Se 1000, Se 900/1

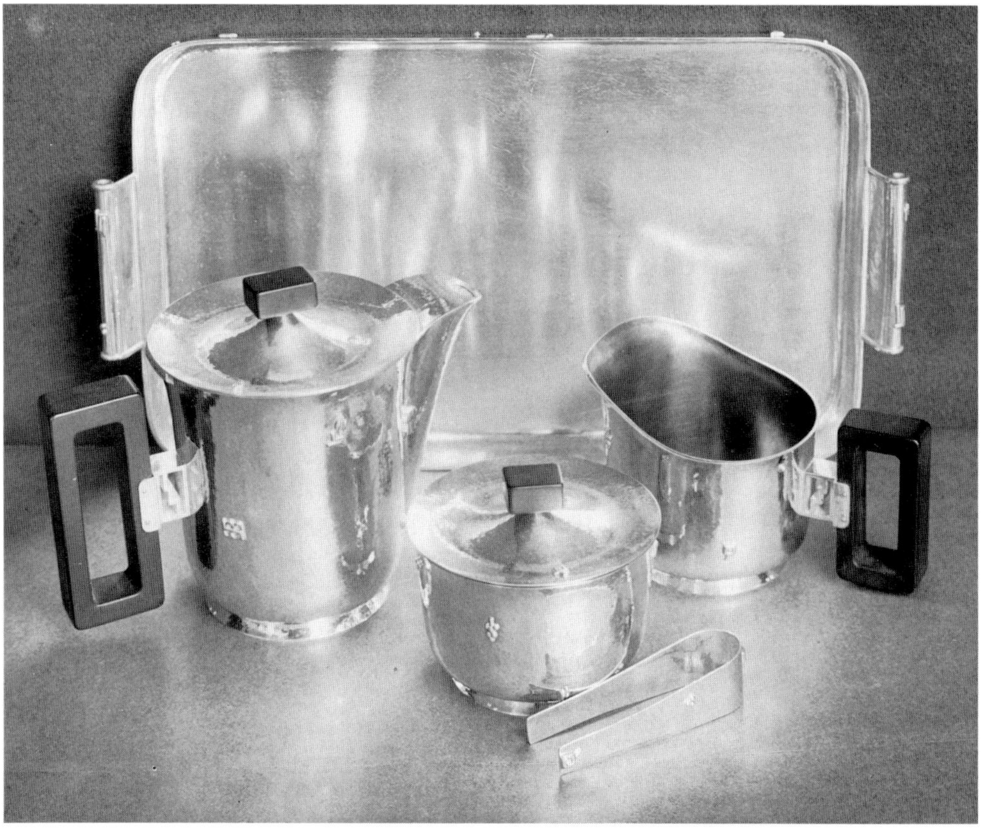

173

173
SERVICE
Entwurf: Josef Hoffmann, 1928
Werknummern:
S se 30/1 = Teekanne klein
S se 30/2 = Oberskanne
S se 30/3 = Zuckerdose
S se 30/4 = Zuckerzange
S se 30/5 = Tasse
S se 30/6 = Teekanne groß
Material: Silber, gehämmert, handpoliert, mit aufgelöteten Verzierungen, Griffe und Knäufe aus Schlangenholz, handgeschnitzt
Höhe der großen Teekanne: 16 cm
Ausführung: WW 1929-1930 je 1 St. der großen und kleinen Teekanne, je 2 Stück der Oberskanne und Zuckerdose, 4 Zuckerzangen, 3 Tassen

Verkaufspreis:
S se 30/1-5 (Febr. 1929): S 1.585,-
S se 30/1-4,6 (Febr. 1929): S 1.745,-
(für die Deutschen Werkstätten, München, wie Foto)
Kaufkraft von S 1.745 (2/1929)
= S 40.921,90 (2/1984)
Archivalien: Karteikarte S se 30/1-5; K.I. 12054/26 (S se 30, verschiedene Teile); K.I. 12058/2 (S se 30/1)

Der Entwurf für die kleine Teekanne (K.I. 12058/2) ist von Hoffmann signiert, aber undatiert. Die Rückseite des Entwurfs ist mit dem Datum 27.9.1928 versehen. Die Ausführung in Alpaka hat die Werknummer M se as 17/1

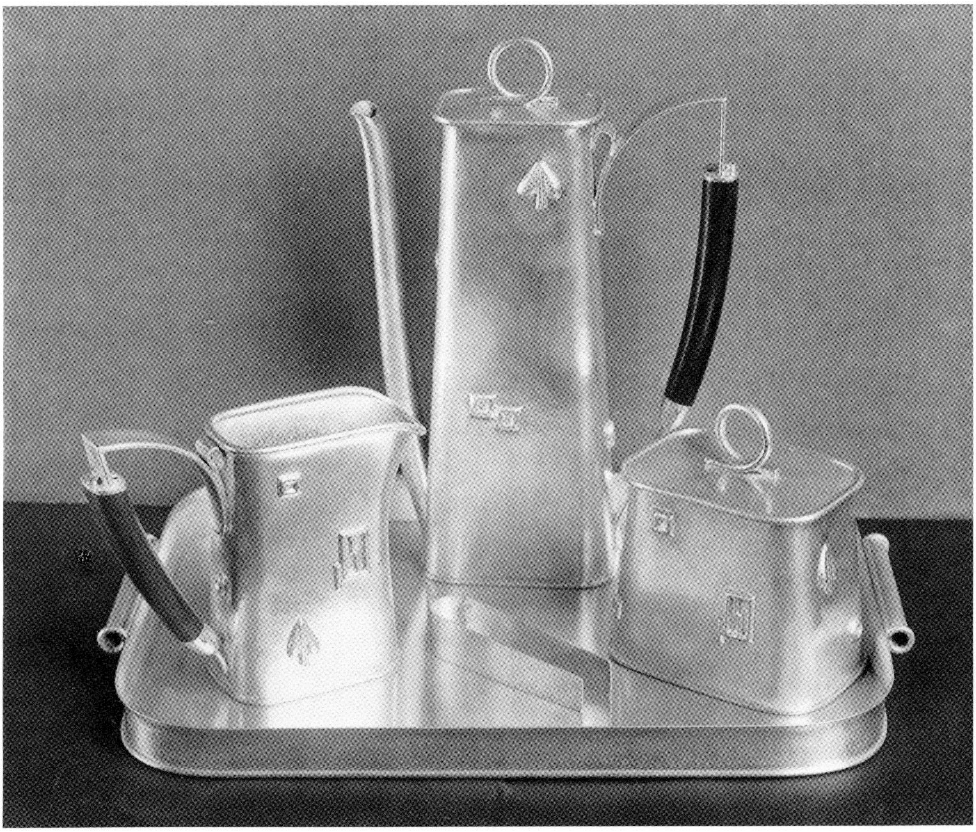

174

174
KAFFEESERVICE
Entwurf: Josef Hoffmann, 1928/1929
Werknummern:
S se 36/1 = Kaffeekanne
S se 36/2 = Milchkanne
S se 36/3 = Zuckerdose
S se 36/4 = Zuckerzange
S se 36/5 = Tasse
Material: Silber, gehämmert, handpoliert, aufgelötete Verzierungen, Griffe aus Palisanderholz, handgeschnitzt

Höhe: 26,5 cm (Kaffeekanne)
Ausführung: WW 1929 (3 Garnituren, Zuckerzange: 6 Stück)
Verkaufspreis: ganze Garnitur S 1.933,- (Dez. 1929)
Kaufkraft von S 1.933,- (12/1929) = S 43.216,87 (12/1983)
Archivalien: Karteikarten S se 36/1-5; K.I. 12058/9

Der Entwurf ist von Hoffmann monogrammiert und datiert (JH29) sowie von anderer Hand bezeichnet 4.4.1929.

173
SERVICE
Design: Josef Hoffmann, 1928
Serial numbers:
S se 30/1 = teapot, small
S se 30/2 = cream jug
S se 30/3 = sugar bowl
S se 30/4 = sugar tongs
S se 30/5 = salver
S se 30/6 = teapot, large
Material(s): silver, hammered, hand polished, with soldered embellishments, handles and knobs of snakewood, hand carved
Height: 16 cm (large teapot)
Production: WW 1929-1930, 1 large and 1 small teapot, 2 cream jugs and 2 sugar bowls, 4 sugar tongs, 3 salvers
Retail price:
S se 30/1-5: S 1,585 (02/29)
S se 30/1-4,6: S 1,745 (02/29)
(for the Deutsche Werkstätten, as illustrated)
Present equivalent: S 40,921.90 (02/84)
Records: filing card S se 30/1-5;
K.I. 12054/26 (S se 30, various parts);
K.I. 12058/2 (S se 30/1)

The design for the small teapot (K.I. 12058/2) is signed by Hoffmann, but undated. The back of the design is dated 27.09.28. The Alpaka version has the serial number M se as 17/1.

174
COFFEE SERVICE
Design: Josef Hoffmann, 1928/1929
Serial numbers:
S se 36/1 = coffee-pot
S se 36/2 = milk jug
S se 36/3 = sugar bowl
S se 36/4 = sugar tongs
S se 36/5 = salver
Material(s): silver, hammered, hand polished, with soldered embellishments, handles of rosewood, hand carved
Height: 26.5 cm (coffee-pot)
Production: WW 1929 (3 services, 6 pairs of sugar tongs)
Retail price: S 1,933 (complete service, 12/29)
Present equivalent: S 43,216.87 (12/83)
Records: filing cards S se 36/1-5;
K.I. 12058/9

The design is monogrammed by Hoffmann and dated (JH29), and dated 04.04.29 in another hand.

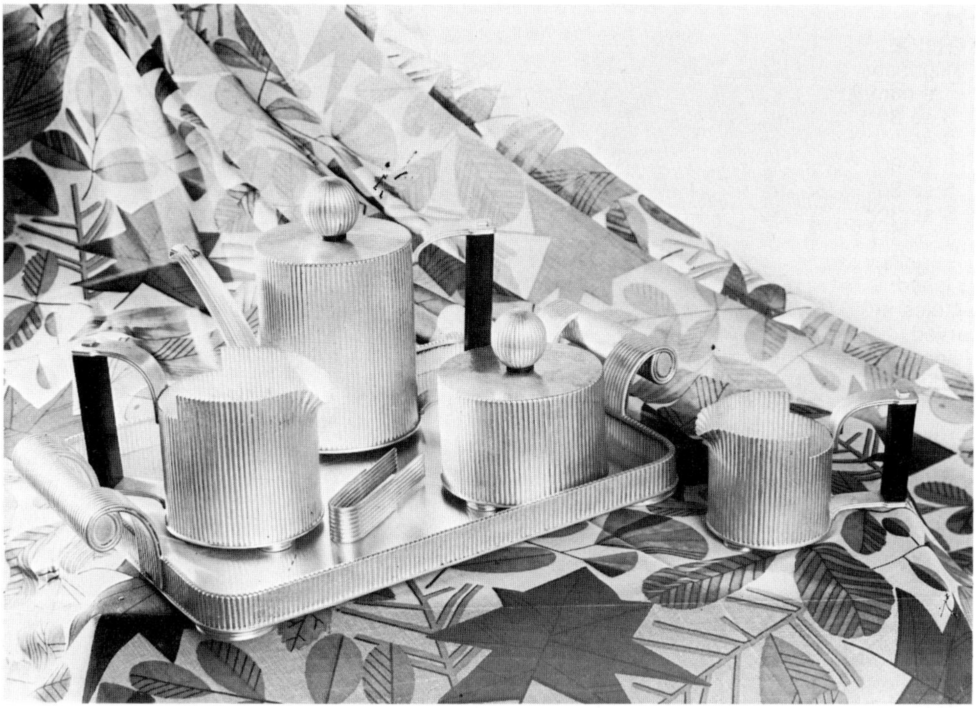

175

175
SERVICE
Entwurf: Josef Hoffmann, 1928
Werknummern: S se 31/1-6
S se 31/1 = Kaffeekanne
S se 31/2 = Milchkanne
S se 31/3 = Zuckerdose
S se 31/4 = Zuckerzange
S se 31/5 = Tasse
S se 31/6 = Oberskanne
Material: Silber, gehämmert, handpoliert, Griffe aus Schlangenholz, handgeschnitzt
Höhe: 18 cm (Kaffeekanne)
Ausführung: WW, Mai 1929 (1 Service)
Verkaufspreis: S 2.625,- (Febr. 1930, ganzes Service) Kaufkraft von S 2.625,- (2/1930) = S 60.418,75 (2/1984)
Archivalien: Karteikarte S se 31/1; K.I. 12058/7,14

Es dürfte sich um eine Sonderanfertigung für die Deutschen Werkstätten, München, gehandelt haben (Vermerk auf der Karteikarte S se 31). Zwei Entwürfe sind datiert: 27.9.1928 (K.I. 12058/1) bzw. 22.3. und 27.9.1928 (K.I. 12058/7).

175
SERVICE
Design: Josef Hoffmann, 1928
Serial numbers: S se 31/1-6
S se 31/1 = coffee-pot
S se 31/2 = milk jug
S se 31/3 = sugar bowl
S se 31/4 = sugar tongs
S se 31/5 = salver
S se 31/6 = cream jug
Material(s): silver, hammered, hand polished, handles of snakewood, hand carved
Height: 18 cm (coffee-pot)
Production: WW, May 1929 (1 service)
Retail price: S 2,625 (complete service, 02/30)
Present equivalent: S 60,418.75 (02/84)
Records: filing card S se 31/1-6; K.I. 12058/7,14

This service was probably manufactured specially for the Deutsche Werkstätten, Munich (note on filing card S se 31). Two of the designs carry dates: 27.09.28 (K.I. 12058/1) and 22.03. and 27.09.28 (K.I. 12058/7).

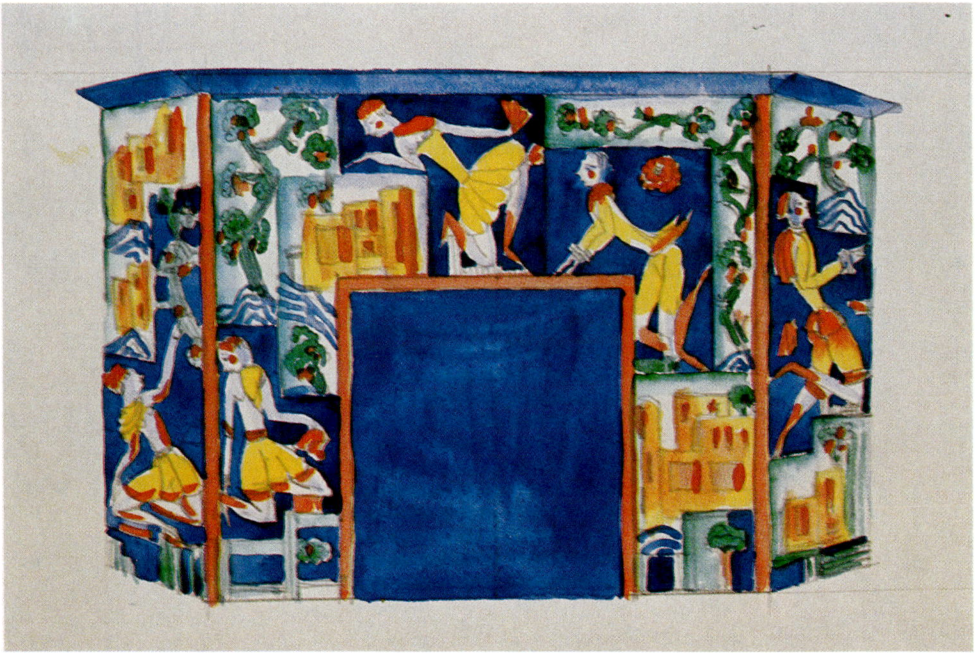

176

176
ENTWURF FÜR EINEN KAMIN
Vally Wieselthier, vor 1929
Maße des Kamins (Entwurf): Höhe 11 cm, Länge oben 15,4 cm
Sign.: Vally Wieselthier
ÖMAK, Inv. K.I. 13186/15

176
DESIGN FOR A CHIMNEY
Vally Wieselthier, prior to 1929
Dimensions of the chimney (design): height 11 cm, length (top) 15.4 cm
Signed: Vally Wieselthier
AMAA, Inv. K.I. 13186/15

177
ENTWURF FÜR EINE KAFFEEKANNE
Vally Wieselthier, vor 1929
Höhe der Kanne: 22,5 cm
Sign.: Wieselthier
ÖMAK, Inv. K.I. 13193/5

Aus einem Blatt mit Entwürfen für ein mehrteiliges Kaffeeservice.

177
DESIGN FOR A COFFEE-POT
Vally Wieselthier, prior to 1929
Height of pot: 22.5 cm
Signed: Vally Wieselthier
AMAA, Inv. K.I. 13193/5

Taken from a sheet containing designs for a coffee service.

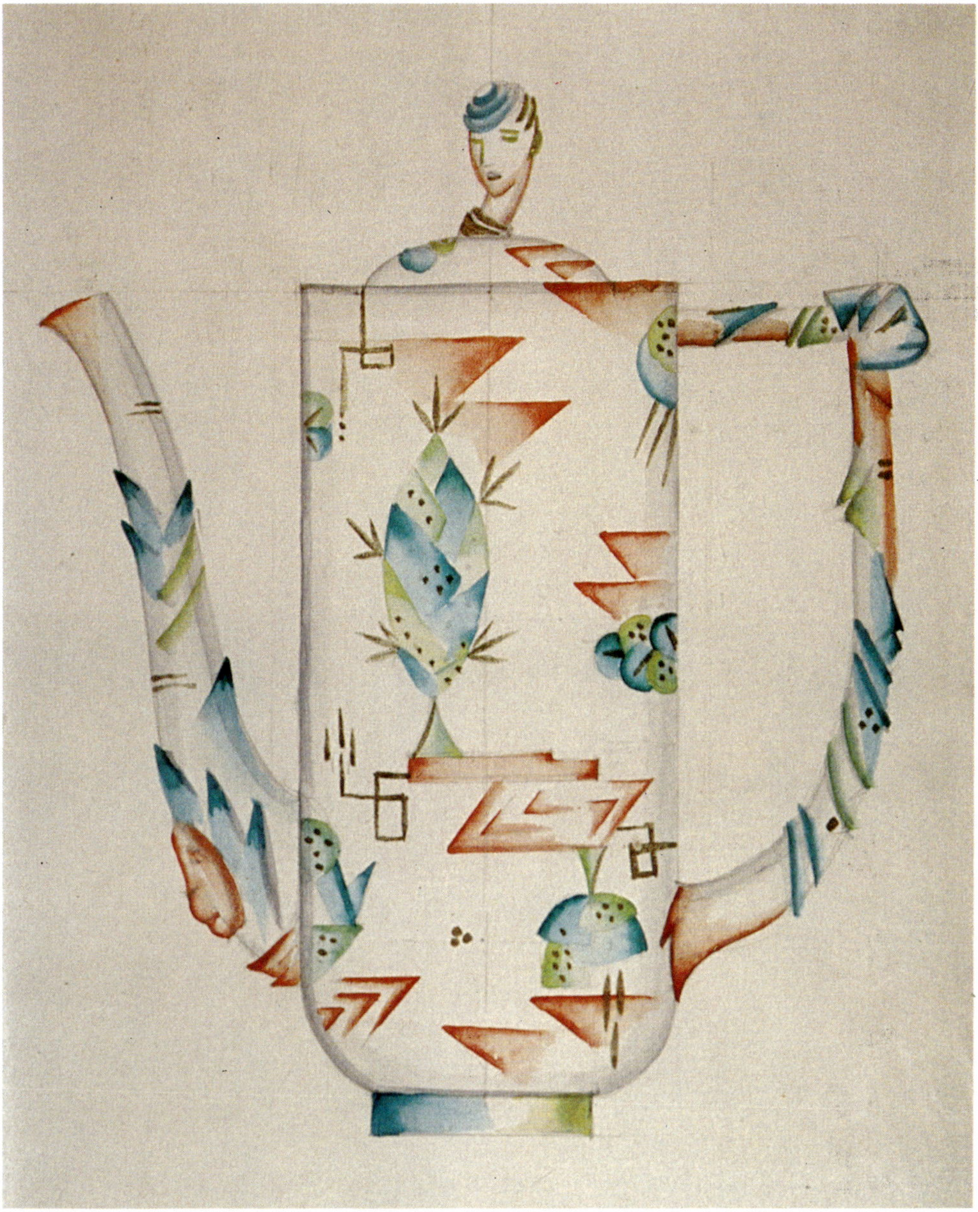

177

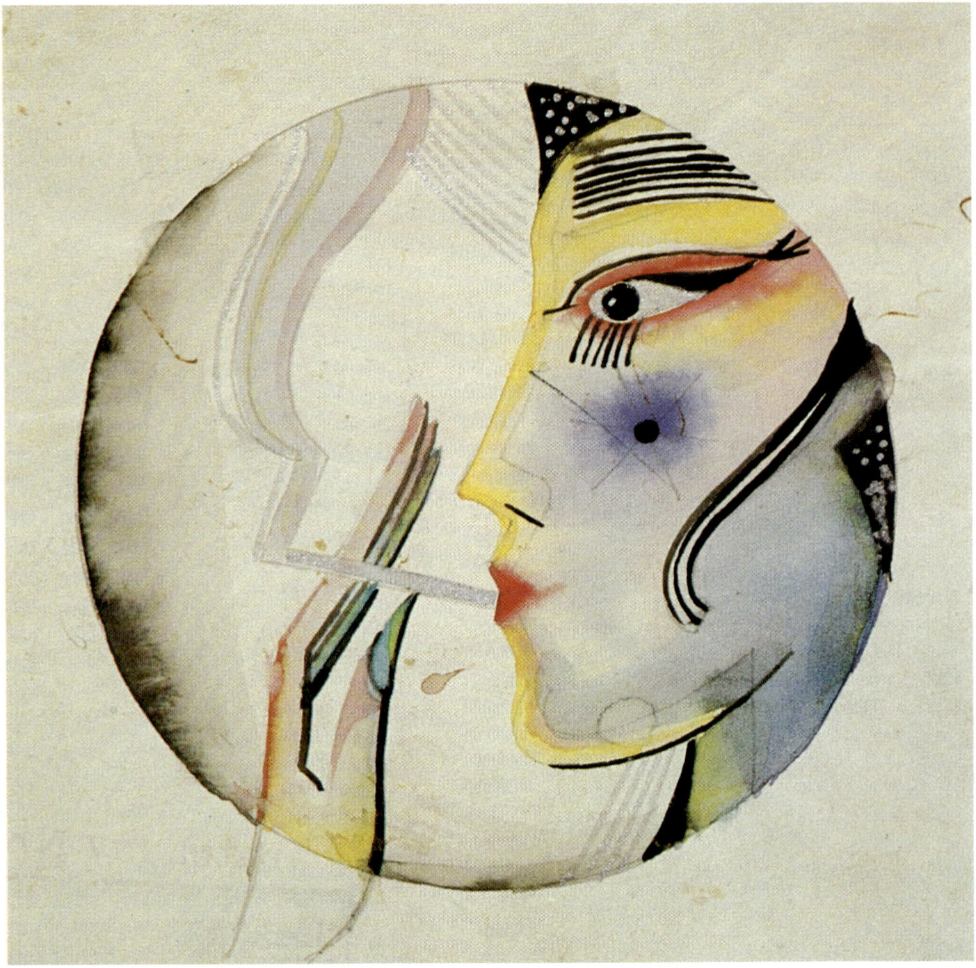

178

178
ENTWURF FÜR EINE ASCHENSCHALE
Max Snischek, um 1926
Werknummer: as 1579/100 (1926) und as 1687/1 (1930)
Material: Silber mit Email
Durchmesser: 11 cm (Entwurf)
Sign.: Snischek
Bez.: „Entwurf 12.989 KW 1579/100, A.Z.86 v. 27./10.26" sowie „KW 1687/1, A.Z. 230 v. 10./6.30."
Verkaufspreis: S 38,- (Okt. 1926)
Kaufkraft von S 38,- (10/1926) = S 922,29 (10/1983)
Archivalien: WWMB 74, Nr. 1579 (Fortsetzungsblatt), Nr. 1687/1
ÖMAK, Inv. K.I. 13037/6

178
DESIGN FOR AN ASH TRAY
Max Snischek, around 1926
Serial number: as 1579/100 (1926) and as 1687/1 (1930)
Material(s): silver with enamel
Diameter: 11 cm (design)
Signed: Snischek
Marks: "Entwurf 12.989 KW 1579/100, A.Z.86 v. 27./10.26" and "KW 1687/1, A.Z. 230 v. 10./6.30."
Retail price: S 38 (10/26)
Present equivalent: S 922.29 (10/83)
Records: WWMB 74, no. 1579 (continuation page), no. 1687/1
AMAA, Inv. K.I. 13037/6

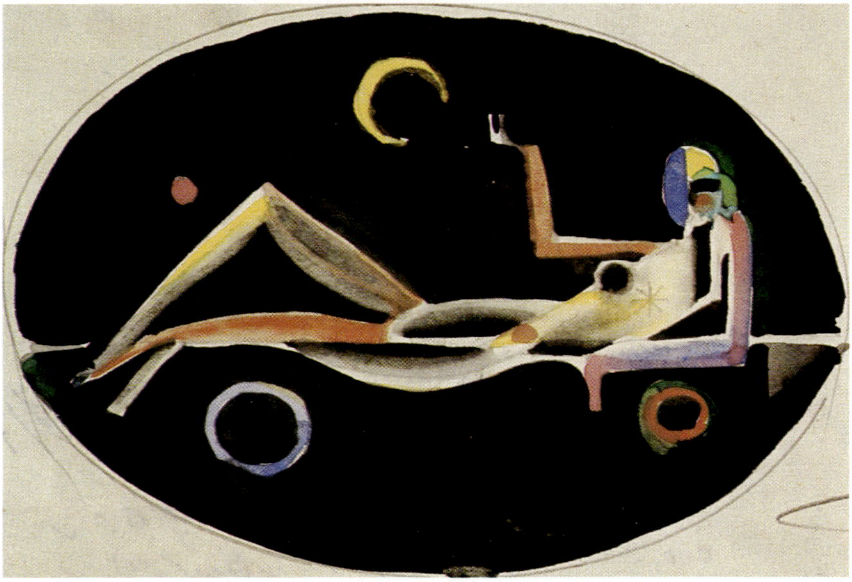

179

179
ENTWURF FÜR EINE DOSE
Max Snischek, um 1928-30
Werknummer: KW 1626/9
Material: Silber, Email
Maße: 8,2 x 12 cm
Sign.: Snischek
Bez.: „mit Gold u. Silber Folien", ferner: „KW 1626/9, Entw. Nr. 12.990, A.Z.94"
Ausführung: WW (1927)
Verkaufspreis: S 30,- (Febr. 1927)
Kaufkraft von S 30,- (2/1927)
S 738,36 (2/1984)
Archivalien: WWMB 74, Nr. 1626/9
ÖMAK, Inv. K.I. 13037/7

179
DESIGN FOR A BOX
Max Snischek, around 1928-1930
Serial number: KW 1626/9
Material(s): silver, enamel
Dimensions: 8.2 x 12 cm
Signed: Snischek
Marks: "mit Gold u. Silber Folien", and "KW 1626/9, Entw. Nr. 12.990, A.Z.94"
Production: WW 1927
Retail price: S 30 (02/27)
Present equivalent: S 738.36 (02/84)
Records: WWMB 74, no. 1626/9
AMAA, Inv. K.I. 13037/7

180
DESIGN FOR A POWDER BOX
Felice Rix, around 1928-1929
Serial number: S do 36/3
Material(s): silver, inside gold-plated, hand polished; lid enamelled outside, mirror inside
Diameter: 6.8 cm (design), 6.25 cm (actual powder box)
Signed (design): F. Rix
Marks: "Silberpuderdose (emailiert)"
Production: WW 1929 (1 copy)
Retail price: S 82 (05/29)
Present equivalent: S 1,834.14 (05/83)
Records: filing card S do 36/3
AMAA, Inv. K.I. 12870/11

181
DESIGN FOR A BOX
Felice Rix (decoration); Josef Hoffmann (form of box), around 1928/1929
Serial number: S do 32/2
Material(s): silver, hammered, inside gold-plated, lid with enamel picture
Dimensions: 6,6 x 5,2 cm, 8 x 6,5 cm (actual box)
Signed: F. Rix Production: WW 1929 (2 copies)
Retail price: S 235 (02/29)
Present equivalent: S 5,510.97 (02/84)
Records: filing card S do 32/2
AMAA, Inv. K.I. 12870/1

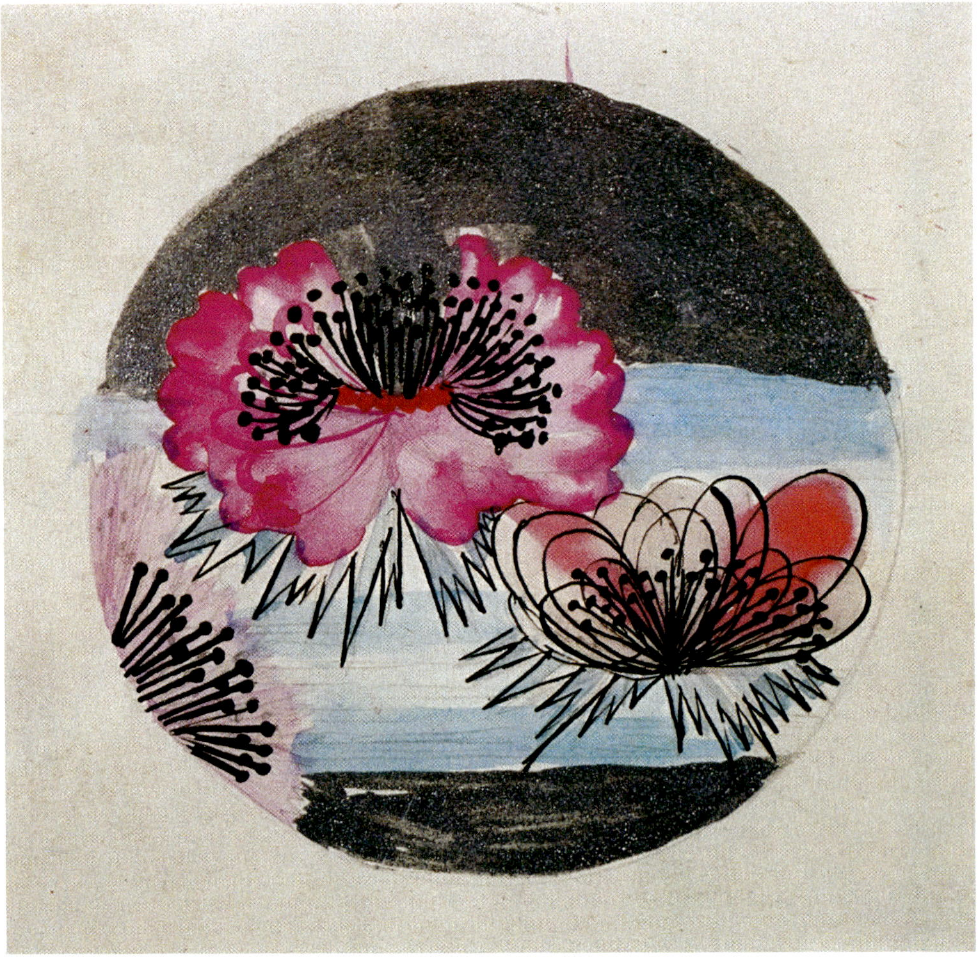

180

180
ENTWURF FÜR EINE PUDERDOSE
Felice Rix, um 1928/29
Werknummer: S do 36/3
Material: Silber, innen vergoldet, handpoliert; Deckel außen emailliert, innen Spiegel
Durchmesser: 6,8 cm (Entwurf), 6,25 (Ausführung)
Sign.(Entwurf): F. Rix
Bez.: „Silberpuderdose (emailiert.)"
Ausführung: WW 1929 (1 St.)
Verkaufspreis: S 82,- (Mai 1929)
Kaufkraft von S 82,- (5/1929)
= S 1.834,14 (5/1983)
Archivalien: Karteikarte S do 36/3
ÖMAK Inv. K.I. 12870/11

181
ENTWURF FÜR EINE DOSE
Felice Rix (Dekorentwurf), Form der Dose: Entwurf Josef Hoffmann, um 1928/29
Werknummer: S do 32/2
Material: Silber, gehämmert, innen vergoldet, Deckel mit Emailbild
Maße: 6,6 cm x 5,2 cm,
ausgeführt: 8 x 6,5 cm
Sign.: F. Rix Ausführung: WW 1929 (2 St.)
Verkaufspreis: S 235,- (Febr. 1929)
Kaufkraft von S 235,- (2/1929)
= S 5.510,97 (2/1984)
Archivalien: Karteikarte S do 32/2
ÖMAK, Inv. K.I. 12870/1

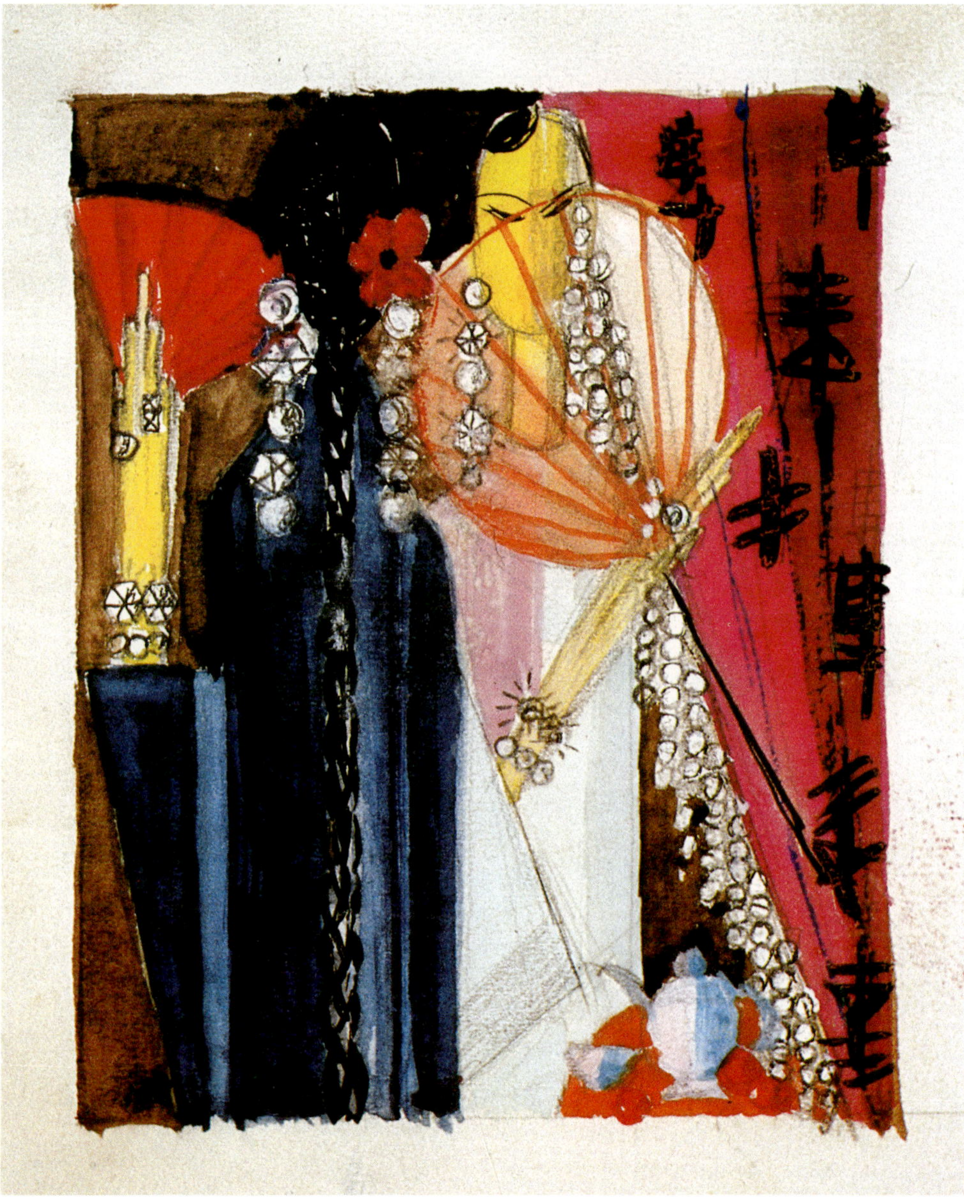

181

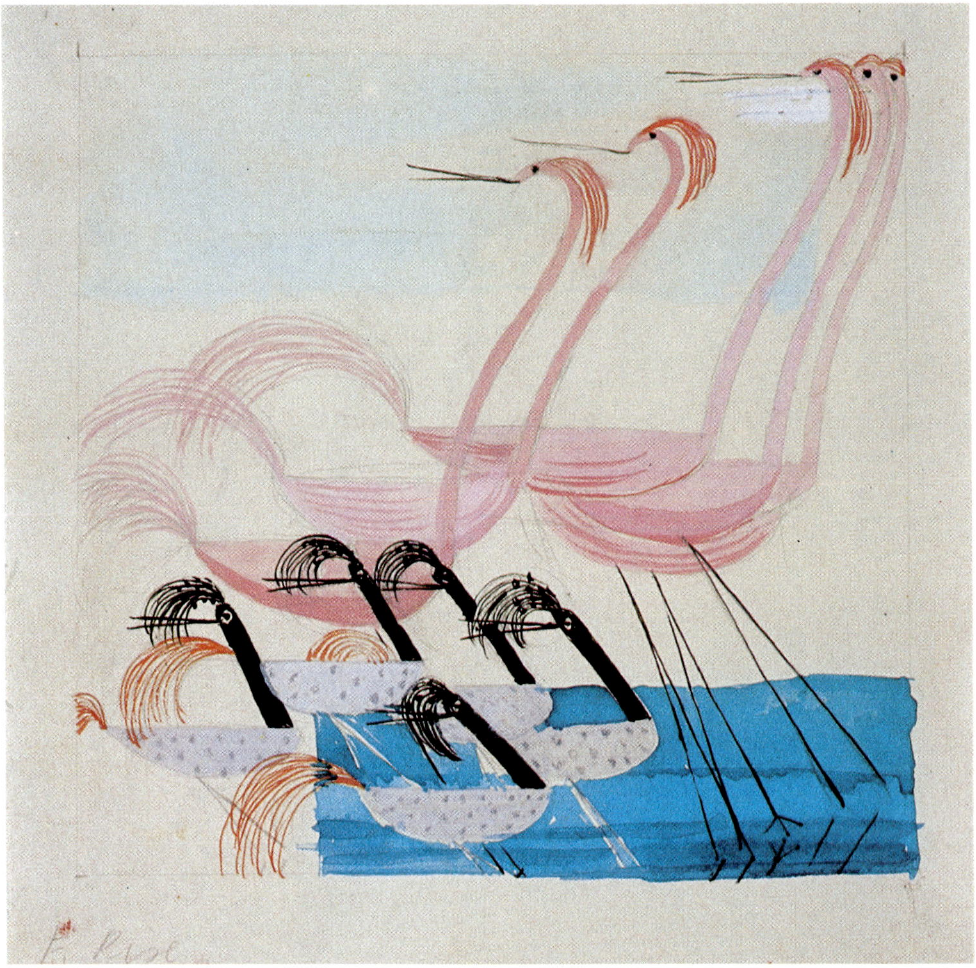

182

182
ENTWURF FÜR EIN EMAILBILD
Felice Rix, um 1929/30
Werknummer: KW 1704
Maße: 12 x 12,2 cm
Sign.: F. Rix
Ausführung: WW 1930
Verkaufspreis: S 120,- (Nov. 1930), später reduziert auf S 84,-
Kaufkraft von S 120,- (11/1930) = S 2.724,- (11/1983)
Archivalien: WWMB 74, Nr. 1704
ÖMAK, Inv. K.I. 12870/20

182
DESIGN FOR AN ENAMEL PAINTING
Felice Rix, around 1929/1930
Serial number: KW 1704
Dimensions: 12 x 12.2 cm
Signed: F. Rix
Production: WW 1930
Retail price: S 120 (11/30), subsequently reduced to S 84
Present equivalent: S 2,724 (S 120, 11/83)
Records: WWMB 74, no. 1704
AMAA, Inv. K.I. 12870/20

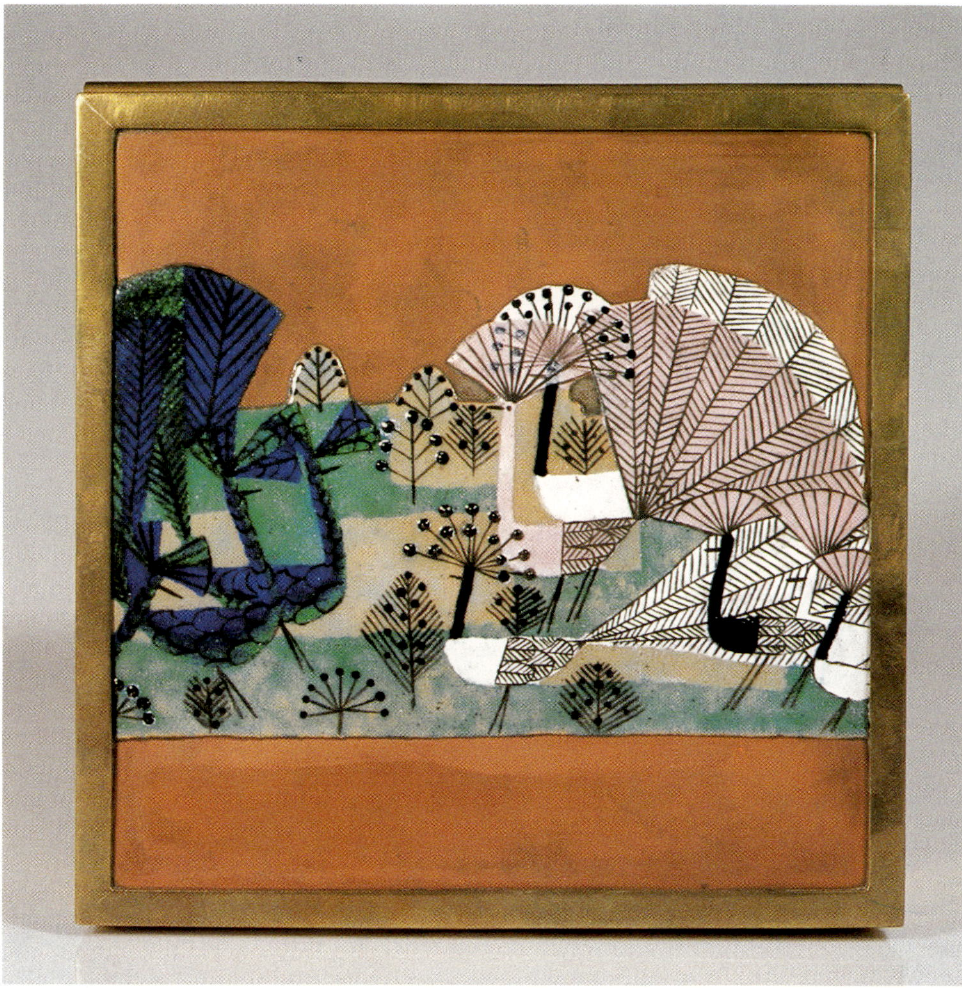

183

183
KASSETTE MIT EMAIL
Entwurf: Felice Rix (Email), Josef Hoffmann (Form), um 1928/29
Werknummer: KW 1672
Material: Messingkassette mit Holzfütterung, Email auf Kupfer
Maße: 16,3 x 16 x 4,9 cm
Kennzeichnung: WIENER WERK STÄTTE, MADE IN AUSTRIA, JH-Monogramm
Ausführung: WW, um 1929
Verkaufspreis: S 240,- (Febr. 1929)
Kaufkraft von S 240,- 2/1929)
= S 5.628,23 (2/1984)
Archivalien: WWMB 74, Nr. 1672
ÖMAK, Inv. Em 492

183
CASKET WITH ENAMEL
Design: Felice Rix (enamel), Josef Hoffmann (form), around 1928/1929
Serial number: KW 1672
Material(s): brass casket with wooden lining, enamel on copper
Dimensions: 16.3 x 16 x 4.9 cm
Marks: WIENER WERK STÄTTE, MADE IN AUSTRIA, JH monogram
Production: WW, around 1929
Retail price: S 240 (02/29)
Present equivalent: S 5,628.23 (02/84)
Records: WWMB 74, no. 1672
AMAA, Inv. Em 492

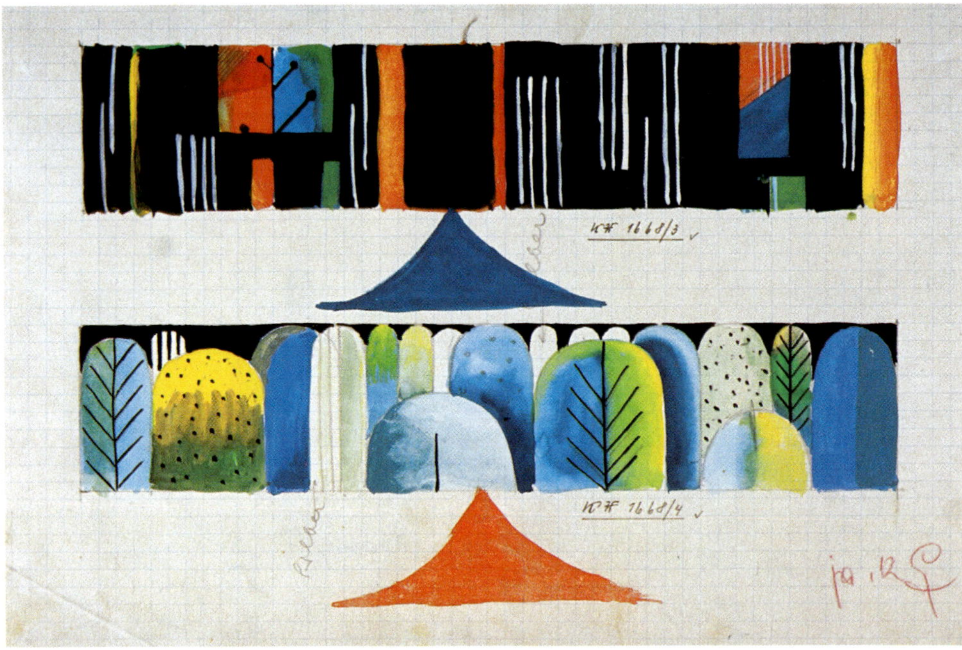

184

184
ENTWURF FÜR ZWEI AUFSÄTZE
Max Snischek, 1928-29 (Formentwurf: Josef Hoffmann)
Werknummer: KW 1668/3 und KW 1668/4
Material: Silber und Email
Höhe: 7,6 cm (oben), 7,9 cm (unten)
Sign.: Snischek
Verkaufspreis: S 42,- (Febr. 1929)
Kaufkraft von S 42,- (2/1929)
= S 984,94 (2/1984)
Archivalien: WWMB 74, Nr. 1668
ÖMAK, Inv. K.I. 13040/1

184
DESIGN FOR TWO BOWLS
Max Snischek, 1928-29 (form designed by Hoffmann)
Serial number: KW 1668/3 and KW 1668/4
Material(s): silver and enamel
Height: 7.6 cm (top), 7.9 cm (bottom)
Signed: Snischek
Retail price: S 42 (02/29)
Present equivalent: S 984.94 (02/84)
Records: WWMB 74, no. 1668
AMAA, Inv. K.I. 13040/1

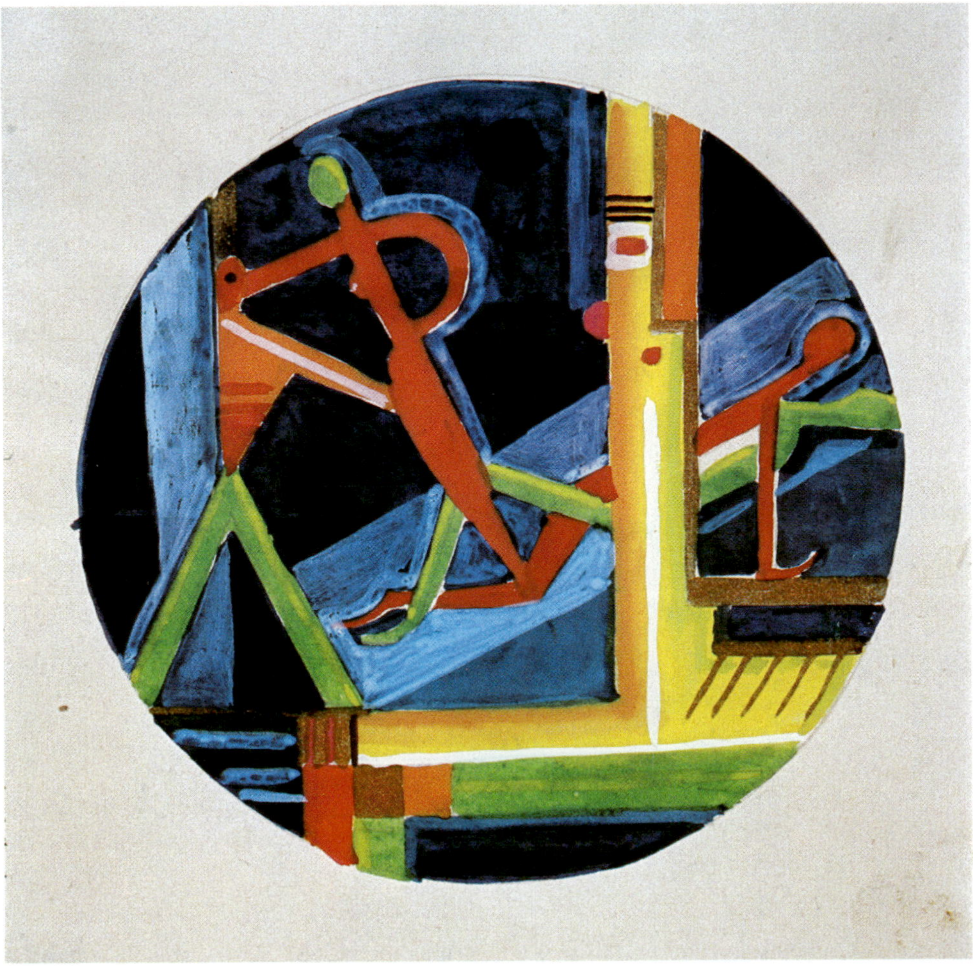

185

185
ENTWURF FÜR EINE DOSE
Max Snischek, um 1928
Durchmesser: 13 cm
Kennzeichnung: unbezeichnet
ÖMAK, Inv. K.I. 13037/9

185
DESIGN FOR A BOX
Max Snischek, around 1928
Diameter: 13 cm
Marks: unmarked
AMAA, Inv. K.I. 13037/9

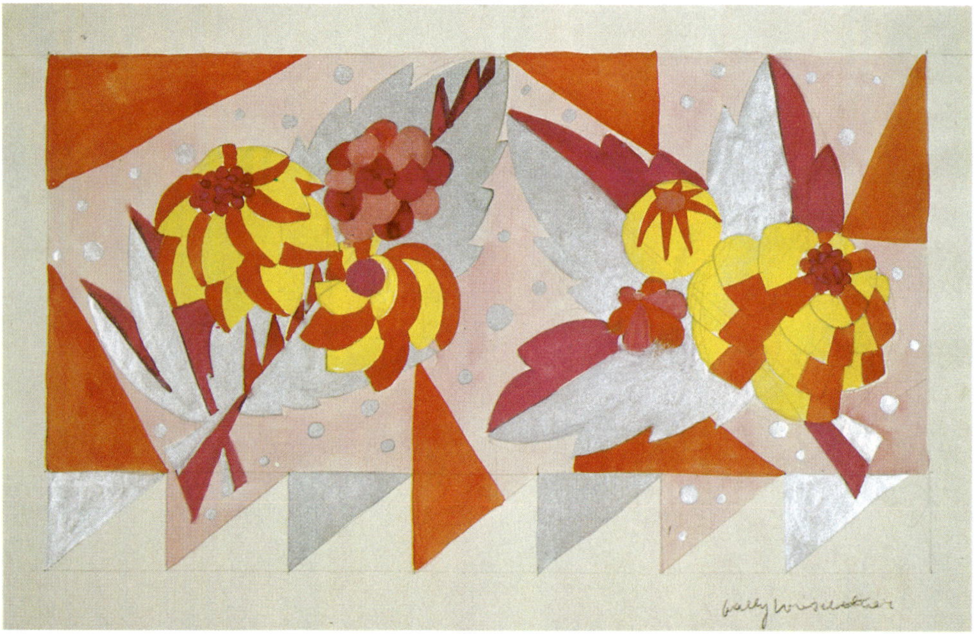

186

186
PERLBEUTEL-ENTWURF
Vally Wieselthier, vor 1929
Sign.: Vally Wieselthier
Maße: 23,4 x 39,8 cm
ÖMAK, Inv. K.I. 13178/3

186
DESIGN FOR A BEADWORK BAG
Vally Wieselthier, prior to 1929
Signed: Vally Wieselthier
Dimensions: 23.4 x 39.8 cm
AMAA, Inv. K.I. 13178/3

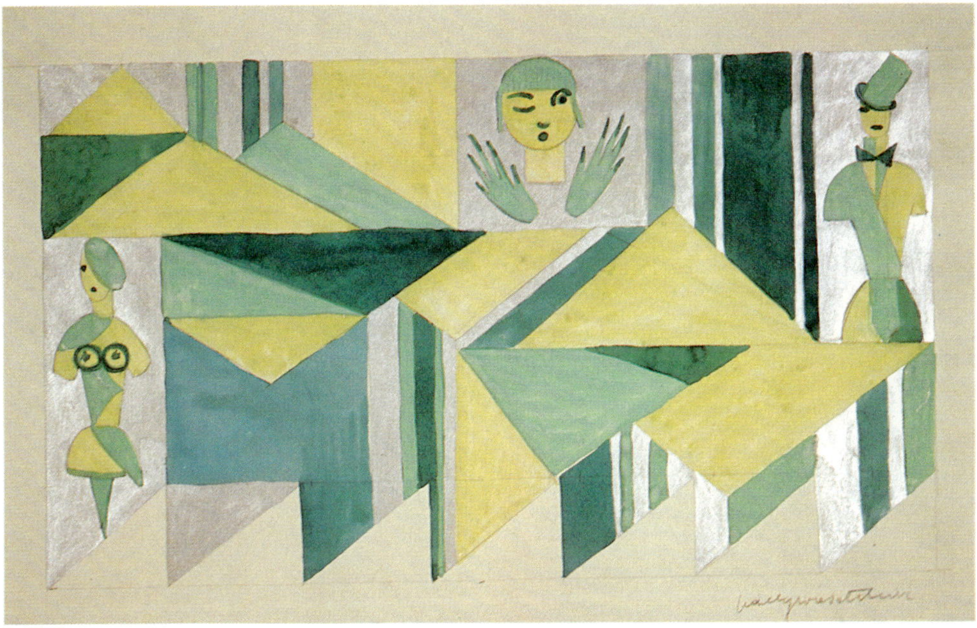

187

187
PERLBEUTEL-ENTWURF
Vally Wieselthier, vor 1929
Sign.: Vally Wieselthier
Maße: 23,6 x 39,4 cm
ÖMAK, Inv. K.I. 13178/2

187
DESIGN FOR A BEADWORK BAG
Vally Wieselthier, prior to 1929
Signed: Vally Wieselthier
Dimensions: 23,6 x 39,4 cm
AMAA, Inv. K.I. 13178/2

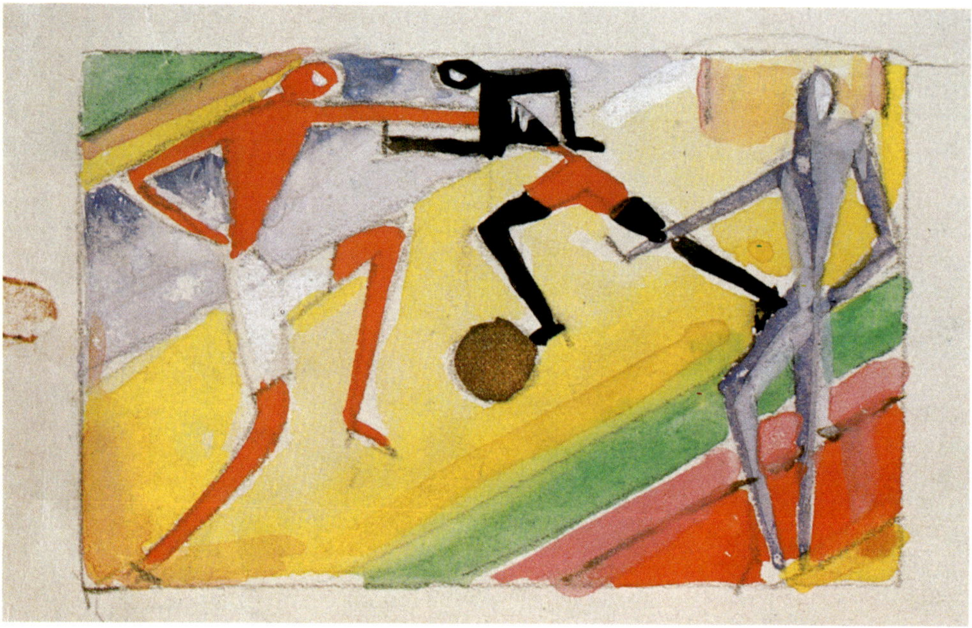

188

188
ENTWURF FÜR EINE ZÜNDHOLZ-SCHACHTELHÜLLE
Max Snischek, nach 1926
Werknummer: KW 1568/69
Material: Metall mit Email
Maße: 41 x 61 cm
Entwurf bez.: „KW 1568/69, Entw. Nr. 12599, A.Z. 91"
Ausführung: WW, nach 1926
Archivalien: WWMB 74, Nr. 1568/69 (undatiert)
ÖMAK, Inv. K.I. 13037/3

188
DESIGN FOR A MATCHBOX HOLDER
Max Snischek, after 1926
Serial number: KW 1568/69
Material(s): metal with enamel
Dimensions: 41 x 61 cm
Marks (design): "KW 1568/69, Entw. Nr. 12599, A.Z. 91"
Production: WW, after 1926
Records: WWMB 74, no. 1568/69 (undated)
AMAA, Inv. K.I. 13037/3

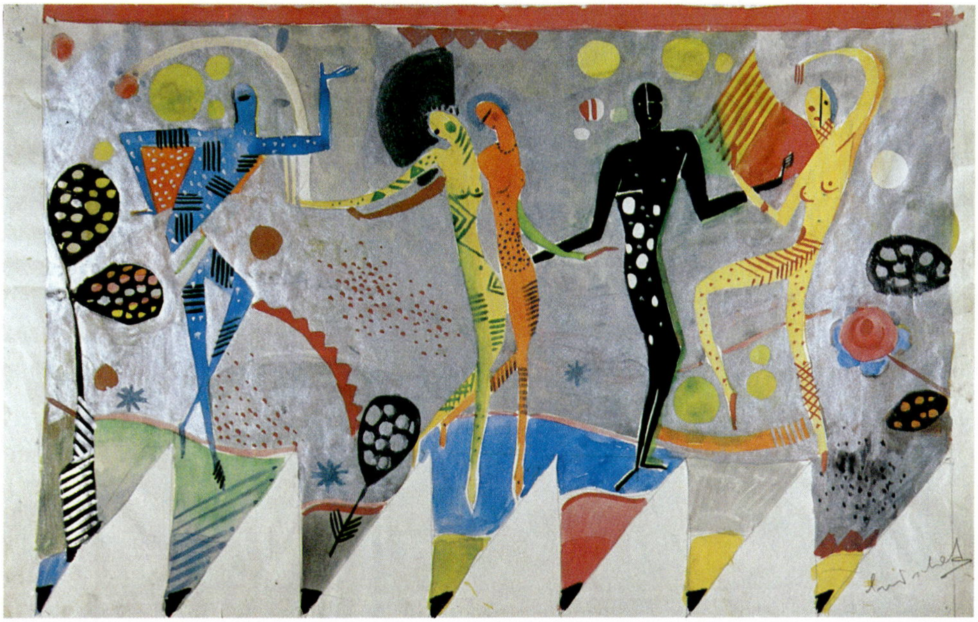

189

189
PERLBEUTEL-ENTWURF
Max Snischek, um 1928/29
Sign.: Snischek
Maße: 29 x 42,4 cm
ÖMAK, Inv. K.I. 13041/1

189
DESIGN FOR A BEADWORK BAG
Max Snischek, around 1928/1929
Signed: Snischek
Dimensions: 29 x 42.4 cm
AMAA, Inv. K.I. 13041/1

190
MUSTERKARTE LÄUFER „SCHMETTERLING“
Entwurf: WW (Künstler unbekannt)
Ausführung: Vereinigte
Smyrna = Teppich = Fabriken AG, Cottbus
Format des Musters: 17,9 x 12,5 cm
ÖMAK, Archiv WW

Im Archiv der WW haben sich Kalkulationen aus den Jahre 1928 und 1929 erhalten, die sich auf die Läufer der genannten Cottbuser Firma beziehen. Der Läufer „Schmetterling“ ist nicht darunter, doch dürfte auch er in die zweite Hälfte der Zwanziger Jahre zu datieren sein.

190
SAMPLE CARD FOR "SCHMETTERLING" RUNNER
Design: WW (artist unknown)
Production: Vereinigte
Smyrna = Teppich = Fabriken AG, Cottbus
Format of sample: 17.9 x 12.9 cm
AMAA, WW archive

The WW archive contains calculations from 1928 and 1929 relating to runners produced by the above-mentioned Cottbus firm. Although the "Schmetterling" (butterfly) runner is not included among them, it can probably be placed in the second half of the twenties.

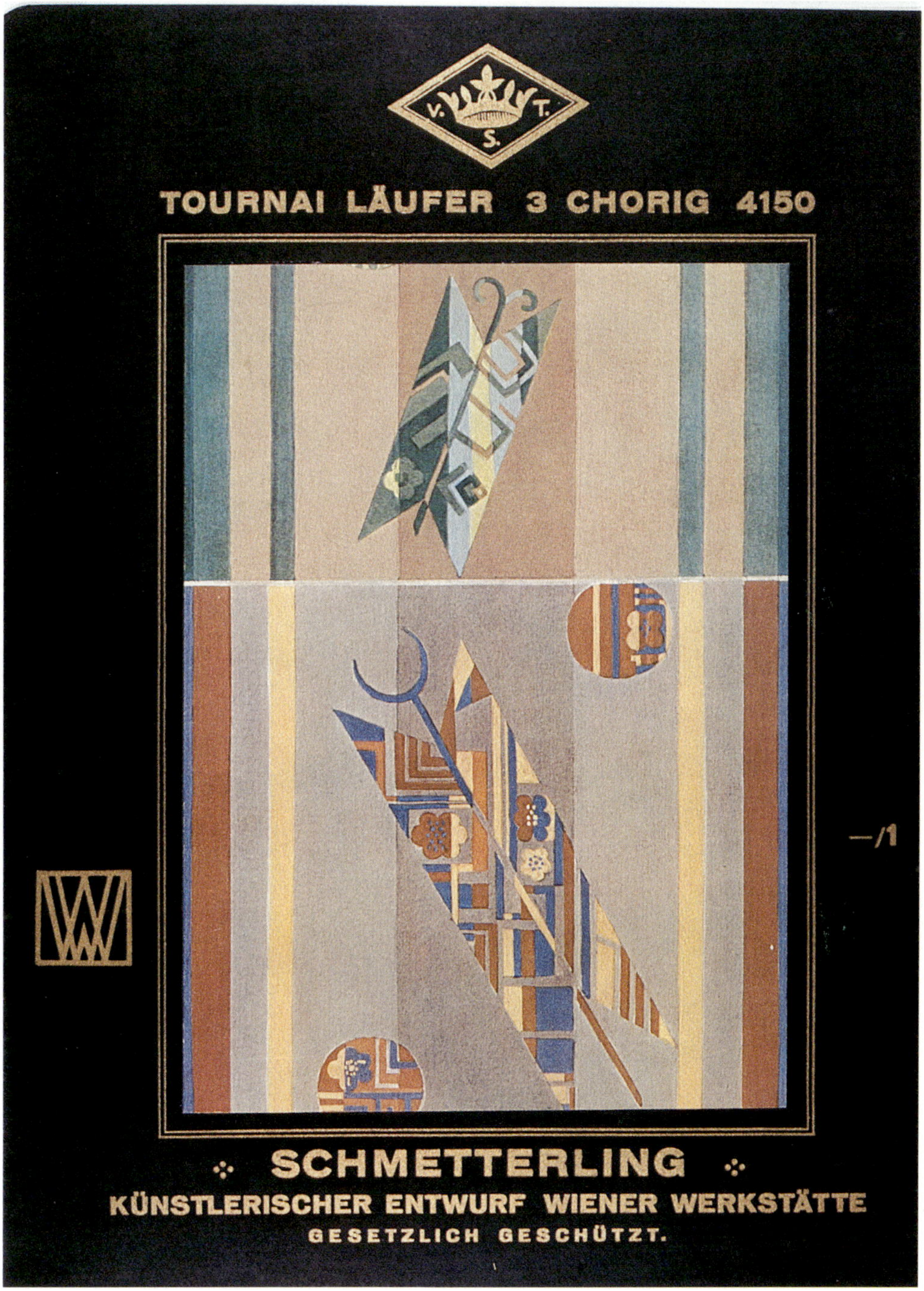
TOURNAI LÄUFER 3 CHORIG 4150
—/1
SCHMETTERLING
KÜNSTLERISCHER ENTWURF WIENER WERKSTÄTTE
GESETZLICH GESCHÜTZT.

190

KÜNSTLERREGISTER - INDEX OF ARTISTS